中国北方专用

小麦新品种培育及育种技术

陈希勇　吕亮杰　著

U0308986

天津出版传媒集团

天津科学技术出版社

图书在版编目（CIP）数据

中国北方专用小麦新品种培育及育种技术 / 陈希勇，
吕亮杰著. — 天津：天津科学技术出版社，2021.5
ISBN 978-7-5576-9252-0

Ⅰ.①中… Ⅱ.①陈… ②吕… Ⅲ.①小麦—作物育
种—中国 Ⅳ.①S512.103

中国版本图书馆CIP数据核字(2021)第083780号

中国北方专用小麦新品种培育及育种技术
ZHONGGUO BEIFANG ZHUANYONG XIAOMAI XINPINZHONG PEIYU JI YUZHONG JISHU

责任编辑：张　萍

责任印制：兰　毅

出　　版： 天津出版传媒集团
　　　　　 天津科学技术出版社

地　　址：天津市西康路35号

邮　　编：300051

电　　话：（022）23332490

网　　址：www.tjkjcbs.com.cn

发　　行：新华书店经销

印　　刷：定州启航印刷有限公司

开本 710×1000　1/16　印张 21.25　字数 250 000

2021年5月第1版第1次印刷

定价：89.00元

内容简介

本书属于小麦育种技术研究方面的著作，由中国小麦种植起源与发展、中国北方春小麦与冬小麦、北方小麦种植制度及其技术体系、小麦的遗传学基础、小麦的生产环境研究、小麦的品质育种及策略、新品种北方专用小麦育种技术、北方气候灾害及小麦病虫害防治、小麦机械化生产及生产培育后处理等部分构成。全书主要研究中国北方小麦的培育流程及育种技术，分析北方光照、气候、土壤等地理环境对小麦育种的影响以及小麦的培育策略，阐述中国北方专用新品种小麦的培育与育种技术，对从事种植业研究的工作人员和研究小麦培育技术的工作人员有学习和参考的价值。

前　言

　　小麦是全世界栽培面积最大、分布范围最广、总产量最高、总贸易额最高的最主要粮食作物。中国是全世界小麦第一生产和消费大国。以秦岭、淮河为界，北方地区是全国小麦的聚集产区。北方小麦生产历史极为悠久。勤劳智慧的中国北方人民在长期实践中，积累了小麦高产、优质、高效的丰富种植经验，使小麦产量不断提高，对平衡中国粮食市场，适应社会经济发展对主要粮食作物的需要做出了卓越贡献。

　　20世纪90年代后期以来，中国北方小麦主产省份为适应农业结构战略调整和品质结构的优化调整，面对加入WTO后国产小麦受冲击的形势，在国内率先进行小麦品种和品质结构的优化调整，大力发展优质专用小麦生产，以满足社会经济发展和人民生活水平提高对小麦优质化、专用化、多样化的市场需求，小麦质量明显得到改善。

　　当前，中国已经进入全面建设小康社会的历史发展阶段。为全面系统总结中国北方优质专用小麦的研究成果和生产成就，客观反映国内外优质专用小麦的最新研究进展，实现依靠科技进步，全面推进中国优质专用小麦产业的持续健康快速发展。

　　本书属于小麦育种技术研究方面的著作，由中国小麦种植起源与发展、中国北方春小麦与冬小麦、北方小麦种植制度及其技术体系、小麦的遗传学基础、小麦的生产环境研究、小麦的品质育种及策略、新品种北方专用小麦育种技术、北方气候灾害及小麦病虫害防治、小麦机械化生产及生产培育后处理等部分构成，全书主要研究中国北方小麦的培育流程及育种技术，分析北方光照、气候、土壤等地理环境对小麦育种的影响以及小麦的培育策略，阐述中国北方专用新品种小麦的培育与育种技术，对从事种植业的研究或工作人员和研究小麦培育技术的工作人员有学习和参考的价值。

　　全书由陈希勇和吕亮杰主著，李辉，赵爱菊和刘玉平为副主著。第1章由陈希勇和吕亮杰编写，第2章由吕亮杰编写，第3章由吕亮杰和李辉编写，第4章由陈希勇和赵爱菊编写，第5章由吕亮杰和刘玉平编写，第6

章由陈希勇和赵爱菊编写，第 7 章由李辉，赵爱菊和刘玉平编写。在此，谨向他们的辛勤付出一并表示衷心的感谢！

由于时间有限，且作者对于小麦种植的许多专业性认识还不全面，难免出现疏漏，对于本书出现的问题还望各位读者不吝赐教，在此，作者再次对本书中借鉴的论文及参考资料的原作者表达感谢。

目 录

第一章

中国北方专用小麦类型与发展

第一节　专用小麦的类型

一、强筋小麦

（一）强筋小麦的概念

强筋小麦是指籽粒硬质，籽粒硬度大，蛋白质含量高，面筋质量好，吸水率高，具有很好的面团流变特性，即面团的稳定特性较好，弱化度较低，评价值较高，面团拉伸阻力大，弹性较好，适于生产面包粉及搭配生产其他专用粉的小麦。

（二）强筋小麦的品质性状

1. 籽粒品质性状

强筋小麦籽粒品质的优劣与容重、籽粒硬度有较大关系。

优质强筋小麦品种的容重一般都能达到或超过一级商品小麦质量标准。

2. 蛋白质品质

强筋小麦品种首先表现为较高的沉降值（平均44.0毫升），较高的蛋白质含量（14.87%）和湿面筋含量（43.0%），面筋的弹性也好。面筋的主要成分是麦醇溶蛋白与麦谷蛋白，二者互相按一定规律结合，形成一种结实并具有弹性的像海绵一样的网络结构，使面筋具有膨胀性、延伸性和弹性等特性。强筋小麦的面筋含量高、质量好，是两种蛋白共同作用的结果，麦醇溶蛋白在面团流变学特性上主要起黏滞作用，决定着面筋的延展性，麦谷蛋白主要起弹性作用。

3. 粉质、拉伸参数

强筋小麦品种的面团稳定时间较长，大于7分钟，弱化度小，评价值较高。拉伸阻力大，达到350～500 E.U.，延伸性大或适中。

4. 磨粉品质

烘烤面包的小麦要求出粉率高，面粉灰分少，制粉简易等。为此要求小麦籽粒较大而整齐，皮层较薄，容重、比重大，质地较硬。

5. α – 淀粉酶活性

α – 淀粉酶活性与小麦二次加工适应性关系密切。酶活性弱，做面包时发酵性能差，面包品质不良，酶活性强，做面包时面包体积小，面包心发黏。优质强筋小麦品种的降落数值应在 250 ~ 350 秒范围内，这样的小麦粉活性正常，面包质地优良。

6. 品质性状间相关性

优质强筋小麦品种的籽粒品质的优劣与千粒重、发芽率没有必然联系，而与容重、籽粒硬度有较大关系，其中容重表现较为突出。籽粒硬度与出粉率呈显著正相关。蛋白质品质性状之间显著相关，蛋白质品质指标与评价值、面包重量和降落值具有较好的相关性。出粉率与面粉灰分含量呈显著正相关，磨粉品质指标与吸水率和面包体积关系密切。强筋小麦的面团稳定时间、弱化度、评价值间显著相关。面包烘烤品质指标间无必然联系，面包重量与蛋白质品质指标呈极显著负相关，与降落值联系紧密。降落值对优质小麦品质的籽粒品质、蛋白质品质、磨粉品质、粉质参数和烘烤品质有较大作用。

（三）面包粉对强筋小麦品质的要求

强筋小麦主要用于生产面包专用粉，同时它与其他不同品质类型小麦搭配，生产各种类型的专用粉。一般认为，制作面包的小麦籽粒为硬质，淀粉酶活性适中，有较高的容重和蛋白质含量，面团稳定时间长，拉伸阻力大，弱化度较小，面团物理性状平衡，发酵性能好。烘烤的面包体积大，弹性高，孔隙度均匀，着色好。

二、中筋小麦

（一）中筋小麦的概念

中筋小麦具有中等程度的籽粒硬度，籽粒结构属半角质率，也包括全角质率小麦（硬度中等），蛋白质含量中等，面筋含量在 28% ~ 32% 或更高一些，面筋质量比较高。反映在面团流变学特性方面，吸水率应大于57%。稳定时间应在 3.5 分件以上，弱化度最好不超过 100 B.U.，最大拉伸阻力 400 E.U. 左右，不低于 300 E.U.，延伸性与水煮性较好。适于制作中国传统面食，如面条、馒头、饺子等。馒头体积大（或比容大），外形挺立，内部结构和口感较佳。中筋小麦是中国居民需求量最多的品种类型。

（二）中筋小麦的品质指标

1. 馒头专用粉

品质优良的馒头要求体积较大，表皮光滑、色白、形状对称、挺而不摊、清香、无异味、瓤心色白、孔隙小而均匀、结构较致密、弹韧性好、有咬劲、爽口不粘牙。

一般认为与面包品质有关的性状也与馒头有关，但馒头比面包的要求低，适合的面粉质量范围较宽。面粉在通过 40 目至 150 目筛的范围内，随细度增加，面粉白度、沉降值、破损淀粉和吸水率均显著增加，馒头的外观、结构、色泽、弹韧性变差，黏性增加。较粗面粉做出的馒头，虽然弹韧性好，不粘牙，但外观、色泽、结构变差。馒头品质与破损淀粉率（DS）相关显著，随 DS 值变小，馒头比容增大，外观、色泽、结构、弹韧性变好，口感不黏，DS 值小于 50% 为好。馒头对面粉的面筋含量和筋力有一定的要求，太高太强的面粉做出的馒头虽然比容大，弹韧性好，但由于面团保气力强，制作中不易成型，成品表皮不光滑，有黄斑，瓤结构粗糙，气孔大小不均，反而不佳；若太低太弱，则馒头弹韧性和咬劲差，形状不挺，偏扁。湿面筋 24%～26%，面粉吸水率 51%～62%，稳定时间 2～13 分钟，评价值 33～71 的面粉均可蒸出优质馒头。馒头对发芽小麦非常敏感，表现为体积小、发黏、底部收缩、表面发暗，所以 α-淀粉酶活性对馒头品质影响很大，当降落值（FN）低于 250 秒时，馒头的弹韧性、结构、外观变差，黏性增大，故降落值以大于 250 秒为宜，降落值高对馒头品质无不良影响。

与馒头品质有关的主要性状还有容重、干湿面筋、支链淀粉含量、直链淀粉伯尔辛克值、发酵成熟时间、发酵成熟体积、面粉吸水率、高分子量麦谷蛋白亚基组成等。面粉颜色和蛋白质含量比其他物理化学性状对馒头品质的影响更为重要。高蛋白面粉（>12%）和强面团蒸出的馒头表面皱缩，色深，而蛋白质含量低于 10% 的软麦面粉做出的馒头虽表面光滑，但质地差，食用品质不良，以中等蛋白质含量（10%～12%）、中等面团强度的面粉为宜。高蛋白硬质强力麦与软麦混合可配制出适宜于蒸优质馒头的面粉。根据已有研究，适宜蒸制馒头的小麦应该质地较硬、角质率较高、容重较大、出粉率高、面粉白、蛋白质和面筋含量较高、面筋和面团强度较好，其指标介于面包和糕点之间而又以偏强为宜。

2. 面条专用粉

品质优良的面条指标为结构细密光滑，耐煮，不易糊汤和断条，色泽白亮，硬度适中，富有弹性和韧性，有咬劲，滑爽适口，不粘牙，具有小麦的清香味。与面条品质有关的小麦品质性状为籽粒制粉特性。一般认为制作优质面条要求小麦籽粒质地较硬，出粉率高，面粉色白，色素和酶含量低，麸星和灰分少，面筋含量较高，强度较大。但面条对面粉品质性状的要求范围较宽。淀粉的吸水膨胀和糊化特性可使面条具有可塑性，煮熟后有黏弹性，其中支链淀粉含量多一些，比较柔软适口。面粉中的色素含量应尽量低，以保持面条色白、不流变、不黏。

面粉颗粒太粗时，面条易断，太细则韧性降低，黏性增加。以通过CB36（9xx）而留在CB42（10xx）上的物体不超过10%为宜。面粉破损淀粉率以不超过50%为宜，太高易使面条发黏。硬度大、含水量少的籽粒制粉时易使淀粉破损。面筋含量过高、筋力太强的面团，在压片切条后会回缩、变厚、变粗，煮后色泽外观差，口感硬，不适口。相反，面筋太少太弱的面团则易流变，韧性和咬劲差。以面粉湿面筋含量中上水平（26%～32%），筋力中等水平（稳定时间 2.5～7.0 分）为好。当降落值低于 200 秒时，面条韧性、咬劲变差，以大于 200 秒为宜。干面条断裂强度与面粉蛋白质含量呈极显著正相关，同时受面筋强度的强烈影响。煮面韧性与面筋和面团强度呈极显著正相关，而煮面外观评分与面筋和面团强度呈显著负相关，面团的粉质仪软化度是预测煮面韧性的较好指标，它与面条品质呈极显著负相关。淀粉的峰黏度和回生度与煮面的黏弹性呈极显著正相关，糊化温度与煮面韧性呈负相关趋势。不同地区对小麦面条粉品质性状要求不同。影响中国广东式面条各种因素都有一个最适范围，超出这个范围品质就变劣。依面条硬度和弹性进行评定，以小麦面条粉蛋白质含量在 12.1%～12.7% 之间，拉伸图延伸性在 24.5～25.4 厘米之间，抗拉伸阻力在 373～471 E.U. 之间，降落值在 251 秒左右的面粉制出的面条评分最高。新疆特有拉面要求湿面筋含量大于 28%，稳定时间 3.0～6.0 分钟，弱化度在 80～100 B.U.，延伸性大于 18 厘米。有人认为 SDS 沉降值与面条品质显著相关，但小麦粉蛋白质含量与面条品质无关。

3. 水饺专用粉

水饺专用粉要求耐煮性强，在煮熟过程中饺子皮不破损，口感细腻，有咬劲，不粘牙。试验表明，饺子的耐煮性及口感与面粉的蛋白质含量和湿面筋含量呈显著正相关。

三、弱筋小麦

（一）弱筋小麦的品质概念

弱筋小麦品种品质性状的共同特点是籽粒结构为粉质，质地松软，硬度较低，蛋白质和面筋含量低，面团形成时间、稳定时间短，软化度高，粉质参数评价值低。该类品种适合作饼干、糕点等食品的原料。但不同地区对这类食品质量的要求不同，并带有较多的习惯性和主观性。

（二）弱筋小麦的品质标准

对于弱筋小麦要求稳定时间小于 2 分钟，湿面筋含量小于 22%，面粉蛋白质含量小于 10%。国内弱筋小麦不少，但达到优质标准的却甚少，特别是蛋白质和湿面筋含量偏高。

1. 饼干和蛋糕

（1）优质饼干和蛋糕的标准。中国食品加工业中的饼干有酥性饼干和发酵饼干两种。酥性饼干是在面粉中加入适量白砂糖及其他辅料，调制好面团，直接压片定型，烘烤而成。发酵饼干是在面粉中先加入鲜酵母液形成面团，然后经过两次发酵和调粉后，辊轧成型，烘烤而成。优质饼干要求色泽均匀，呈金黄色或黄褐色，表面略有光泽，花纹清晰，外形完整，厚薄均匀，不起泡，不凹底，断面有层次，内部呈多孔性结构，口感酥脆，不粘牙，具有香味。

蛋糕的基本配料是面粉、鲜蛋和糖。优质蛋糕要求体积大，比容大，表面色泽黄亮，正常隆起，底面平整，不收缩，不塌陷，不溢边，不粘，外形完整，内部颗粒细，孔泡小而均匀，壁薄，柔软，湿润，瓤色白亮略黄，口感绵软、细腻。

（2）制粉品质要求。软麦小麦粉颗粒细，淀粉破损少，吸水少，适宜制作糕点。面粉越细，酥饼的口感越细腻酥松，结构越细密。但过细，淀粉损伤多，吸水太多，反而影响花纹、外观和口感，并容易粘牙。酥饼直径与小麦粉吸水率呈显著负相关。破损淀粉应在 20% 以下，最好小于 13%。蛋糕体积与面粉细度显著相关，小麦粉越细，蛋糕体积越大。在美国烘烤蛋糕要求用出粉率为 50% 经过灌白的精白粉。但淀粉破损应尽量少，

α-淀粉酶活性不宜太高，否则易塌陷，要求降落值大于 250 秒。

（3）蛋白质或面筋含量和质量。通常认为只有低筋弱力粉才适宜制作饼干、糕点等面制食品。这种小麦粉制的酥饼形状好，花纹清晰，酥脆柔软，适口，质量较好。一般要求小麦粉蛋白质含量 <10%，湿面筋含量 20%～26%，小麦粉吸水率 51%～56%，粉质仪面团形成时间 1.5～3 分钟，稳定时间 1.2～3 分钟，软化度 >110，评价值 <40。酥饼和饼干面团应延伸性好，弹性低，这样商品性较好；蛋糕对面筋含量和筋力要求也低，一般湿面筋含量宜小于 24%，面团形成时间小于 2 分钟，评价值小于 38。但筋力过弱的小麦粉可能影响蛋糕成形，易碎，不宜加工和运输。最近的研究表明，有可能打破传统的蛋白质与糕点之间的关系，育成蛋白质含量较高又能加工出柔软适口糕点的品种。中国北方多数品种，尤其是地方品种即具有这种特性，各育种单位应加强对这类品种的筛选。

2. 饼干、蛋糕专用粉

中国于 1988 年颁布了低筋小麦粉的国家标准 GB 8608—1988，表明中国的小麦粉开始向专用小麦粉方向发展。低筋小麦粉面筋值含量要求低于 24%，用于制作饼干、糕点等低面筋值的食品，用软质小麦制成。原商业部以国产麦和小麦粉为主要原料，分别对酥性饼干、发酵饼干、蛋糕、糕点用粉等进行研究，于 1993 年 3 月份颁布了新的行业标准。

（1）饼干专用粉。一般用软质（弱筋）小麦。要求专用面粉的面筋含量低，强度小，延伸性好而弹性低。实践证明，选用蛋白质含量 10% 以下的小麦，不但减轻了面筋的反作用，而且减弱了蛋白质含量过高造成的结构紧密度。据原商业部制定的饼干专用标准，其湿面筋含量，发酵饼干为 24%～30%，酥性饼干为 22%～26%，面团稳定时间小于 2.5～3.5 分钟。

（2）糕点专用粉。糕点类食品同饼干一样，需要以软质（弱筋）小麦做原料。1993 年 10 月，原商业部制定的糕点专用粉指标中要求的湿面筋含量（也代表了蛋白质含量）比其他小麦专用粉都低，面团稳定时间也比其他小麦专用粉都短，以保证糕点的细腻和酥松度。

第二节　专用小麦的起源与发展

一、专用小麦起源

中国是一个小麦栽培历史悠久的国家，但由于人多地少，粮食供求矛盾始终存在。为解决众多人口的温饱问题，长期以来中国的小麦科研和生产一直非常注重产量的提高，而忽视了对品质的改良。与小麦生产发达国家相比，中国小麦品质研究起步较晚，尤其是对小麦的加工品质测试研究比发达国家晚了近半个世纪，致使中国许多小麦品种的品质，特别是加工品质普遍较差。

由于北方是中国小麦的主要产区，相对而言，北方省份的小麦品质改良在国内起步较早。20 世纪六七十年代，随着蛋白质测定技术和仪器的逐步引进，以及生物和谷物化学分析技术的不断普及，中国北方一些省份开始对蛋白质含量等营养品质进行测试鉴定，并将小麦品质研究的重点放在营养品质的改良上。1985 年，由全国小麦育种协作攻关组发起在河北省石家庄市召开了全国小麦品质改良研讨会，标志着中国小麦品质改良进入了一个新的历史发展阶段。1986—1991 年先后在山东青岛、江苏南京和河北保定召开的四次全国优质小麦育种生产研讨会。1992 年和 1995 年农业部两次在北京组织举办了全国优质小麦品种品质现场鉴评会，对全国优选的 272 个小麦品种采用密码编号，统一制粉、检测、烘烤、分析和现场鉴评，先后筛选出 42 个适宜制作面包用的强筋小麦品种（系）和 11 个适宜制作饼干蛋糕用的弱筋小麦品种（系），这些当选的专用优质小麦品种（系）主要由北方产麦区省份育成。在此之后的十多年时间内，中国小麦品质育种和优质小麦栽培研究进入了一个快速发展时期。与此同时，中国还先后制定发布和实施了《高筋小麦粉》（1988）、《低筋小麦粉》（1988）、《专用小麦粉》（1993）、《小麦》（1999）、《优质小麦 强筋小麦》（1999）和《优质小麦 弱筋小麦》（1999）等专用优质小麦品种品质和产品品质的行业或国家标准。这些行业和国家标准的发布实施，对中国专用优质小麦育种、生产、加工起到了重要的引导作用。与此同时，北方省份的一些科研单位、大专院校和粮食、面粉加工企业先后购进和逐步完善配套了小麦品质测试分析仪器设备，使小麦品质测试分析向微量、快速、准确、自动化和电脑化方向发展，从而促进了中国北方省份小麦品质改良不断向更高水平和更高层次发展。

二、北方专用小麦研究和生产发展

（一）专用优质小麦新品种选育

中国北方小麦主产省份自 20 世纪七八十年代开始，按照市场需求的不断变化，及时将小麦育种方向由过去的只注重产量，调整为品质与产量并重，并通过种质资源引进和创新，加大品质选育和检测力度，改进育种程序和方法等，先后选育出一大批适宜不同加工用途要求、不同茬口种植的强、中、弱筋专用优质小麦品种，并大面积投入生产。其中，北方省份育成的优质冬小麦品种藁城 8901、豫麦 34、中优 9507、济南 17、豫麦 47、高优 503、烟农 15、龙麦 26、陕优 225、皖麦 38、郑麦 9023、豫麦 50、豫麦 49 和宁麦 9 号等一大批专用小麦品种获得了国家跨越计划、国家农业科技成果转化项目和国家主要农作物新品种选育后补助项目的资助，并受到了面粉和食品加工企业的普遍欢迎，对促进北方专用优质小麦生产发展发挥了重要作用。

（二）专用优质小麦栽培技术研究

北方小麦主产省份为适应小麦品种与品质结构战略性调整的需要，将研究目标由过去的长期注重产量提高逐步转变为高产优质高效并重，并从品种类型、土壤质地、气候因子、施肥灌水、种植模式、播期播量、化学调控等对小麦品质的影响机理、措施效应及配套技术等方面进行了全方位的深入系统研究，初步制定出适宜不同地区、不同筋力类型专用小麦优质高效生产的栽培技术规程，为充分利用北方地区的自然资源和品种潜力，实现优质专用小麦的高效生产提供了技术支撑。

（三）专用优质小麦品质生态区划

通过系统研究环境和生态条件对小麦品质的影响及各地小麦品质特点，农业部于 2001 年发布了《中国小麦品质区划方案（试行）》。根据该区划方案，中国北方地区的北京、天津、山东、河北、河南、山西、陕西大部、甘肃东部属于北方强、中筋冬麦区；黑龙江、辽宁、吉林、内蒙古、宁夏、甘肃、青海、新疆等省、区属于中筋、强筋春麦区。与此同时，中国北方的一些省、区，如河南、山西等省也根据本省不同地区的气象、土壤和小麦品质表现，对本省的小麦品质进行了生态区划，为发挥区域资源优势，优化小麦品种布局，因地制宜发展专用优质小麦生产提供了依据。

（四）专用优质小麦产业化开发

专用优质小麦产业化是一项涉及科研、生产、收购、储运、加工、销售等环节的复杂系统工程，是促进专用优质小麦生产实现可持续发展的重要环节。为此，北方各小麦主产省份在实践中积极探索，逐步形成了形式多样、各具特色的专用小麦产业化开发模式。例如，国家小麦工程技术研究中心与郑州第二面粉厂采用"龙头企业＋科研实体＋种植基地＋农户"和"订单种植、合同收购"的专用优质小麦产业化开发模式，有效地解决了农民群众在农业结构调整中"种什么？为谁种？怎么种？"的难题，实现了"政府、农民、群众、科研单位"四个满意，受到了党中央、国务院领导的高度评价与赞扬。此外，河南新乡、山东阳信、河北藁城、山西运城、陕西岐山等地也都在发展专用小麦生产中形成了各具特色、可资借鉴的产业化开发经验与模式，从而有效促进了中国北方专用小麦的持续快速发展。

（五）专用优质小麦生产发展

从1997年开始，中国北方小麦主产省份根据农业结构战略性调整的需要，不断优化调整小麦种植结构，大力发展专用优质小麦生产。全国优质小麦种植面积和总产量逐年提高，且优质小麦的主要产区都分布在中国北方的山东、河南、河北等小麦主产省份。北方专用优质小麦的持续快速发展对提升国产小麦质量和市场竞争力起到了重要作用。

（六）专用优质小麦首次作为食用小麦出口

长期以来，中国一直是世界小麦第一进口大国，小麦只作为饲料出口。随着北方专用优质小麦的发展和市场竞争能力的提高，2002年10月，河南省首开先河，首次向国外出口食用小麦，之后东北春麦区的黑龙江省也开始向国外出口。路透社的全球硬质小麦报价单上首次将中国的"郑州小麦"与美国、澳大利亚、加拿大等传统小麦出口国的小麦并列。这不但改变了长期以来中国只能出口饲料小麦的局面，而且标志着中国小麦生产和进出口贸易实现了重大突破，显示了国产小麦市场竞争力的日益增强。同年中国小麦出口量首次超过进口量而成为阶段性净出口国，标志着中国已从世界小麦进口大国转变为重要的小麦出口国。

第三节　专用小麦的育种技术及培育发展

一、优质强筋小麦栽培技术

优质强筋小麦栽培的主攻目标是保持和提高所用品种的品质遗传特性，不能因栽培措施不当而降低该品种的烘烤品质指标。搞好优质强筋小麦栽培必须处理好保证优质与获得高产的矛盾，把优质放在首位，以品质为核心，通过合理栽培，从而获得高产、高效。本书从全国小麦核心区精选了近50个优质强筋小麦专用品种，以供各适宜区选择参考。

优质强筋小麦适宜区以河北省中北部（包括京、津地区）及河南省北中部冬麦区为主，大致在北纬38°～40°。该地区常年降水500～600毫米，其中小麦生育期间降水150～200毫米，抽穗—成熟期降水50毫米左右，尤其是小麦生育后期干旱少雨，有利于籽粒蛋白质积累和强筋力面筋的形成。

（一）明确主导品种，推广统一供种

1.因地制宜，合理布局

确定主导品种必须进行产量、品质同步优化栽培措施，根据市场需求、生态条件、生产条件、茬口早晚选用对路的强筋小麦品种。确定主导品种需掌握以下三个原则：一是筛选、更新、推广一批适应范围广、综合性状好、增产潜力大的品种作为当地主导品种，充分发挥新品种在小麦高产、优质、高效中的作用。二是明确品种适宜种植区域，避免越区引种造成损失。在这方面的经验教训特别多，千万要接受教训。三是对主推品种要特别注重提纯复壮，发挥和延长其高产、优质潜力，逐步实行统一供种（一村一品、一乡一品的做法），延长品种使用年限。

2.统一供种，区域种植

优质强筋小麦必须实行区域化连片种植，才能保证生产出达标的面包小麦，如果强筋小麦和普通小麦交叉种植，在收获脱粒期间，就很容易混杂，难以保证强筋小麦质量的稳定。种子质量是生产面包小麦的基础，只有统一供种才能保证小麦种子的纯度，结合区域化种植及其配套的栽培技术，才能生产出合格的强筋小麦。

（二）培肥地力是生产强筋小麦的基础

1.加深耕层，精细整地

实现小麦优质高产，依赖于强大的根系，这就要求加深耕层，为根的生长创造深厚疏松的耕作层。深耕可以增产，但也不是越深越好，要求深度25厘米为好。一次耕得太深，反而不利于幼苗早发，因此深耕应根据原有的基础，逐渐加深耕层，深耕必须配合细耙、多耙，注意防旱保墒，尤其在土壤偏黏的地块，更要掌握好宜耕期，借以粉碎坷垃，踏实土壤，清除根茬，保住底墒，使土表平整，利于播种，达到早、深、净、细、实、平的要求。

由于较高的土壤肥力有利于改善强筋小麦的营养品质和加工品质，因此进行优质高产栽培，必须以较高的土壤肥力和良好的水肥条件为基础。应培养土壤肥力达到耕层有机质1.0%以上，全氮0.09%以上，水解氮70毫克/千克以上，速效磷20毫克/千克以上，速效钾90毫克/千克，有效硫16毫克/千克以上。在这种地方条件下，经配方施肥，良种良法配套，可创出优质高产。

2.增加有机肥投入，提高土壤有机质含量

土壤有机质含量是反映土壤肥力水平的综合指标。培肥地力的中心环节就是保持和提高土壤有机质含量，其基本手段就是增加有机肥投入，增施以农家肥为主的各种有机肥和秸秆还田。

施用有机肥是我国农业生产上培肥地力的传统习惯，各地积累了丰富的积造农家肥经验。随着机械化水平和人们传统观念的改变，秸秆还田对于培肥地力起着越来越重要的作用。通过实践，人们创造了多种形式的秸秆还田技术，值得借鉴和推广。秸秆还田的主要形式：一是小麦高留茬。小麦收获时，要求留茬高度在20～125厘米，相当于还田根茬220～500千克/667平方米，与平茬相比可多还秸秆100～160千克/667平方米，二是麦秸覆盖还田。在秋作物生长前期未进入雨季以前，将麦秸、麦糠等均匀撒于作物行间，一般盖草量可达 150 ～ 200 千克 /667 平方米，麦秸覆盖还有保墒抗旱、抑制杂草、培肥地力的综合效能。三是玉米、小麦秸秆机械粉碎还田。即收获小麦、玉米后用秸秆还田机粉碎秸秆，直接耕翻入土。注意秸秆还田地块一定要底墒水，以沉实土壤，避免秸秆支空土壤冻死麦苗。

3. 平衡施肥，增加无机肥投入

在总施肥量中，一般除 667 平方米施有机肥 3000 千克以外，无机肥也应适当增加，要求每 667 平方米施纯氮 12 ～ 15 千克、磷（P_2O_5）9 ～ 12 千克、钾（K_2O）5 ～ 7.5 千克。硫酸铵和硫酸钾不仅是很好的氮肥和钾肥，两者还是很好的硫肥。上述总施肥量中，全部有机肥、化肥中氮肥的 50% 和全部的磷肥、钾肥均施作底肥，第二年春季小麦拔节期再施留下的 50% 氮肥。

麦收"胎里富"，无论是肥沃水浇田还是旱地麦，底肥对产量和品质的形成都很重要，尤其是多施肥效持久、养分含量高的农家肥，可以为小麦生长发育源源不断地供给所需养分。强筋小麦生育后期吸氮力比一般小麦强，因而施足农家肥就显得更为重要。

（三）"一播全苗"是强筋小麦丰收的关键

一是立足抗旱防涝。改善麦田灌排设施，做到沟沟相通，内外相连，能灌能排，旱涝保收。

二是主推"造墒、适期、精播、机播"四项技术相配合。造墒是一播全苗的基础，优质小麦和普通小麦一样，播前造好底墒是苗全、苗匀、苗壮的基础。强筋小麦的适生区为两合土、黏壤土或黏土。适宜出苗的土壤含水量：两合土 18% ～ 20%，黏壤土 20% ～ 22%，黏土 22% ～ 24%，低于上述指标，应浇好底墒水，还要保好口墒，以确保一播全苗。土质十分黏重的地块，也可先种，后喷灌或浇蒙头水。适期精量播种是苗壮的基础，早播小麦生长过旺易形成老弱苗，晚播小麦苗弱、群体不足。推广机械精匀播种可确保播量准确，达到苗全、苗匀、苗壮的目的，并提高播种作业效率。

三是推广包衣种子和种子处理技术。近年来，小麦包衣种子应用面积迅速扩大，合格的种子包衣剂一般含有杀虫、杀菌剂两种主要活性成分，不仅可以防治种子和幼苗所遭受的地下害虫的危害，还有壮苗的作用，同时可控制小麦期和春季病害的发生程度。包衣种子一般经过种子纯度、净度、水分、发芽率等技术指标的鉴定，应用起来也比较安全。推广包衣种子也是小麦规范化栽培的方向。

四是推广适时精播技术。适播可以保证小麦冬前有足够的积累，利于培育冬前壮苗。适期播种要根据品种的冬春性和当年的气候条件而定。一般在正常气候条件下，河南省豫西、豫北地区种植的济麦20、藁麦8901等半冬性品种以10月3日到10日播种为宜，豫麦34号、豫麦47号等弱春性品种就可在10月13日到20日播种。黄河以南的豫中、豫东地区半冬性品种以10月8日到13日播种为宜，弱春性品种以10月15日到23日为宜。

根据近年的生产实践，在精细整地、足墒下种的前提下，半冬性基本苗10万～12万株/667平方米，播量5～6千克/667平方米；弱春性品种基本苗13万～15万株/667平方米比较适宜，折合播量6.5～7.5千克/667平方米，具体到每块地的播量要根据种子的千粒重、发芽率、整地和墒情等综合确定。在适宜播期以后播种，还要注意适当增加播种量，一般每推迟一天，应增加播种量0.25千克/667平方米，播种方式可采用23厘米等行距或20厘米×30厘米或20厘米×27厘米的宽窄行种植。提高播种质量，保证播种的均匀度，机播和精播时深浅要一致（深度3～4厘米），落子要均匀，达到苗全、苗匀的播种标准，并要求地头、地边全种到。

（四）优质强筋小麦田间管理技术

实现强筋小麦优质高产，除打好播种基础外，还必须加强田间管理。所谓冬前就是指出苗到越冬前（河南省北部约到12月20日，中南部约到12月31日）。

1. 冬前管理要点

（1）保证全苗。在出苗后要及时查苗，补种浸种催芽的种子，这是确保苗全的第一个环节。出苗后遇雨或土壤板结，应及时进行划锄，以破除板结，达到通气、保墒、促进根系生长的目的。

（2）浇冬水。浇好冬水有利于保苗越冬，年后早春保持较好墒情。应于立冬至小雪期间浇冬水，对地力高、底肥足、群体适宜或偏大的麦田，适期内晚浇，可不施冬肥；对底肥不足或中低产田，冬前群体小、长势弱或因旺长而脱肥的地块，应在适期内早浇，结合浇水追施尿素8～10千克。

小麦冬前壮苗的标准。叶龄：春性品种六叶一心，半冬性品种七叶或七叶一心，叶蘖同伸；春性品种4～5个分蘖，加上主茎，单株头数5～6个；半冬性品种6～7个分蘖，加上主茎单株总头数7～8个。无论是弱春性品种还是半冬性品种，总头数在 60 万～ 70 万头 /667 平方米比较合适，单株次生根 7～ 10 条。

（3）推广化学除草。在 11 月中下旬要注意做好化学除草工作。若麦田以猪殃殃等双子叶杂草为主，可选用杜邦巨星 15 克 / 公顷对水 750 千克防除，若以野燕麦为主的麦田，可选用 6.9% 的骠马乳油 50 毫升 /667 平方米对水 10 千克防除。但使用化学除草剂一定要严格按产品说明书进行，不可随意加大药量，不能漏喷、重喷，同时要选择无风晴天喷雾，对喷过除草剂的器械，必须做好清洗等善后处理。

2. 春季（返青期—挑旗期）管理要点

（1）拔节期追肥浇水。该时期追肥浇水是优质高产的重要措施。小麦返青期、起身期不追肥、不浇水，及早进行划锄，以通风、保墒、提高地温，利于大蘖生长，促进根系发育，使麦苗稳健生长。

将一般生产中的起身期（二棱期）施肥浇水改为拔节期至拔节后期（雌雄蕊原基分化期至药隔形成期）追肥浇水，可以显著提高小麦籽粒的营养品质和加工品质；有效地控制无效分蘖过多增生，控制旗叶和倒二叶过长，建立高产小麦紧凑型株，能促进根系下扎，提高生育后期的根系活力，有利于延缓衰老，提高粒重；能够控制营养生长和生殖生长并进阶段的植株生长，促进单株个体健壮，利于小穗小花发育，增加穗粒数。

（2）浇挑旗水或开花水。挑旗期是小麦需水的临界期，此时灌溉有利于减少小花退化，增加穗粒数，并保证土壤深层蓄水，供后期吸收利用。如小麦挑旗期墒情较好，也可推迟至开花期浇水。[1]

（3）推广化控、化除新技术。对于一些植株偏高的优质强筋小麦，如果群体偏大，一定要及早采取化控防倒措施。返青期群体超过 100 万头 /667 平方米的麦田，河南地区在 2 月下旬至 3 月上旬，麦苗返青开始生长时（此期小麦的生育阶段处于生理拔节期）及早采取化控防倒措施，用 30～ 40 毫升 /667 平方米壮丰安或多效唑粉剂 40 克对水 50 千克进行喷洒，可以有效控制倒伏。喷洒时要注意选择无风的晴天，日平均气温 10℃时进行，这样有利于麦苗吸收，并注意不重喷，不漏喷，以收到理想效果。

① 牛伶锐，郭俊珍，侯钡鹏 . 优质专用小麦品种与栽培 [M]. 太原：山西科学技术出版社，2007：231.

（4）防治小麦纹枯病。现在真正抗枯病的品种还不多，返青至起身期是防治纹枯病发生的最好时机。防治用药，根据试验，以粉锈宁为首选药物，用药按有效成分 15 克以上防治。喷洒方法主要是喷药时加水量一定要达到 40 千克 /667 平方米以上，严格操作方法，方能达到防治目的。

3. 后期（挑旗期—成熟期）管理要点

（1）灌浆水。小麦开花后土壤水分含量过高会降低强筋小麦的品质。所以，强筋小麦生产基地在开花后应注意适当控制土壤含水量，在浇过挑旗水或开花水的基础上，不用浇灌浆水，尤其要避免浇麦黄水。

（2）防病虫。小麦病虫害均会造成小麦粒秕，严重影响品质。白粉病、赤霉病、锈病、蚜虫等是小麦后期常发生的病虫害，应切实注意，加强预测预报，及时防治。在防治小麦蚜虫时，应该用高效低毒的选择性杀虫剂，可选择 2.5% 吡虫啉可湿性粉剂、2% 蚜必杀等。

（3）追肥增粒。在药隔至挑旗期（倒二叶露尖至最后一片叶展开）结合浇水追施 7 ～ 8 千克 /667 平方米尿素，可以有效地减少小穗、小花退化，一般可增加穗粒数 6 粒左右。更重要的是可以增加籽粒蛋白含量 1 ～ 2 个百分点，提高面筋含量和质量。这是面包小麦栽培中品质提高的一项关键措施。

（4）叶面喷肥。叶面喷施硼、锌等微量元素，可提高籽粒蛋白质含量和湿面筋含查。在扬龙后 5 ～ 15 天喷施 BN 丰优素和磷酸二氢钾，可改善籽粒商品外观，增加产量，提高品质。

（5）去杂保纯。杂麦的混入会明显降低强筋小麦的加工品质，所以不论做种子还是做商品粮都要把好田间去杂关，确保种子的纯度达到一级种子水平（99%）以上，商品粮的纯度达到 95% 以上。要做到这一点，以乡镇或以县为单位进行规模化种植，建立种子和优质面包小麦生产基地是十分必要的。

4. 适时收获

强筋小麦在穗子或穗下节黄熟期即可收获，收获过晚，会因断头落粒造成产量损失，对粒重、粒色及内在品质也有不良影响。收割方法以带杆成捆收割，晾晒一两天后脱粒最好，但用联合收割机收获时，可在蜡熟末期收获，麦秸还田。高产麦田小麦生育后期根系活力强，光合作用仍在进行，蜡熟中期至蜡熟末期千粒重仍在增加，在蜡熟末期收获，籽粒的千粒重最高，此时，籽粒的营养品质和加工品质也最优。蜡熟末期长相为植株茎秆全部黄色，叶片枯黄，茎秆尚有弹性，籽粒含水率22%左右，籽粒颜色接近本品种固有色泽，籽粒较为坚硬。提倡用联合收割机收割，麦秸还田，以充分发挥机械效能，减少损失，并要注意分品种单打单入仓。

二、优质中筋小麦栽培技术

中筋小麦的主攻目标是保持种植品种的优良品质特性，必须掌握好优质与高产并重的原则。中筋小麦主要用于制作面条、挂面、水饺和优质馒头等蒸煮食品，包括方便面等。中筋小麦是人们消费量最大、用途最广泛的一类小麦品种，以河北省、河南省中北部和山东省为主要地区。该产业带大致在北纬34.5°～38°之间，占我国小麦栽培面积和产量的90%以上。因受我国人民传统生活习惯的影响，中筋小麦的高产优质正向优质专用型发展，是今后小麦栽培研究的主体，对农业发展、人们生活水平提高和增加农民收入有着重要的现实意义和深远的历史意义。具体栽培技术如下：

（一）播种技术

1. 施足底肥

小麦是需肥量较多的作物，施足底肥对小麦丰产十分重要。一般每667平方米除施优质有机肥外，碳铵50千克，过磷酸钙50千克左右，有条件的还可以施硫酸钾15千克。

2. 精细整地，足墒下种

足墒下种是确保苗全、苗壮的重要增产措施，是达到丰产的基础。华北地区小麦是主要的粮食作物，大多年份麦播时墒情不足，应浇足底墒水，不应抢墒播种。还应逐年加深耕层，要求深耕25～30厘米。播前整地是我国种小麦地区的一条传统经验，其标准可概括为"早、深、净、细、足、实、平"。

3. 选用优质中筋小麦品种，适期播种

选择适宜对路的品种对实现优质高产至关重要。例如，河南省的豫麦69、豫麦70、周麦12等半冬性品种10月上、中旬播种，豫麦18、豫麦24等弱春性、春性品种10月中、下旬播种，每667平方米播量6～10千克。应根据当地特点合理选用品种，进行适期播种，间套种植应留好预留行，推广机播、耧播。

4.搞好土壤处理与种子处理

小麦吸浆虫发生区和地下害虫重发区，用3%甲基异柳磷或辛硫磷颗粒剂进行土壤处理，每667平方米用2～2.5千克，犁地前均匀撒施地面，随犁地翻入土中。地下害虫轻发区用40%甲基异硫磷1千克加水80～100千克，拌麦种1000～1200千克。随着生产水平的不断提高，一方面作物对一些微量元素需求量增加；另一方面，一些化肥的大量施用与某些微量元素拮抗作用增强，土壤中某些微量元素有效态降低，呈缺乏状态。试验证明：增施微量元素肥料增产效果显著。采用以锌、锰为主的多元复合肥拌种增产效果较好，一般每667平方米用量50克左右。

（二）冬管技术

中筋小麦特别要注意浇好封冻水。播种后至封冻前，若无充足的降水要坚持浇好封冻水，既能保温，又能踏实土壤。特别是对一些沙性土壤或秸秆直接还田的地块，常因土壤疏松悬空死苗，或因秸秆腐化而引起干旱，所以，浇好封冻水十分重要。一般在平均气温下降到7～8℃时进行。浇水量不宜过大。

（三）春管技术

1.及时中耕

早春以中耕为主，消灭杂草，破除板结，增温保墒，促苗早发。此期小麦开始旺盛生长，根、茎、叶、蘖生长达到最高值，也是营养生长与生殖生长并进的生长期，外部形态变化快，内部分化差异大，是形成穗数和穗粒数的关键期，对水肥需要量大，而且最为敏感，对外部不良条件抵抗力较低。管理的主攻目标是因地制宜，分类管理，合理运筹肥水，调控两极分化，促弱控旺，争取秆壮穗足，粒多，不倒伏。

2.及时追肥浇水

拔节前后两极分化明显时，采取肥水齐攻，一般667平方米追施20～25千克硝铵或15～20千克尿素。

3.化学除草

667平方米用20%二甲四氯水剂200～250毫升或75%巨星（阔叶净）1克，加水30千克喷雾，防治麦田双子叶杂草。

4.预防倒伏

于3月中旬小麦拔节前667平方米用5%多效唑30克，加水30千克喷雾，促进小麦健壮生长，以降低株高，预防倒伏。特别是对旺长麦田和一些高秆品种，效果更佳。

（四）中后期管理

小麦从抽穗到成熟为小麦生长后期，此期是决定小麦粒重和产量的关键时期，籽粒的干物质积累的 2/3 来源于此期的光合产物，因此主攻目标应是养根护叶、防早衰、保花增粒、增粒重。具体应做到：

1. 适时浇水

根据土壤墒情适时浇好拔节孕穗水和灌浆水。拔节孕穗期是小麦需水临界期，此时土壤含水量在 18% 以下时应及时浇水，小麦开花后 15 天左右，即灌浆高峰出现之前浇灌浆水，对提高粒重有明显效果。

2. 因地制宜，搞好"一喷三防"和叶面喷肥

小麦生长后期，由于根系老化，吸收功能减弱，且土壤中营养元素减少，往往有些地块表现出某种缺肥症状，根据情况对叶面喷洒一些营养元素，能增强植株的抗逆能力和抵御灾害能力，并能明显提高粒重。对于发黄缺氮麦田应喷洒 1% ~ 2% 的尿素溶液；对贪青晚熟或缺磷钾田喷洒磷酸二氢钾溶液，每次每 667 平方米用量 150 克左右，加水 50 千克；对缺微肥的田块，可喷洒小麦多元复合肥，一般每 667 平方米用量 100 克左右，加水 50 千克。

小麦生长后期青枯病、干热风发生频繁，应及时喷洒激素、营养物质和农药进行防治，为中筋小麦丰收提供保障。据研究，在小麦中后期喷洒激素类物质有助于提高植株的整体活性，增强新陈代谢，提高植株的抗逆能力，从而有效地抵御干热风的侵袭和青枯病的危害。目前，适用的激素类物质有黄腐酸（FA）、亚硫酸氢钠等。黄腐酸可使小麦叶片气孔并张度下降，降低小麦植株的水分蒸腾量，在孕穗期和灌浆初期各喷施一次效果最好。每 667 平方米一般 50 ~ 150 克，加水 40 千克喷洒。亚硫酸氢钠对小麦的光呼吸有很强的抑制作用，使光呼吸强度减弱，净光合强度提高，能改善小麦灌浆期营养物质的供应状况，促进籽粒发育，增加穗粒数和粒重。一般在小麦齐穗期和扬花期各喷施一次，每次每 667 平方米 10 ~ 15 克，加水 50 千克。亚硫酸氢钠极易被空气氧化而失效，应随配随用，用后剩余的密封好。

3.防治病害

小麦中后期常有白粉病、锈病危害。当白粉病田间病株发病率达 15%、病叶率达 5%，条锈病田间病叶率达 5% 时，一般在 4 月中旬进行防治。方法是 667 平方米用 15% 粉锈宁 50 克喷雾剂加水 15 ～ 20 千克，背负式喷雾器加水 40 ～ 50 千克，可兼治小麦纹枯病、叶枯病。

4.防治虫害

小麦后期常有穗蚜为害。一般在 5 月上旬麦穗有虫 500 头时进行防治。667 平方米用 40% 乐果乳油 50 毫升，对水 50 千克喷雾。也可用 50% 抗蚜虫威可湿性粉剂 7 克，加水 30 千克喷雾。春季一些地块常有红蜘蛛危害，一般在 1 米行长 600 头时进行防治。用 40% 乐果乳油 1 000 倍液，每 667 平方米 50 千克喷雾。

（五）适时收获

小麦适时收获是实现优质高产的最后一个环节。由于华北及黄淮地区在麦收季节常出现阴雨、大风、冰雹等灾害天气，收获不及时会造成落粒、掉穗、霉变、发芽等，不但损失产量，而且降低品质。收获偏早，籽粒不饱满，产量低；收获偏晚，由于淋浴作用使籽粒蛋白质、淀粉含量下降，品质变劣。农民说得好，收麦是"虎口夺粮"，充分表明了小麦适时抢收的重要性。

1.小麦成熟的标准

小麦成熟度是决定小麦适期收获的重要依据之一。小麦的熟期分为乳熟期、蜡熟期和完熟期，蜡熟期又可分为初、中、末三期。

（1）乳熟期。叶片逐渐变黄，节间还呈绿色，穗子绿黄；穗下节黄绿色籽粒已达正常大小，呈绿黄色，籽粒含水率 50% 左右。

（2）蜡熟初期。叶片黄而未干，籽粒呈浅黄色，含水率 30% ～ 35%。

（3）蜡熟中期。籽粒黄色，胚乳变白，茎叶基本全部变黄但仍有弹性，籽粒含水率 25% 左右。

（4）蜡熟末期。植株全变黄，叶片干枯，籽粒呈固有色泽，胚乳白色，籽粒含水率 20% 左右，大部分籽粒变硬，手掐不动。

（5）完熟期。籽粒全部变硬，品种呈本色，茎秆干枯变脆，籽粒含水率 15% 左右。

2.科学确定收获适期

小麦的适宜收获期是蜡熟末期至完熟期，但是具体到一个乡、一个村、一块地、一个品种，还要考虑天气条件、收获机具条件、品种的落粒性、穗发芽性等综合因素，科学安排麦田的收获次序。机收时还要注意分品种统一收获，严禁混杂，以便作为专用粉品种出售。

三、优质弱筋小麦栽培技术

弱筋小麦是指小麦籽粒软质，蛋白质含量低，面筋强度弱，延伸性较好，适于制作饼干、糕点、南方刀切馒头和酿造啤酒的专用小麦。弱筋小麦以河南省南部，安徽、江苏两省的沿江、沿淮流域以及江苏沿海沙土区为主要种植区。该地区常年降水 600～1000 毫米，在北纬 30°～40.5° 之间，其中小麦生育期降水 250～400 毫米，抽穗—成熟期降水 70～150 毫米。小麦生育后期降水较多，不利于籽粒高蛋白和强筋力面筋的形成，适合弱筋优质专用麦生产。对于土壤肥力较高的地区可兼顾生产中筋小麦。近年来，在政府、科研和推广等部门的共同努力下，弱筋小麦在品质区划、新品种选育、优质高产低成本的栽培技术研究及产业化开发等方面已取得了较快的进展。

（一）掌握弱筋小麦优质高产的基本原则

弱筋小麦实现高产优质的关键是建立高光效的群体结构，处理好群体与个体的矛盾，使源、库、流协调发展，栽培途径是以分蘖成穗为主，在小麦生育前期促根壮蘖，确定穗数，中期壮秆防倒、兼顾大穗，后期养根保叶增粒重。

（二）按需求选择好品种

20 世纪 90 年代以来，育种单位根据市场需求的变化，及时调整育种目标，在弱筋专用小麦新品种培育方面取得了重要进展，育成了一批优质弱筋专用小麦新品种和后备接班品系，形成了一定的种植规模，受到了面粉企业的欢迎。适宜长江下游麦区种植的主要品种有扬麦 9 号、宁麦 9 号、扬麦 13 和扬辐麦 2 号等，适宜黄淮南片种植的品种有豫麦 50、皖麦 18、皖麦 48、徐州 25 等，适宜西南麦区种植的品种有绵阳 96-12。

根据近年来各地的试验、示范结果，江苏沿江高沙土和沿海沙土优势生态区可选用宁麦 9 号、扬麦 9 号、扬辐麦 2 号、扬麦 13、建麦 1 号等品种，安徽江淮、沿淮可选用皖麦 48、皖麦 18 等品种，河南南部可选用豫麦 50 等品种。

（三）适期适量播种

土质偏沙，土壤保水保肥性能差，有机质含量低，易早衰，小麦生育后期日照偏少，不利于蛋白质的积累和面筋形成的地区是区域化布局中优质饼干、糕点等弱筋小麦的生产区。最佳播期范围为 10 月 26 日至 11 月 5 日。必须保证弱筋小麦安全越冬的适期早播。江苏沿江地区种植的宁麦 9 号、扬麦 9 号掌握在 10 月 26 日到 30 日播种，沿海地区种植的建麦 1 号稻田套种掌握在 10 月 18 日到 25 日播种。弱筋小麦基本苗要求比同期播种的中强筋小麦适当增加。宁麦 9 号、扬麦 9 号在江苏沿江，基本苗一般掌握在 667 平方米 14 万～ 16 万株，建麦 1 号沿海地区稻田套播掌握在每 667 平方米 16 万～ 18 万株。

播种方式：机条播，行距 25 厘米，即将 6 行播种机的播种行数由 6 行调整到 5 行，或稻田套播。

（四）合理施肥

适当降低施氮量，氮肥施用前移，则籽粒产量有所下降，蛋白质和湿面筋含量降低，但对清蛋白、球蛋白影响较小，更多地调节了醇溶蛋白和谷蛋白含量，直链淀粉、支链淀粉含量和占总淀粉的比例及直链淀粉与支链淀粉比值上升。籽粒淀粉黏度特性得到改善，籽粒容重、面团吸水率、形成时间及稳定时间呈下降趋势。因此，弱筋小麦应适当降低氮肥施用量，增施磷、钾肥，减少生育中后期施氮比例。总施氮量应根据地力水平和品种要求确定。施纯氮量每 667 平方米 12 ～ 14 千克，$N：P_2O_5：K_2O=1：0.4$～ 0.5：0.4 ～ 0.5，即每 667 平方米施磷、钾肥 5 ～ 6 千克。氮肥的基追比为 7：3，追肥中平衡接力肥占 10%～ 15%，拔节肥占 15%～ 20%，追肥时间为倒 3 叶期。磷肥基追比为 5：5，钾肥基追比为 7：3，追肥时间为 5 ～ 7 叶期，追肥中可以用多元复合肥。

（五）化学防治

一是前中期注意除草。麦田杂草达标田掌握在杂草 2 ～ 3 叶期用药防治，以禾本科杂草为主的田块，每 667 平方米用 6.9% 骠马 50 ～ 60 毫升；以阔叶杂草为主的田块，每 667 平方米用 20% 使它隆 30 ～ 40 毫升或用 75% 巨星 1 克，混生杂草的田块，每 667 平方米用 6.9% 骠马 50 毫升加 20% 使它隆 35 毫升进行综合防除。二是在麦田中后期注意防治纹枯病、锈病、白粉病、赤霉病及虫害。纹枯病于 2 月底至 3 月上旬每 667 平方米用 50%

井冈霉素 400 ～ 500 毫升，或 12.5% 纹霉净水剂 250 ～ 300 毫升对水均匀喷雾；白粉病、锈病应于拔节期用 20% 粉锈宁 20 ～ 25 毫升防治；赤霉病和蚜虫的防治于抽穗扬花期喷施 33% 的麦丰宁 75 克，或克赤增 80 克，或 47% 麦病宁 100 克加 25% 快杀宁 25 ～ 30 毫升防治。

（六）全程调控，科学管理

弱筋小麦在江苏沿江、沿海地区种植要注意排水降渍，安徽沿淮和河南省南部地区要注意节水灌溉，可使产量与品质同步提高。弱筋小麦要求适期早播，中期注意运用防倒剂，后期注意施用增粒增重剂喷洒。病虫草害要求严格按无公害小麦农药和除草剂标准使用，做到全程调控。

第二章

中国北方春小麦与冬小麦育种研究

第一节　春小麦生长环境及品种类型

一、春小麦生长环境

小麦种植中，在品种类型和具有一定基因型的具体品种确定之后，能不能"长"，即能否完成从种子到种子的生活周期，自然生态因子起主导作用。而能否"长得好"，即不但能正常地完成生长发育全过程，而且能按照人们的预期目标，取得经济效益，达到生产目的，则要靠自然生态因子和人为生态因子即栽培措施的完好结合，特别是后者要起主导作用。

在具体生态环境中，在一定的生态条件下，自然生态因子中的气候因子是左右小麦生长发育的主要因子，温、光、水、气、热等因子的综合作用影响着生育进程。尤其重要的是，在有其他因子保证的前提下，温度和光照是影响生育进程的决定因子。因此，长期以来，小麦生育过程中的温度效应和光周期效应，经众多的研究者不断发现、发展、充实和完善，已经形成一些理论和学说，持续地指导着全国和世界的小麦生产。

（一）春小麦生长温度

1. 春化反应

（1）春化理论。在中国古代，北方的农民曾发现春季补种的冬小麦只长苗不抽穗的现象。他们把萌动的冬小麦种子闷在罐中，置于低温处 40 ~ 45 d，再于春季种下去，就能和春麦一样正常生长。1935 年经典性著作《春化现象和阶段发育理论》，把冬小麦经受低温影响的早期发育阶段称为"春化阶段"，也称"感温阶段"或"感温期"，作为第一发育阶段。并且认为，只有完成春化阶段，才能进入第二发育阶段，即"光照阶段"，或称"感光阶段""感光期"。这种严格的顺序是不可逆的。于是，春化理论和以作物体对温、光反应为标志的阶段发育理论也正式建立。

（2）春小麦的春化反应。春小麦是小麦品种生态型的一个春型类群，有春性强弱之分。因此，不同生态型等级的春小麦品种的春化反应也有区别。

①一般春小麦的春化反应：早春小麦的春化温度是 8 ～ 15℃，"冷处理"的时间是 5 ～ 6 d。研究发现，春性强弱一般的小麦品种，播种至生理拔节、生理拔节至抽穗的生育天数均与该期间的日均温呈 0.05 水平的显著负相关。但温度每升高 1℃ 而减少天数的效应低于强春性品种。至于春型中的弱春性品种，在全国各麦区春播，都能抽穗和成熟。在北方晚春播种，抽穗不整齐，抽穗率低，或抽穗后不能成熟。北方秋播，能部分越冬，冬前不拔节的越冬率较高，越冬植株能抽穗和成熟。在南方秋播能正常抽穗成熟。临冬播种在东北试点的一些年份能抽穗、成熟。弱春性小麦品种的生育进程有一定的低温春化要求。

②强春性小麦的春化反应：强春性小麦是春型类群中的一个生态型等级。其生长发育过程中的温光反应有着不同于其他春小麦品种的特点。强春性小麦品种的生育早期，没有特定的低温要求，没有低温效应，不发生春化反应。

2. 光周期效应

（1）光周期学说。自然界随季节变化而周期性出现的日照长度，谓之"光周期"。植物对昼夜长短的规律性变化的反应，就是"光周期现象"或"光周期反应"。

1924 年，有学者长期研究得出结论，植物在日长变短时开花，叫作"短日植物"；植物在日长变长时开花，叫作"长日植物"；也有的植物开花与日长无关，被称为"中日植物"。光周期学说正式创立。

（2）光周期学说的发展。光周期学说问世以来，经过不断验证、充实和发展，普遍适用于自然界的显花植物。现在，根据光周期反应的特点，可以把植物分为 6 种类型：

①短日植物：在临界日长较短的日照条件下开花的植物。

②长日植物：在临界日长较长的日照条件下开花的植物。

③短长日植物：最初的临界日长较短，以后则需要较长的临界日长才能开花的植物。

④长短日植物：最初的临界日长较长，以后则需要较短的临界日长才能开花的植物。

⑤中日性植物：开花与日长无一定关系的植物。

⑥中间性植物，也称定日性植物：只有在一定的日长范围内才能开花

的植物。较长或较短的日长都不能引起开花。

（3）小麦的光周期反应。自光周期学说创立以来，小麦一直被公认为长日植物。

以下根据众多研究者的实验结论得出：春小麦的生育进程对日长无严格要求，光周期反应具有可变性。普通小麦的各种生态型品种包括春小麦品种，在光周期反应类型上，可划入中日性植物。它们的生长发育过程也没有独立的"光照阶段"。

（二）纬度和海拔对春小麦生育期的影响

由于各个地区气候条件的差异，尤其是纬度与海拔的不同，形成了明显的小麦分布区带，表现为小麦在生长发育、产量、品质和适应性上均有不同。研究认为，纬度和海拔对春小麦生长发育的影响主要表现在日照时数、光照强度、温度、热量的变化上，最终影响小麦生长过程中生理生化代谢而造成生育期、产量、品质间的地域差异。

1.纬度与海拔对春小麦生育天数的影响

温度和日照随纬度和海拔的高低而变化。纬度和海拔对小麦生育天数的影响主要是通过温度和日照起作用。从纬度变化看，地处北半球的中国，在高纬度的北方，冬季温度低，夏季日照长；在低纬度的南方，冬季温度较高，夏季日照较短。从海拔高度看，同纬度高海拔地区的温度低于低海拔地区。据观察，海拔每升高 100 m，相当于纬度增加 1° 的同期温度。二者日照也存在一定差异。由于不同纬度、不同海拔地区温光条件不同，必然影响到小麦生育天数的长短变化。

2.纬度与海拔对春小麦生育特性及产值和品质的影响

（1）纬度与海拔对春小麦净光合、光呼吸速率的影响。不同纬度地区的春性品种在同一地区正常种植条件下，其叶片的净光合速率不因原产地纬度的不同而存在大的差异。不同纬度地区，其生态条件不一样，形成了具有不同生态类型的植物，但对春性小麦品种而言，其叶片的PU随纬度变化不大。低纬度地区的南方春性小麦品种无论秋播还是春播，其叶片的光呼吸速率（PR）和呼吸速率（DR）均比高纬度地区的北方春性小麦品种高。这是品种本身的生理生态特性形成了具有较高光呼吸及呼吸速率的南方生态类型所致。

（2）纬度与海拔对春小麦籽粒发育的影响。纬度与海拔对春小麦籽粒发育的影响主要体现在温度对灌浆的影响上。不同的温度条件不仅影响灌浆的合成速率，还影响灌浆期的长短。

（3）高海拔低气压对小麦的生理效应。青藏高原植物分布区的海拔高度在 2000 ～ 5000 m 之间。由于气压和大气中的 O_2 和 CO_2 含量均随海拔升高而降低，因而形成青藏高原的另一气候生态特点，即高海拔、低 O_2 含量、低 CO_2 含量。研究表明，小麦一般在高海拔条件下，其光饱和点升高，适温偏低。低光强到高光强都能进行光合作用，因而光合作用时间长，无明显的光抑制现象，不出现在平原大田条件下，净光合速率明显的"中午降低"现象。呼吸速率较低，有利于植物体内干物质的积累。光合作用最低温度比低海拔地区植物低得多，表现出高山植物的光合作用对低温的适应能力较强。在中国的 7 月份，空气中的 CO_2 密度就地区分布而论，大体是近海平面平原低山地区为 0.55 mg/L，青藏高原大多数地区在 0.41 mg/L 以下。通常认为，CO_2 下降到正常密度的 80% 即影响植物的光合作用。近地层空气中的 O_2 密度（年平均）在海平面为 282 mg/L，在海拔 3000 m 的 O_2 密度只有海平面密度的 72%，青藏高原大多数地区在 200 mg/L 以下。高原地区广为分布的多为喜凉植物，森林和作物又多 C3 植物。C3 植物在进行光合作用的同时，也进行着较强的光呼吸。这种呼吸比暗呼吸强度大得多，甚至可达数倍，对植物的光合作用产率影响很大，在大田条件下能使光合作用所固定的 CO_2 丧失 1/4 左右。而光呼吸的大小会随外界 O_2 含量的降低而下降。这样，高原地区的低氧环境能抑制植物的光呼吸，从而在一定程度上弥补了由于 CO_2 密度小对光合作用造成的影响，使植物真正的光合产率并不因低 CO_2 而显著降低。

3. 纬度与海拔对小麦产量的影响

青藏高原有中国春小麦、春青稞的单产最高纪录。其他如蚕豆、油菜等产量也很高。这些高产区主要是在海拔 3000 ～ 4000 m、生长期气候温凉的地区。由于青藏高原作物产区的水肥条件并不比东部平原优越，所以能获得高产，显然与高原独特的气候条件有关。但对于哪种因素占主要地位的解释，却有多种意见。通过文献分析，基本有 3 种观点。有的强调光照因素，即太阳辐射强度大，蓝紫光成分高；有的强调温度因素，即平均气温低，昼夜温差大；有的强调植物净同化能力的提高，特别是开花后同化器官功能期的明显延长。考虑小麦从播种到成熟的全过程，由于作物生育期间温度的高低决定着生育期的长短，而青藏高原温度较低，年平均气温大都低于同纬度地区5℃以上，所以小麦生育期延长，成熟较晚。研究表明，小麦在拉萨种植，无论何种类型品种，也无论是何种播期，均表现出晚熟和全生育期长、灌浆过程长、绿色器官功能期长等特点。其中灌浆期比低海拔地区长1～1.5倍，小麦成熟后穗部的干物质3/4以上来源于开花后的光合作用产物。因而可以认为灌浆期时间的成倍延长是青藏高原小麦高产的主要原因。由于干物质产量决定于日平均干物质累积速率和生育期天数。综合地看，略低的干物质日累积速率和长得多的生育时期促成了高原小麦干物质的最终产量高于平原地区。因此，平均气温较低导致的高原地区小麦生育期长是其干物质产量和籽粒产量高的主要原因。另外，太阳辐射强、蓝紫光成分多、昼夜温差大等因素的共同作用，在一定程度上补偿了高原CO_2密度仅为平原的2/3对光合作用的不利影响，使小麦干物质日平均累积速率并非仅为平原的2/3，而是提升到80%～90%，因而也是高原小麦高产不可缺少的环境因素。

4. 研究纬度与海拔对小麦生育期影响的意义

迄今为止，地球上已经发现的植物有50余万种。由于环境条件的差异，它们在分布上具有明显的地域性，而且在形态、结构、生活习性以及对环境的适应性上也不尽相同。作为禾本科作物的小麦也不例外。不同的品种，由于基因型不同，在对环境的适应性上千差万别，冬型、过渡型、春型小麦在同一纬度和海拔高度种植时，生育天数表现各异；同一生态区内生长的小麦尽管基因型不同，但在对环境的适应性上表现出惊人的相似性，因此在全国范围内形成不同的小麦种植区。造成以上差异的原因并不能简单地归因于植物体内某些生理生化反应的推迟或提前。所有的生物，对环境的适应性以及正常的生长发育都与基因的表达，以调控密切相关，不同的环境条件（如纬度和海拔）都会有特定的基因表达满足生物自身的生长发育要求。因此，可假设基因表达具有地域性。研究特定环境条件下某些特定基因的表达，不但可以揭示不同纬度和海拔对植物生长发育的影响机理，而且可为今后生物技术在生产上的应用提供可能。鉴于以上原因，今后的工作方向应是广泛收集地方材料，继续探索小麦的遗传多样性，在育种上尽可能应用这些宝贵资源；查明特定环境条件下特定基因表达的遗传机理，为小麦生长发育创造理想的生活环境；在细胞水平上研究外源基因的表达，为提高小麦产量和品质改良提供途径。

二、中国北方春小麦品种演替

回顾中国北方春小麦品种的演替过程，可清楚地看到：中华人民共和国成立之初以整理利用地方品种为主。这些品种一般具有较强的适应性，植株偏高，易倒伏，严重感染秆锈病等锈病，单产水平低，仅有 751 kg/hm²。随着生产水平的提高和锈病生理小种的演变等诸多原因，中国北方春麦区各农业科研院、所积极引进国内外品种筛选应用，同时作为亲本材料开始杂交育种。选育出了一批高产、抗病春小麦新品种，在生产上推广种植，各地都进行了 4～5 次较大面积的品种更替。自 20 世纪 90 年代以后，随着人民生活水平的不断提高，北方春麦区的育种工作朝着注重品质与产量并重的方向发展，育种工作者选育出一大批优质、高产、多抗的春小麦新品种，推动了春小麦的生产。目前，春小麦品种正向优质、专用化方向演替。

（一）东北春麦区的品种演替

研究表明，东北春麦区可划分为 3 个副区，即西部与北部冷凉副区、中部与南部干旱高温副区和东部湿润副区。小麦种植已有千余年历史，年最大播种面积 262.5 万 hm²，到 20 世纪 90 年代末为 186.0 万 hm²，约占全国春小麦播种面积的 1/2。1949 年以前，以地方品种为主。地方品种的最初来源是新疆、陕西、山西、内蒙古、河北等省、自治区以及俄罗斯、日本、加拿大、美国等国。经过长期自然选择和人工选择，形成了能适应本区生态环境的不同类型。这些地方品种分属于普通小麦的 10 个变种和密穗小麦的 6 个变种以及硬粒小麦的 3 个变种。1949 年中华人民共和国成立以后，小麦品种更替了 5 次。

第一次品种更替是 1949—1958 年间。这次品种更换是以合作号、松花江号耐、抗镰病品种为代表的品种更换。合作号良种兼具地方品种的抗旱和耐湿的特点，又具有一定的抗镰病和耐锈病性能，品质也好。品种包括甘肃 %（C112203，美国）、麦粒多（Merit，美国）、松花江 1 号（Thatcher，美国）、松花江 2 号（Mimi2761，美国）、松花江 3 号（Minn2759，美国）、松花江 4 号（Minn 11-37-39，美国）、松花江 5 号（Ninnll-37-34，美国）、松花江 6 号（CT503，加拿大）、松花江 7 号（C112302，美国）、松花江 8 号（来自美国，原名不详）、松花江 9 号（Minnll-37-3，美国）。这批品种具有高抗轩锈菌 21 号小种、丰产、适宜于机械化栽培等优良特性，推广速度很快达

100 万 hm² 以上（其中面积最大的是合作 2 号和合作 4 号，均在 13.3 万 hm² 以上。其次为合作 7 号和松花江 2 号，都在 6.6 万 hm² 以上。合作 3 号、麦粒多和甘肃 96 各为 3.3 万 hm²）。这些品种一般比当地品种增产 30% ~ 50%。

第二次品种更替是在 1959—1969 年间。为了适应日益增长的生产发展，要求春小麦品种抗锈病、耐湿性、稳产性和耐肥性更好。因甘肃 96、松花江号的品种在生育后期耐湿性差、根腐病较重，在低洼地或多雨年份，一般要减产 30% 以上。旱、涝年间千粒重变化较大，产量不稳定。此期间推广种植了以克强、东农 101、克群、辽春 1 号、丰强 2 号等为代表的稳产、丰产品种。其中克群和克全两个品种是实现第二次品种更替的主体品种，一般单产 2 250 kg/hm² 左右。早熟品种辽春 1 号和其他辽春号品种的推广，促进了辽宁省南部地区耕作制度改革，变一年一熟为一年两熟或两年三熟。

第三次品种更替是在 20 世纪 70 年代完成的，主要推广了克旱 6 号、克旱 7 号、克旱 8 号、辽春 5 号、辽春 6 号等多抗丰产品种。这批品种比 20 世纪 60 年代推广的品种抗病性有所增强，株高适宜，茎秆较壮，一般不易倒伏，成熟期延长 3 ~ 5 d，主穗粒数和千粒重增加，一般单产 3000 ~ 3750 kg/hm²。

第四次品种更替在 20 世纪 80 年代，是以克丰 2 号、克丰 3 号、克旱 9 号、新克旱 9 号等抗病高产品种为代表的品种推广种植。由于冬季热量和水资源的变化，本麦区种植结构发生了较大的变化。比较强调选育能够适应耕作制度改革需求的不同熟期的新品种。晚熟、中熟丰产类型还是克字号品种。此外，还有中熟品种龙麦 12、垦红 6 号、铁春 1 号、丰强 3 号、呼麦 3 号在其相应的生态区作为搭配品种种植。

第五次品种更替是在 20 世纪 90 年代进行的。随着人民生活水平的不断提高，对营养要求越来越高，必须改变过去只注重产量而忽略春小麦的加工品质所造成的品质差、库粮长期积压的问题。用一批优质专用小麦新品种代替了原来的品种，如辽春 10 号，在 1992 年全国首届优质面包小麦评比中名列第一。该品种有 1、7+8 和 5+10 优质高分子麦谷蛋白亚基，面团稳定时间 13.6 ~ 29.5 min，面包体积 795 ~ 830 cm³，面包评分 91 ~ 95 分。该品种是 90 年代辽宁省的当家品种。龙辐麦 4 号和龙辐麦 21 号是优质饼干小麦品种。龙辐麦 1 号和龙辐麦 3 号是面包小麦。垦红 14 适合黑龙江省东部地区种植，一般单产 3 000 ~ 3 375 kg/hm²，1998 年种植 10.0 万 hm²。

优质麦克丰 6 号已是黑龙江省中晚熟优质麦当家品种之一。

（二）北部春麦区的品种演替

不同时期推广种植的主体小麦品种，无论是在农艺性状、产量及产量结构上，还是在抗病性、抗逆性方面，均发生了不同程度的变化。小麦品种中地方品种和育成的旱地品种一直在生产上占有特别重要的位置。地方品种中以内蒙古的小红麦表现最突出。外引品种甘肃 96（原产美国）、欧柔（原产智利）和宁春 4 号（原产宁夏回族自治区）增产效果显著，推广面积较大。从欧柔系选出的内麦 3 号（又名白欧柔、河套 3 号）也有较大的推广面积。本区育成并推广面积较大的品种有内麦 5 号、内麦 11、内麦 17、内麦 19、内麦 21、巴选 1 号等。旱地品种则以地方品种及其选系如小红麦、玉兰麦、康选 9 号等在生产上利用时间很长。地方品种对光照反应敏感，抗旱、抗寒、耐瘠薄，在小麦生育后期常发生叶锈病、秆锈病，近年叶枯性病害比较普遍，白粉病、黑穗病、根腐病、全蚀病等也时有发生。小麦品种的更换与此关系密切。

四次春小麦品种更替中品种的推广情况：

第一次品种更换是在 20 世纪 50 年代。此期间推广种植的品种主要有小红麦（在本区种植历史最长、面积最大，20 世纪 70 年代种植 20.5 万 hm²，到 90 年代末还有 6.6 万 hm²）、火燎麦（平川旱地兼用品种，较耐旱、耐瘠薄、抗麦秆蝇，种植面积最大的时候为 1958 年，达 7.3 万 hm²）、芒麦（内蒙古地方品种，中晚熟，耐瘠薄、耐旱、抗风沙能力强、稳产性好，一般单产 600 ~ 1 350 kg/hm²，最大种植面积 6.6 万 hm²）、玉兰麦（内蒙古农民戚玉兰从当地佛手麦中系选育成。中熟、分蘖力强、成穗率高、耐旱、耐寒、耐瘠薄。适宜于低肥水地或旱坡地种植，锈病轻，在锈病或麦秆蝇严重危害年份增产显著。在内蒙古、山西种植较广）、定兴寨白春麦（山西省忻县定兴寨农民用混合法穗选而成，已有 150 多年的历史。早熟，能逃避锈病，抗风、抗旱，主要在山梁地种植，山川地、水地也有分布。出粉率高，口感好，深受农民喜爱）、东升 10 号（从小红芒中系选而成。一直到 20 世纪 90 年代，生产上还在利用，是河北省北部旱地主栽品种之一）。

第二次品种更换在 20 世纪 50 年代中期至 60 年代进行。内蒙古在 50 年代中后期引进的麦粒多、松花江 2 号、华东 5 号、南大 2419 等品种在生产中发挥了重要作用。1965 年内蒙古自治区农业科学研究所育成的内麦 4 号（内蒙 3 号）也有一定的推广面积。由于生产条件的改变，引进的品种欧柔很快成为土栽品种，水地单产 3000 ～ 4500 kg/hm²，高产可达 6000 kg/hm²，累积种植 233.3 万 hm²。此期间还种植了辽春 1 号、辽春 2 号等品种。以欧柔为代表的一批新品种的推广，实现了内蒙古麦区的第二次品种更换。

在河北省北部的品种主要是琐农 5 号，1971 年推广种植达 2.0 万 hm²。还有康选 9 号、张北 527 等品种。在山西省北部主要推广由内蒙古引进的玉兰麦，面积达 0.6 万 hm²。陕西省榆林地区推广自育品种榆春 1 号和榆春 2 号及京红 1 号、京红 2 号、辽春 1 号、辽春 2 号、宏图等品种。由于水肥条件的改善，北京市扩大冬小麦种植面积，至 1964 年，春小麦种植约 1.3 万多 hm²。主要推广的品种是三联 2 号、印度 798、欧柔、科春 5 号、科春 14、京红 1 号、京红 5 号。

第三次品种更换在 20 世纪 70 年代进行。内麦 3 号（又名白欧柔、河套 3 号）等为代表的内麦号春小麦的推广，实现了内蒙古等地区水地春小麦品种的第三次更换。20 世纪 70 年代末种植面积达 16.6 万 hm²，到 1979 年累计种植面积 150.0 万 hm² 以上。墨西哥小麦（墨巴 65、墨巴 66、拜尼莫 62、卡捷姆、波塔姆、叶考拉、纽瑞）也是本次品种更换的部分成员。这批品种在陕西省北部表现较好，一般单产 2400 kg/hm² 以上，以依尼亚、波塔姆面积较大。内蒙古西部丘陵旱地主要种植小红麦和芒麦。1974 年统计面积分别超过 20.0 万 hm² 和 6.6 万 hm²。山西省北部主要推广种植京红 5 号、科春 4 号、晋春 2 号、晋春 3 号、晋春 4 号。

第四次品种更换在 20 世纪 80 年代至 90 年代进行。在此期间，旱地春小麦仍占本麦区重要地位，其主要推广品种仍然是来自 20 世纪 50 年代农家品种和系选品种小红麦、玉兰麦、康选 9 号。水地品种宁春 4 号、内麦 5 号、内麦 11、内麦 17、巴选 1 号等的扩大种植，揭开了本麦区水地第四次品种更换的序幕。宁春 14、蒙麦 27、乌麦 6 号、永良 12、晋春 9 号品种的推广是本麦区第四次品种更换的延续。

本麦区春小麦品种更换主要是地方品种与早期引进品种杂交育成的品种；欧柔衍生品种；欧柔与印度 798 杂交育成的京红号及其衍生品种内麦 2 号、内麦 8 号、辽春 10 号；欧柔与北京 8 号杂交育成的品种科春号和科春 14、内麦 5 号等墨西哥小麦品种的衍生品种；种属间杂交（通过硬粒小麦、黑麦、小偃麦等不同种属的种质与普通小麦杂交）育成的品种。

（三）西北春麦区的品种演替

中华人民共和国成立 70 多年来，春小麦品种更换经历了 5 次。大致分为以下几个阶段。

1. 评选和扩大应用地方良种阶段

中华人民共和国成立之初，收集、整理的地方品种有 300 多个，分属于普通小麦、密穗小麦、圆锥小麦、硬粒小麦、波兰小麦、波斯小麦等 6 个品种的 40 多个变种。青海省东部种植有六月黄、一枝麦、小红麦、大红麦和白麦；甘肃省中部地区推广种植白老芒麦和红老芒麦、和尚头；河西走廊种植白大头和红光头；宁夏引黄灌区种植红火麦、火麦、山麦、白秃子、红秃子、大青芒和五爪龙等品种。小红麦的最大推广种植面积为 2 万 hm²（1959），红老芒麦和白老芒麦最大种植面积达 9.2 万 hm²（20 世纪 60 年代初），白大头麦的最大种植面积达 3.2 万 hm²（1959 年）。和尚头是甘肃省中部旱沙田种植的地方品种，在沙田栽培条件下，当其他品种濒临绝收时，它仍然可有 750 kg/hm² 的产量。这些地方品种有较强的适应能力，在旱薄山旱地至今还有较大面积的种植。

2. 试验推广外引（区）品种阶段

这个阶段实现了品种的第一次大更换，主要有碧玉麦（1959 年种植 20 万 hm²）、南大 2419（1951 年由陕西省引入，分散种植于川水地区）、甘肃 96（1959 年种植 17.4 万 hm²）、武功 774 等。这些外引品种抗锈病、耐肥水、不易倒伏，增产潜力大，适应性广。

20 世纪 50 年代末，条锈菌条中 10 号、条中 13 号生理小种的出现，并成为优势菌群，使前述首批引进品种丧失了抗锈病能力，产量水平也不能适应生产发展的需要。在这种形势下，引进了以阿勃为代表的一批高产、抗病品种，迅速推广，实现了本麦区第二次品种大更换。阿勃麦于 1956 年由阿尔巴尼亚引入中国，1957 年，农业农村部提供本麦区试种。一般水地单产 3 750 ~ 4 500 kg/hm²，丰产田单产 5 250 ~ 6 000 kg/hm²，高产田可达 7 500 kg/hm² 左右。到 20 世纪 60 年代中期已成为本麦区的主栽品种，最大种植面积达 40 万 hm²，90 年代末仍有 8.7 万 hm²。山旱地推广应用的品种是原产新疆的地方品种嗜什白皮（20 世纪 70 年代末有 1.3 万 hm²）、原产青海的地方品种杨家山红齐头（20 世纪 70 年代末还有 2.0 万 hm² 以上）及从地方品种山西红中系选出来的品种金塔 34（在 20 世纪 70 年代是河西走廊的主栽品种）。

3. 大面积应用本麦区育成品种阶段

20 世纪 50 年代末，本麦区开始利用外引品种阿勃作为骨干亲本进行杂交育种。到 20 世纪 60 年代中后期，培育出青春号、甘麦号、斗地号等品种，在生产上推广种植，实现了第三次品种大更换，出现了品种多样化的局面。主要有以下品种：

青春 5 号及其姐妹系青春 10 号。主要在青海省东部农业区种植。当时表现丰产、抗病，中、晚熟。一般比阿勃增产 10% 左右。

甘麦 8 号及其姐妹系甘麦 11、甘麦 12、甘麦 23 等。70 年代初，甘麦 8 号种植面积达 26.7 万 hm²。在青海、宁夏也有一定的种植面积。

斗地 1 号及其姐妹系品种阿玉 2 号等在宁夏引黄灌区推广种植，一般单产 3 750 ～ 4 500 kg/hm²。1977 年推广种植 7.0 万 hm²，占宁夏引黄灌区春小麦面积的 70%。

20 世纪 80 年代开始了本麦区的第四次品种更换。在青海省主要推广种植互助红（又名红阿勃），年种植面积 3.3 万 ～ 4.8 万 hm²。搭配种植互麦 11、互麦 12 各 0.7 万和 1.9 万 hm²。还有高原 338、绿叶熟等。然后，大面积推广种植了青春 533 和高原 602。在甘肃省继甘麦号品种之后，推广种植了晋 2148、临农 14、渭春 1 号、广临 135。旱地推广种植定西 24、会宁 10 号、和尚头、临农 51、定西 32 等品种。其中定西 24 在 1985—1988 年播种面积在 6.7 万 hm² 以上。在河西走廊主要推广种植武春 1 号、陇春 8 号、陇春 9 号、甘春 11、张春 9 号、武春 121 等。在宁夏推广种植宁春 4 号，1985 年起，种植面积都在 6.7 万 hm² 以上。宁南山区旱地推广种植的是大红芒，除个别年份，种植面积都在 6.7 万 hm²。

由于锈病生理小种的变化，20 世纪 90 年代本区进行了第五次品种更换。主要推广品种有宁春 11、宁春 13、宁春 16、宁春 18、甘 630、甘春 16、临农 28、临麦 30、陇春 13、陇春 15、甘春 20 等。然而，老品种阿勃在 1980—2000 年间在青海省年种植面积达 3.3 万 ～ 6.0 万 hm²，成为当地的主栽品种之一。

（四）青藏高原春麦区的品种演替

本麦区又可分为青藏高原和西藏高原两个副区。

在青藏高原副区，生产上使用的春小麦品种不多，品种更换演变很简

单。在柴达木盆地开发初期，主要种植青海地方品种小红麦，2.7 万～3.3
万 hm²。到 20 世纪 50 年代末，引进种植了碧玉麦、甘肃 96、30088 和
30107、南大 2419。20 世纪 70 年代初，大面积引进了阿勃。20 世纪 70 年
代末引进种植甘麦 8 号、甘麦 23、晋 2148 及墨西哥小麦（他诺瑞、叶考
拉、波塔姆、西特、赛洛斯等），还引进了青海省东部农业区推广品种青春
5 号、青春 18、青春 26、高原 506。种植了在柴达木盆地自育的品种高原
338、香农 3 号等。1978 年，高原 338 在香日德农场 0.26 hm² 的面积上创
造了当时春小麦单产 15 195 kg/hm² 的最高纪录。20 世纪 80 年代至 90 年代
推广种植了高原 602、辐射阿勃和绿叶熟以及本副区自育的瀚海 304、柴春
236、柴春 901 等。本副区由于特殊的自然生态条件，只要保证灌溉，精耕
细作，春小麦高产和超高产潜力很大。

本副区育成品种主要有以下几类。

一是以南大 2419 为亲本杂交育成的品种及其衍生品种。例如，高原
506、高原 338（该品种于 1980—1985 年在青海省种植 3.2 万 hm²）及姊妹
系 76-335、76-336、柴春 236 等。

二是以欧柔等为主要亲本杂交育成的品种。例如，高原 602、高原
205、瀚海 304 等。

三是以墨西哥小麦为亲本杂交育成的品种。例如，青春 533、清醇 91、
青春 254（优质面包小麦）、绿叶熟等。

四是用 7 射线辐射诱变育成的品种。例如，辐射阿勃 1 号、清醇 70 等。

西藏高原春麦副区对品种的要求是早熟、抗白秆病和黑穗病、高产、优
质。20 世纪 60 年代以前，种植的地方品种有拉萨无芒红、山南白麦、昌都
小麦、太昭红麦等。外引品种有南大 2419、武功 774、武功 17 等。自 20 世
纪 60 年代开始杂交育种工作。推广面积较大的春小麦品种有藏春 6 号、藏春
7 号、日喀则 54、山南 13 等。之后，又育成了日喀则 15、日喀则 16、日喀
则 84 等。这批品种抗病、耐寒、耐旱、抗倒伏，属半矮秆、中秆类型，适宜
于河谷地区种植，一般单产 3 750 ～ 5 250 kg/hm²，高产达 7 500kg/hm²。

（五）新疆春麦区的品种演替

中华人民共和国成立之初，评选出黑芒春麦、大头春麦、蓝麦、红春
麦、白春麦（又名阿克布达依）、青芒麦、秃芒麦（又名伯尔巴查）、黑秃

麦（又名卡拉巴斯）等。其中种植面积较大的是黑芒麦和大头麦。20 世纪
50 年代末到 60 年代初，引进国内外品种。表现突出的有红星春麦（苏联品
种）、南大 2419 和南疆的嗜什白皮。1973 年，红星和南大 2419 分别种植
5.7 万 hm² 和 1.5 万 hm²。20 世纪 70 年代开始推广阿勃、欧柔、青春 5 号、
新春 1 号、奇春号、伊春号等品种。20 世纪 80 年代，一批新选育和引进的
品种推广种植。这些品种是新春 2 号、新春 3 号、昌春 2 号、昌春 3 号等。
搭配品种有阿春 1 号、阿春 2 号、阿春 3 号、伊春 4 号、伊春 5 号、新曙
光 1 号、斗地 1 号、宁春 4 号、甘麦 29、高原 506、高原 465、高原 466 等。
其中以宁春 4 号推广最快，1990 年达 1.9 万 hm²。到 1998 年，每年保持 0.6
万 ~ 1.3 万 hm² 的种植面积。墨西哥小麦以墨巴 65、西特、赛洛斯的适应
性广，在阿勒泰和石河子垦区历年均有种植。由于塔额盆地适合硬粒小麦
生长，墨西哥小麦纽瑞一度发展到 1.7 万 hm²。后因加工、销售方面存在问
题，20 世纪 80 年代后期面积锐减。20 世纪 90 年代，本区春小麦品种以改
良新春 2 号（新春 2 号选系）、新春 3 号、新春 6 号为主栽品种，占全疆春
小麦 70% 以上。其中新春 6 号发展最快，1997—1999 年，年最大播种面积
15.2 万 hm² 以上。

第二节　北方春小麦育种及技术体系实务

一、中国北方春小麦育种

（一）中国北方春小麦育种目标

高产、优质、高效为小麦育种的基本目标，应根据中国北方具体情况，
坚持将高产放在首位，高产应与优质协调发展。在品质方面，中国北方小
麦的蛋白质含量一般较高，主要问题是面筋的质量常满足不了烘烤食品加
工业的要求。由于在小麦生育后期常出现多雨、高温等不利天气，常引起
小麦发病或不正常成熟，极易影响品质。所以，在育种上常把早熟抗病目
标与优质结合在一起。高效方面，一是要求所育成的品种要具有广泛的适

应性，特别是在品质方面要对不同年份不同生态条件变化反应不很敏感；二是在籽粒特性上具有良好的商品性，穗大粒多、粒大、饱满、均匀、种皮色浅，有较强的市场竞争力，同时应关注对低投入、高产出类型品种的选择。因此，中国北方春小麦育种的具体目标包含以下几个方面。

1. 产量

产量潜力 6750 ～ 9000 kg/hm² 以上。培育株高 80 ～ 90 cm，有效穗数 375 万 /hm² 左右，每穗 45 ～ 50 粒，千粒重 45 ～ 50 g 的穗重型品种；或有效穗数 420 万 /hm² 左右，每穗 45 粒，千粒重 40 g 以上的中间型品种；或有效穗数 600 万 /hm² 左右，每穗 45 粒，千粒重 40 g 以上的多穗大穗型品种。

为了稳步提高小麦单产，应从代谢的过程和成因上着眼，从增加同化能力、提高光能利用率入手，提高生物产量，提高或保持较高的经济系数，才能提高产量。

繁茂性和粒叶比能比较好地反映小麦品种的同化能力和同化物向籽粒的运转情况。因此，可作为高产品种的育种目标。在中低产水平上，品种的繁茂性多表现为分蘖数多，而在高产条件下，品种的繁茂性则多表现为主茎和大分蘖健壮，长势好。在小麦挑旗和抽穗期，繁茂性不宜过高，上层叶面积要小，有利于群体的通风透光。生育后期叶片应保持较长的功能期，保证较高的绿叶面积有较长持续期，以提高灌浆期的光能利用率，使籽粒灌浆充分，有利于千粒重的提高。

粒叶比能比较好地反映小麦同化物的合成及其向籽粒转运的能力。高的粒叶比既反映了库容量较大，也反映了物质运输较为通畅。粒叶比高的品种一般叶片较小，尤其上部叶片较小，叶片多直立，因此田间群体内光分布比较均匀，可以较充分地发挥中下部叶片的光合能力，为提高群体净同化能力创造条件。

2. 品质

一般高产品种，蛋白质含量 13%，湿面筋含量 28% 以上，沉降值 35 mL，面团形成时间 3 min 以上，面团稳定时间 5 min 以上，适合制作馒头和面条。强筋小麦蛋白质含量 15%，湿面筋含量 32% 以上，沉降值 45 mL，面团形成时间 5 min 以上，面团稳定时间 10 min 以上，面包评分达 80 以上，品质达到国家面包小麦品种品质标准二级以上。育种中注意优质高分子量麦谷蛋白亚基的利用（1, 7+8, 17+18, 5+10）。容重 790g/L 以上，籽粒均匀，无黑胚病，商品外观好。

3. 效益

对品种的要求首先是适应性广，栽培面积大，经济效益和社会效益显著。在性状上要求对光温反应不敏感，苗期长势壮，分蘖力强，株高适中，茎秆钿性强，节水，耐肥，不倒伏，水肥利用率高。抗病性强；耐旱性、耐热性和抗病虫能力强；产量持续稳定提高，品质不断改良，成本低，商品性好。

4. 抗病抗逆性状

抗旱、耐瘠薄；抗白粉病、条锈病、叶锈病、根腐病、全蚀病、叶枯病；抗干热风，抗倒伏。

（二）春小麦育种基本理论与策略

一个高产、稳产、优质的广适应性品种，生产成本低，能取得较高的经济效益，保证农业生产可持续发展。

1. 高产性

一个品种所能达到的最高产量的能力，即一个基因型在适宜的环境条件下，采取合理的栽培措施，有效控制各种环境胁迫，以满足其良好生长发育的要求，所能达到的产量水平。具有高产潜力的品种能有效地利用有利环境因素（自然生态环境与栽培投入），能克服、避开不利的环境条件（生物的和非生物的胁迫），将其高产潜力发挥出来，对它的投入能获得较高的回报率，这就是生产上的高产品种。

高产并没有一个绝对的数量界限。在西北春麦区，灌区小麦产量 11 250 kg/hm² 以上是高产，而旱作区产量 6 000 kg/hm² 也是高产。因此，小麦的高产指标，因地区的自然条件、耕作制度和栽培水平不同而异，不可能有一个全球或全国性的数量指标。同时，高产水平也不是不变的，就一个地区来讲，随着生产条件的改善以及现代科学技术的应用，产量水平将会在原有基础上继续提高。

要从育种上提高品种的产量潜力，就必须从改进光合性能上着手。光合作用是小麦产量的源泉，涉及光合产物的制造（源）再分配（流）和积累储存（库）。

高光合效率的品种应该是高的净同化率和大的最适叶面积指数相一致。为此要进行株型改良，使太阳光在群体中合理分布，从形态结构上提高光能利用；同时应提高单叶的光合能力。光合产物增加了，还要具有相应大的库容量，否则光合产物与结实器官数量和大小不相适应，潜在源的优势发挥不了，不能增产。又由于负反馈效应，库小又抑制了叶片的光合作用，此时库就成了产量的限制因子，需要进行库的改良。小麦的光合产物储存系统包括株穗数（单位面积穗数）、穗子的颖花数、穗粒数和籽粒大小，需要对农艺学上的产量构成因素进行改良。源高、库大、流畅，使光合产物多向穗部分配，可以提高收获指数。

源、流、库共同决定着干物质生产速率和籽粒产量的提高，必须反复进行源和库的改良，从低水平到高水平，逐渐向更高的水平进展。

2. 稳产性和适应性

稳产性是指一个品种在同一环境中不同年份都能获得较高产量的能力。在历史长河中的短暂数年甚至数十年内，同一地区的地理环境、气候因素等大的环境因子很少发生重大的变动，但气候因子、生活环境和栽培技术在年际的差异还会存在。如果某个品种对于这些差别的反应不甚敏感，尤其是能抵抗不同年份的各种灾害，就会使年际间的产量波动较小，即为稳产品种。因此，一个基因型长期种植在一个环境中，均能获得相对高的产量，这是在时间上的产量稳定性。

适应性是一种基因型在多种环境中都能获得高产的能力，是地域上的产量稳定性。某些品种在特定的生态条件下表现为高产稳产，只有在对它们最适宜的有利条件下才能表现出高产潜力，这样的品种适应性窄，是一种专化适应性。有些品种在广泛的生态条件下都能表现为高产稳产，是广泛适应性，这类品种对环境条件变化的反应有较大的弹性。品种的适应性是相对的，世界上没有一个品种能适应一切地区、一切条件，只能说适应性广些或狭窄些而已。

适应性与稳产性的异同。适应性与稳产性是两种内涵不同、衡量标准不一的性能。前者是指品种在地域间的产量稳定性，即品种能在多个地区获得相对好的收成，即有广的适应性。这种适应性有高产水平上的适应性，也有低产水平上的适应性。后者是指品种在时间上的产量稳定性，即品种在同一地区不同年份都能获得稳定的产量，即好的稳产性，也有高产水平上的稳产性和低产水平上的稳产性。适应性着重强调品种在各个地区都能比对照或当地主要栽培品种增产，当然将能在各地区间获得稳定于某种产量水平的适应性称为稳产性也并非不可。稳产性则着重强调品种在同一地区不同年份的产量能稳定在某个水平上下（特殊适应性的稳定性），当然将在各地区不同年份均能获得稳定产量的稳产性（广适应性的稳产性）称为强适应性也并非不可。两者都要在不同情况下获得相对高的产量，因而它们都对生物胁迫有持久的抗性和对非生物胁迫有强的耐性，即对光温和对限制产量的因素有不敏感性，即它们之间存在共同处，只是在具体要求上可能有所差别。

对光温反应的敏感性，主要影响小麦的熟性在时间上的稳产性，对光温反应敏感与否要求不严，在地域上的稳产性（适应性）则要求对其反应以不敏感为好。

对产量限制因素的敏感性，主要是指小麦抵抗生物和非生物胁迫的能力。目前对抗虫性的研究较少，育种家的主要精力集中于抗病性的研究上。小麦的病害种类很多，但在全国流行广并能造成重大损失的有锈病（条、叶和秆锈）、赤霉病和白粉病等，能抗这类病害，就会使小麦具有广的适应性和高的稳产性。

非生物胁迫是指不良环境对小麦的危害。不良环境的种类也很多，包括干旱、干热风、冷冻、湿涝、盐碱和土壤贫瘠等。不可能育成一个抗全部灾害的品种，而且在某一地区或更大范围内各种灾害不可能同时并存，即使某地有几种灾害，也有主次之分。从小麦产区及种植季节看，干旱是北方麦区的主要灾害，即使是灌溉区或降水较多的地区，也常因水资源不足或降水的波动而受旱，因此抗旱性是北方小麦育种的主要目标之一。

3. 优质性

小麦籽粒的品质是个相对概念，在评价最终制品的优劣时，因饮食习惯、个人嗜好、经济条件等而异。面包是西方国家的主食，各国对小麦的烘烤品质有明确的要求和等级标准。中国人民尤其是北方人的传统主食是馒头和面条。在国内，由于粮食供应的相对改善，人们开始从单纯追求小麦产量提高到转向兼顾质量的改善；随着旅游业的发展和食品结构的变化，市场对烘烤优质面包的要求日益迫切，因而对小麦的加工制作品质有了更高的要求，小麦的优良品质就成为主要育种目标之一。

4. 四个特性的结合

（1）高产与稳产、广适应性结合。高产是小麦育种的主攻方向，而育成品种的推广价值和经济效益，则决定于高产、稳产、适应性和优质的结合。高产、稳产和适应性是一系列性状的综合效应，这些性状中有些是可以共享的，有些表现为互相协调，有些则互相抑制。通过育种手段合理组合这些性状，使其向有利于高产、稳产和广适应性的方向协调发育，育成高产、稳产和广适应性的品种。

聚敛尽可能多的有利于高产、稳产和广泛适应性的性状于一个品种。抗病性，抗倒伏性，对光温反应不敏感性，对光、水和营养元素的高利用性能等，既是高产性状，又有利于稳产和广适应性，通过遗传操作综合到一个品种上，就可以育成高产稳产和广适应性的品种。

协调影响高产、稳产和广适应性的有关性状。在小麦矮化育种的早期阶段，矮秆、小叶，伴随着根系发育不良，容易出现早衰，适应性窄。通过与根系发达、落黄好的亲本杂交，注意性状间尤其是地上部与地下部性状间的协调类型的选育，育成了大批矮秆广适应性的高产品种。

利用性状间的互补性影响。高产、稳产与广适应性的性状中有些相互之间呈现负相关关系，如产量构成因素间的相关关系。对于这类性状应尽量利用其间的互补性，以去弊兴利。

（2）高产与优质的结合。小麦籽粒产量与蛋白质含量之间存在着负相关关系，但不能因此而引申出"高产与优质相矛盾"的结论。因为这种负相关中一方的蛋白质含量虽是籽粒营养品质的主要成分，但不是唯一成分，也不是影响最终制品品质的唯一因素。尽管这种负相关关系是确实存在的，但也不是绝对的。

高产和优质结合的目标可以实现，特别是在保持一个相对高的蛋白质和湿面筋含量的前提下，突出加工品质的改良，目标实现的难度还会有所下降。蛋白质含量只是小麦品质的一个方面，加工不同的食品对蛋白质含量的要求不同。例如，薄力粉的蛋白质含量8%以下，粒度甚细，适于炸果子等；中力粉的蛋白质含量8%～10%，半软质小麦为原料，适于做面条等；标准强力粉的蛋白质含量10%～12%，面筋含量多，适于发馒头等；强力粉蛋白质含量12%～14%，适于制作面包、馒头等；特强力粉蛋白质含量15%以上，以玻璃质的硬粒小麦为原料，为通心粉、颗粒粉，适于制作通心面。所以小麦籽粒产量与蛋白质含量间的负相关关系不能引申于所有品质性状。

总之，培育适应性广而稳产、高产的优质品种是可能的。

（三）北方春小麦抗（耐）旱育种策略

旱灾是北方春小麦生产中的最主要自然灾害。小麦对干旱的抗性受多基因控制。通过分析黄土高原生态区气候变化特点和小麦生长发育的特性，小麦抗旱性主要受三个基因群控制，即株高抗旱基因群、穗粒数抗旱基因群和千粒重抗旱基因群。只有三个基因群共同作用，才能保证小麦抗旱特性的发挥。在丰水年份，不因株高秆软而倒伏，影响产量的再提高；在干旱少雨年份，小麦产量和品质下降不会太多，表现出对环境条件的变化具有良好的适应能力。为此，研究人员提出了创新小麦抗旱种质资源的方案。

1. 株高抗旱基因群的积集

株高抗旱基因群的积集，其目的在于使小麦在丰水年份株高不超过100 cm，茎秆壮而有弹性，不倒伏；遇少雨干旱年份，植株可以更好地利用地下积蓄的有限水分，长出相对较正常的株高，以保证结实器官有较多养分供应。

2. 穗粒数抗旱基因群的积集

穗粒数是产量构成因素的重要组成成分，是品种的特性之一。随着小麦生产的发展，高产品种的产量结构有从多穗型向中间型（南部麦区向大穗型）发展的趋势，所以以积集穗粒数抗旱基因群势在必行。

黄土高原北部晚熟冬麦区由于受自然生态条件影响，小麦生育特点明显地表现为幼苗期长、穗分化时间短、灌浆期短、成熟期晚。其生态种质的代表品种平遥小白麦及其衍生系大多为抗旱、抗寒、繁茂性好、灌浆快、落黄好的小穗型品种。欲提高结实性，增加穗粒数，还必须保证抗旱、抗寒的特性。为此，在设计组配杂交组合时，采用了冬性大穗／强冬性，过渡型大穗／强冬性／／强冬性、春性大穗／强冬性／／强冬性等方式。在多年鉴定筛选出的75份材料中，有22份材料符合穗粒数为一级的抗旱指标，占参试材料的29.3%，说明多花多实性遗传传递力较强。只要组配合理，穗粒数抗旱基因群是较易获得的。

3. 千粒重抗旱基因群的积集

山西省从1949年至今，大面积种植的小麦品种已更换过6次，逐次更换品种的千粒重分别是21.6 g、25.8 g、32.4 g、35.6 g、40.1 g和44.3 g。可见，随着小麦产量的提高，千粒重也在不断增加。千粒重的增加，无疑是提高小麦产量潜力的主要途径之一。但由于黄土高原区旱灾频繁发生，要保持小麦高产稳产，在提高千粒重潜力的基础上，增强品种的抗（耐）旱能力，使小麦在正常气候条件下，具有较高千粒重，而夺取高产；而在干旱威胁下，小麦千粒重也可保持较高水平，达到稳产目的。为此，必须积集千粒重抗旱基因群。

4. 抗旱基因群的聚积（集）

为了把株高抗旱基因群、穗粒数抗旱基因群和千粒重抗旱基因群三个基因群聚集在一起，使创新的种质材料具有更多的抗（耐）旱性状，或除具有抗（耐）旱特性外，还能满足人们对小麦的其他优良性状的要求，在组配杂交组合时，采用了如下方式：

（1）单交如444/CA88-13。由于444是太冬1号的姐妹系，具有小偃麦和黄土高原抗旱生态型种质平遥小白麦的血缘，表现出种子根发得快、扎根深，多花多实特性突出，一般不论水地还是旱地，小穗最多结实粒数总比其他品种多1、2粒。缺点是在水地种植或遇丰水年，株高达110～120 cm，千粒重偏低，25.0～30.0 g。而CA88-13是中国农业科学院作物育种栽培研究所采用轮回选择法得到的材料，突出特点是秆矮、早熟、千粒重稳定在42.0 g左右。经杂交、选育、鉴定，选到的10个具有三个抗旱基因群的优良品系中就有3个品系来自此组合。说明，只要亲本选择得当，单交也可达到抗旱基因群聚积的目的。

（2）复式杂交。为使创新的抗（耐）旱种质具有更强的抗（耐）旱特性，适应性更广，丰产性有一定突破，抗病性有所提高，品质有所改进，采用了复合杂交方式。在选到的10个综合抗（耐）旱好的品系中，采用此类杂交方式的有3个品系如矮败/运21-25//76(64)/V8I64///晋麦46号组合。矮败由中国农科院作物所提供。运21-25是20世纪80年代中期采用普通冬小麦与中间偃麦草杂交而得到的抗旱、抗病性良好的优异种质。76（64）/V8164是一个含有优良的千粒重抗旱基因群的品系。晋麦46是综合抗旱性强的品种，突出特点是穗粒数多而稳定。经杂交选到的后代，越级进入鉴定圃，其抗旱系数1（株高）为0.812，抗旱系数2（穗粒数）为0.986，抗旱系数3（千粒重）为0.850，产量水平比对照增产达13.0%，抗条锈、白粉病，籽粒商品性好。

（四）中国北方春小麦育种成就

中国北方春麦区经过几代育种家的努力，充分利用国内丰富的种质资源和国外优秀的育种资源，采用多种育种方法培育出 600 多个适宜不同春麦区种植的优良品种。结合新品种选育，撰写相关研究论文数百篇，编写出版了《中国小麦品种志》《中国小麦品种改良及系谱分析》《春小麦生态育种》《青海高原春小麦生理生态》《小麦抗旱生态育种》《高产稳产优质广适应小麦育种基础》《小麦体细胞无性系与育种》等 10 多部专著。

不同时期、不同麦区均选育出一批新品种。据不完全统计，在种植面积较大的品种中，黑龙江省 155 个，吉林省 14 个，辽宁省 30 个，内蒙古自治区 79 个，河北省 15 个，山西省（晋北）22 个，陕西省（陕北）13 个，北京市 21 个，天津市 3 个，宁夏回族自治区 36 个，甘肃省 71 个，青海省 53 个，西藏自治区 26 个，新疆维吾尔自治区 44 个。在北方春麦区，生产用品种经过 4 ～ 5 次大面积更新或更换，每一次品种的更新换代，其增产幅度均在 10% 以上。这些新品种对小麦生产的发展做出了突出贡献。

1. 早熟春小麦品种的育种成就

早熟春小麦品种的育成与应用使中国北方春麦区很多地方变一年一熟为二熟，或二年三熟，实现了粮食增产。表现突出的有龙辐麦、京红号、甘麦号、张春 9 号等系列品种。龙辐麦 1 号是特早熟品种，是黑龙江省推广种植的春小麦品种中生育期最短的品种，仅有 70 ～ 75 d，可以作复种前茬及用于沿江河坝外地的开发。龙辐麦 2、3、5、7 号为早熟品种，生育期 75 ～ 80 d。龙麦 20 生育期为 80 d 左右，在黑龙江省南部各县、吉林省、辽宁省可以进行粮菜复种。

2. 抗病虫新品种的育种成就

（1）抗锈病育种成就。小麦病理学家和育种家开展了春小麦品种锈病发生、发展及流行规律、锈病种群生理小种变异、锈病药剂防治和品种抗锈性鉴定等项研究工作，明确了在东北春麦区和北部春麦区以秆锈病危害重，叶锈病次之，条锈病较轻；西北春麦区以条锈病危害较重。并有针对性的引进抗病种质资源和利用抗源种质材料杂交选育出一大批抗病品种：

（2）抗丛矮病育种成就。海拉尔农牧场管理局自 20 世纪 60 年代开始研究春小麦丛矮病防治和抗丛矮病新品种培育，首先选育出病害较轻的小麦品种东农 111，先后引进国内外 16000 余份小麦、小黑麦及各类远缘材料，从中选出小黑麦 H1881、多年生小麦 10954 等丛矮病抗源。然后以这些材料为中心亲本，开展杂交育种。到 1987 年育成中国第一批抗丛矮病春小麦新品种，使小麦丛矮病发病率降低至 10% 左右。90 年代中期育成高抗丛矮病的蒙麦 22 和拉 8412 等新品种，使丛矮病发病率降至 3% 以下。

（3）抗小麦叶部根腐病育种成就。自从 20 世纪 50 年代中国北方春麦区首次报道小麦叶部根腐病以来，关于其发生及防治的报道不断增多，到 20 世纪 90 年代，中国绝大多数春麦区均有小麦叶部根腐病的报道。目前，叶部根腐病已是黑龙江省春小麦生产上的重要病害，感病品种的平均损失可高达 38.5%。黑龙江省农业科学院利用硬粒小麦与粗山羊草人工合成六倍体小麦，其叶部根腐病抗源筛选并在抗病育种中应用取得了初步成果。硬粒小麦与粗山羊草人工合成六倍体小麦具有与普通小麦相同的染色体组成，他们将其与普通小麦杂交，通过染色体交换，就可以将粗山羊草 D 组染色体上的抗病基因转移到普通小麦中来，从而增强栽培小麦的抗病性，同时，也拓宽了普通小麦叶部根腐病的抗性遗传基础。

（4）抗黄矮病育种。由大麦黄矮病毒引起的小麦黄矮病是最重要的小麦病毒病害。中国近 20 个省、直辖市、自治区遭受此病危害，尤以西北、华北冬春麦区发生较重。

（5）抗麦秆蝇育种成就。在内蒙古自治区育成了抗麦秆蝇的春小麦品种屯垦 1 号、屯垦 2 号、内麦 4 号、内麦 6 号和河套 2 号等，有效地防止了麦秆蝇的危害。

二、春小麦培育技术体系实务——以北方旱地春小麦为例

（一）东北春小麦生产概述

东北的春小麦是指在春季播种的小麦。在地域分布上，主要包括黑龙江、吉林、辽宁三省和内蒙古的东北部。全区地势西北高而东北低，大部地区海拔 40 ～ 500 m。土壤以黑钙土、褐土和草甸土为主，土壤肥沃，结构良好。尚有较大面积的宜农荒地，宜于大型农机具作业。东北春小麦生产条件的特点主要表现在三个方面：第一是日照充足、光能资源比较丰富。第二是温度适宜、昼夜温差大。第三是降水量少、分布不均匀。北部春小麦主要是一年一熟，一般以单作为主。南部春小麦主要是一年二熟，一般以单作复种和间套种为主。

（二）东北春小麦的生长发育特点

东北春小麦出苗后气温回升较快，春旱少雨，后期灌浆成熟期到收获

正遇雨季，高温逼熟。在长期的自然和人工选择下形成了春小麦生长发育"早、快、短"的生育特点。

籽粒灌浆时间短，适期收获时间紧。春小麦籽粒形成和灌浆过程中，正值一年中温度最高的季节。灌浆过程短，抽穗至成熟一般仅 30 ~ 35 d，温度偏低年份可延长至 35 ~ 40 d。由于温、湿度较高，极易感染叶片和穗部病害，功能叶片早衰。特别是有的年份和地区在籽粒灌浆后期遇到高温和热风危害，高温逼熟，影响籽粒正常灌浆，降低干物重和产量。据多年引种观察，在沈阳地区，7 月 10 日是小麦成熟的临界日期，在临界日期前成熟的品种一般都能正常成熟，越过临界日期则多数品种不能正常成熟，表现为千粒重降低，籽粒疮小，呈现出高温逼熟的特征。因此，选用千粒重适当、灌浆强度大、进程快的品种，并从栽培措施上保证粒重遗传潜力的充分发挥，是高产栽培的关键。在春小麦成熟收获期间，也是多数地区雨季来临之时，收获季节短，遇雨造成减产和品质变差，丰产不丰收是生产上一个需要重视的问题。特别是，在春小麦产区，还有多种原因导致未能适期收获的地区和田块。农艺农机合作，保证春小麦适期收获是今后的重要任务。

（三）东北一年二熟春小麦优质高产种植技术体系

1. 优质高产春小麦的土壤条件和整地要求

土壤是供给小麦营养的基础，耕作整地可以直接影响土壤的生产性能，以培肥地力为中心进行农田基本建设，是春小麦种植技术的基本措施。

（1）春小麦对土壤的要求。小麦的适应性很广，各种土壤都可种植，从生产实践中总结出优质高产的土壤条件要满足以下四个方面的要求。

第一，要有较深的耕作层。小麦的根系主要分布在 0 ~ 50 cm 的土层内，其中 0 ~ 20 cm 土层中占全部根系的 70%，0 ~ 40 cm 土层中占 80%。在浅耕粗作的情况下，根系多集中在 0 ~ 20 cm 的耕层内，限制了小麦根的吸收能力。为了加强根系的发育，深耕改土，增厚耕层，可以提高小麦的产量和品质。

第二，要具有良好的土壤结构和丰富的有机质。土壤有机质是小麦养分的重要来源，可以促进小麦生长发育和土壤微生物活动，有利于土壤养分的转化和团粒结构的形成。目前，东北南部土壤有机质含量一般在 1% ~ 3% 之间。近年来，下降趋势明显，在生产上应该注意增施有机肥，培肥地力，有利于提高小麦的产量。

第三，要求麦地平整，有利于灌溉和排水。由于春小麦生长发育期间的降水量往往不能满足小麦对水分的要求。在高产优质栽培时，灌溉是一项重要的措施，特别在一年二熟或间套种的情况下，必须进行灌溉。

第四，对土壤pH值也有要求。一般情况下，pH值6～8的范围内小麦都可以生长，以pH值6.8～7最为适宜。土壤含盐量太大对小麦生长也有影响，一般在土壤表层总盐量高于0.2%时，小麦植株生长受到影响，在0.4%以上时会逐渐死亡。

（2）精细整地。小麦对整地的质量反应非常敏感，主要因为小麦的播种深度较浅，只有播种前精细整地，才能保证播种均匀，出苗整齐，幼苗生长健壮，为创造合理的群体结构打下良好的基础。

春小麦一般是顶凌播种，在早春无法精细整地，因此要实行秋整地，以免早春整地不及时耽误农时。干旱地区要注意灌冬水，做到春墒秋储。

（3）施足基肥小麦是"胎里富"作物，对底肥和种肥要求较高。底肥要营养全，肥效长，又能培肥地力。据调查，高产优质小麦一般需要施优质底肥15 000 kg/hm²。施肥的方法多结合耕作与土壤混合。

2. 一次播种保全苗

（1）选用良种包括两方面的含义，即优良的品种和优良的种子。优良的种子主要指有很高的种子纯度，好粒饱满，成熟度高，没有病虫害，发芽率高，发芽势强。在播种前必须进行严格的选种，做好发芽试验。

（2）确定适宜播种期。北方春季少雨多风，土壤失墒快，土壤返浆期水分充足，有利于出苗。同时由于春小麦分蘖期短，必须争取适时早播。各地的播种期年份间有一定差异，一般掌握在表土化冻到适宜播种深度时即可播种。

（3）依产量决定播种量。春小麦是密植矮秆分蘖作物，由于分蘖成穗率低，高产途径主要是依靠主茎成穗为主，所以，种植密度主要与播种量关系密切。以辽宁省为例，在现有生产条件下，产量3 725～6 000 kg/hm²范围内，在保证600万基本苗情况下，争取成穗750万，播种量一般在255～300 kg/hm²左右。

（4）提高播种质量。对小麦播种质量的要求是播种量准确，下种均匀，播种深度适宜。播种深度一般为3～4 cm。土壤黏重、土壤水分好的地块，播种深度可以浅些，沙土地播种深度应该深些。

3. 优质高产的施肥

从需肥规律看，春小麦由于生育期短，生长发育较快，有需肥早、需肥快的特点。从气候条件特点看，有早春地温回升慢、土壤微生物活动弱、土壤养分分解缓慢的特点。所以在基肥选用上，要选用优质、腐熟好的有机肥，并混入一定量的速效化肥。追肥要重施三叶肥，如果有灌溉条件，要追肥与灌溉结合，充分发挥肥效。在生产实践中，通常基肥采用施入腐熟好的鸡粪或猪类，每公顷 15t 左右，种肥采用施入"撒可富"或其他小麦专用肥等 450 ～ 600 kg/W，如果施入磷酸二铵肥料，一般用量在 150 kg/hm²。追肥一般可以使用尿素等氮素肥料，其使用量依据小麦长势，一般可在 75kg/hm² 左右。

4. 科学灌溉

小麦是需水较多的作物，不同生育时期对水分的要求有较大差异。据研究，春小麦需水最多的时期是分蘖到乳熟期，尤其是拔节到乳熟需水最多。以辽宁省为例，据气象部门统计，全年降水量 600 ～ 700 mm，多数集中在 7 ～ 8 月份。沈阳、锦州等地，从春小麦播种到分蘖，天然降水只能满足小麦对水分需求的 40%，分蘖到抽穗只能满足 30%，只有蜡熟期之后，降水才大于小麦需水。春小麦生育期间降水不足和成熟期间遇雨受害是春小麦产量低而不稳的重要原因之一。针对上述情况，在生产上春小麦灌溉往往要进行 4 次，即底墒水、三叶水、拔节孕穗水、生育后期灌水。特别是后 2 次灌溉，对小麦产量和品质的影响最大。

5. 加强田间管理、适时收获

春小麦田间管理的主要内容除化学除草、防治病虫害、适时追肥、科学灌溉之外，还有防止倒伏和适时收获两个方面。俗语说"麦倒一把草"。倒伏是小麦生产上导致减产和降低品质的一个重要因素，在高肥水条件下也是进一步提高产量的关键。小麦倒伏一般分为茎倒伏和根倒伏两种。茎倒伏主要发生在拔节初期，由于密度过大，田间过早郁闭，植株碳氮比失调，群体光照状况恶化，基部节间伸长变细，容易产生倒伏现象。防止茎倒伏的根本途径，除选择抗倒伏品种之外，主要是从改善群体内部光照条件入手，利用播种量、肥水运筹等来进行调节。根倒伏主要发生在后期，原因是根系生育不良、入土浅、地上与地下比例失调，常常发生在土质过于疏松、土壤水分过大、地下水位高的地块上。防止根倒伏的措施是及时充分地镇压、控制肥水，改善根系的生长条件。

小麦适时收获是生产中重要的一个环节。关键是要掌握收获时间，不可过早和过迟，尤其在雨季即将到来之际，应及时收获。小麦收获的适宜时期是在蜡熟末期，千粒重高，品质也好。

（四）东北一年一熟春小麦优质高产种植技术体系

1. 合理选茬与提高整地质量

生产实践证明，选择合适的前茬对保证小麦品质及产量提高有重要影响。一般大豆茬和玉米茬等，由于土壤中残留的有效养分多，即使少施肥料，小麦的产量及品质也较好；对于甜菜茬等，需施入较多的肥料才能保证小麦的高产优质。在生产上，由于近年来玉米和大豆的种植面积较大，小麦作为一种轮作的作物，有利于小麦的选茬。重茬种小麦对产量及品质均有不利影响。

提高整地质量可为小麦的出苗和生长创造良好的土壤环境，也是抗旱蓄水保墒的重要环节。在春旱比较严重的北部春麦区，春季土壤墒情好坏是小麦能否正常出苗的关键。为保证翌年及时播种并保证播种时有充足的土壤水分，麦播地的耕翻和主要整地作业应在前一年秋季前茬收获后及时完成，即秋整地、秋施肥，达到待播状态越冬。在作业时一定要防止因湿耕湿整地或作业不及时或不标准而造成地不平不碎，从而影响播种质量。秋整地质量好的地块，在春天只需轻耙后即可播种。干土层过厚或耕层过松的地块，播前应进行镇压，以利于提墒和控制播深。麦田整地有秋天耕翻、耙茬和深松等方式。

2. 种子播前处理与播种

在东北北部春麦区，机械化程度较高，在小麦种植技术方面合理进行种子播种前处理和提高播种质量是重要的环节。主要技术环节包括以下几项内容。

（1）种子播种前处理品种。选定后，应对种子进行筛选和播前处理，使种子清洁完整、大小一致、粒大饱满、发芽力强，以利苗全、苗齐、苗壮。主要环节有晒种、种子精选、药剂拌种等。

（2）种植密度与种植方式。种植密度与品种特性、土壤肥力、栽培水平等关系密切，在生产上主要靠播种量来进行调节。一般情况下可遵循下列原则，即早熟、矮秆宜密，反之宜稀；肥水好宜稀，反之宜密。播种量一般在 225 kg/hm² 至 300 kg/hm² 之间。目前大面积生产上机械播种采用的种植方式主要有 7.5 cm 和 15 cm 单条平播及 30cm 双条平播（22.5+7.5 cm）。

（3）确定播期。不同播种时期对小麦产量的影响极为明显，因此，正确掌握播种时期很重要。在保证播种质量的基础上适期早播、缩短播期是东北春麦区春小麦高产栽培上一项重要措施。目前生产上适宜的播种期一般在 3 月下旬至 4 月下旬。

（4）播后镇压。播后镇压是在小麦播种后立即用镇压器、石磙或木磙等重物压实土壤，使种子与土壤紧密接触，以利于种子尽快吸水萌发，促使地下水上升，减少表层土壤水分蒸发。播种后及时镇压，在干旱多风的地区和年份是一项重要的抗旱保苗措施。机械播种时，一般采用播种机后牵挂镇压器，随播随压。干土层厚或干旱时，必须增加镇压次数和镇压重量。若播种时土壤水分较多，镇压后会出现板结，这种情况下应暂缓镇压作业，至表土稍干时再镇压。镇压方式多为顺垄和顺播行镇压。

（5）播种质量检查。大机械化播种时，为保证播种质量，在播种过程中和播种后按照播种质量要求对播种质量进行认真检查，是生产上一个重要环节。播种质量检查主要包括播种深度检查、均匀度检查、覆土检查、行距和播幅间行距检查、实际播种密度检查和出苗后检查等内容。

3. 科学施肥

东北一年一熟春麦区土壤有机质含量虽然较高，但近年来有机质含量呈下降趋势，又因小麦播种早，早春温度低，有机质分解缓慢，在苗期土壤提供的养分很难满足小麦生长的需要。在生产上施肥种类、数量及方法不仅影响小麦产量，还影响小麦品质。施肥数量的确定应充分考虑到土壤基础肥力及栽培品种的需肥特性。

（1）有机肥：施用量（有机质含量应大于 8%）每公顷 15 000 kg 以上，连作小麦施用量应适当加大。

（2）化肥：目前条件下，黑土地区小麦的经济施肥量，纯 N 和 P_2O_5 总量为每公顷 90 kg，其他土壤为每公顷 135 kg 比较适宜。N、P 比例，黑土一般可掌握在 1.5 ～ 2∶1；白浆土 1∶1 ～ 1.5；此外，缺钾地块每公顷可以施用 K_2O 15 ～ 22.5kg。缺硼地区和地块，应注意适当施用硼肥，以防小麦大面积不结实现象发生。

（3）施肥时期：由于前期生育基础对东北春麦区春小麦产量的特殊作用，东北春麦区春小麦的施肥时期宜前不宜后，宜早不宜晚。

（4）施肥技术：化肥秋季深施做底肥，可以提高肥料利用率。施肥深度为 8 ～ 12 cm。秋季施肥时间应在温度降至 5℃以下时，有利于养分保存。秋施过早，气温高，降水多，肥易损失。秋施化肥一般占总量的 2/3 左右，其余部分在春季播种时以种肥形式施入。秋施化肥的地块，都应以待播状态越冬，有利于第二年春小麦适期早播。小麦生产上，往往用尿素作种肥，每公顷施用量不应超过 75 kg，以避免烧种。尿素与种子的混播量每公顷以 45 ～ 60 kg 为宜，其余部分可通过秋施肥或播前单施肥，或种子与肥料分层施用。

4. 田间管理

随着生产水平的提高，小麦的田间管理日益受到重视。通过不同时期的田间管理，可以调控小麦的群体结构及产量构成因素，最终达到优质高产的目的。在小麦生育过程中，田间管理措施主要包括以下内容。

（1）苗期镇压。苗期镇压也称压青苗，其主要作用在于提墒和使根系与土壤紧密接触；暂时抑制地上部分的过旺生长，促进分蘖发生；同时促进地下根系生长以提高抗旱及吸水吸肥能力。苗期镇压时间因镇压目的不同而异。对于抗旱提墒来说，压青苗的时间在三叶期为宜；以防止麦苗旺长为目的的镇压一般在分蘖期进行，最晚不要晚于分蘖末期。苗期镇压的原则为土暄、地干、苗旺时压，地硬、土黏、苗弱时不压。镇压的次数也应根据麦田土壤墒情及苗情而定，一般 1 ～ 2 次为宜。

（2）化学除草。杂草是影响小麦产量的重要因素之一，防除杂草是必要的农事作业环节。但小麦是密播作物，人工机械除草很难进行，所以化学除草是目前东北一年一熟春麦区小麦生产中最主要的除草方式。

小麦田常见杂草有野燕麦、稗草等禾本科杂草和苣荬菜、刺儿菜、卷茎蓼（荞麦蔓）、边裂鼬瓣花（野苏子）、藜（灰菜）等阔叶杂草。喷药时期以小麦分蘖期最好，此时小麦苗抗药能力强，杂草幼苗小，易灭杀。

麦田除草剂的使用方法主要有三种，即播前混土处理、播后苗前封闭处理和苗后茎叶喷雾处理。

小麦收获前对地面的覆盖度降低，加之正是雨季，杂草生长速度非常快。这些杂草虽然对小麦产量影响不大，但对收获损失影响很大，而且会使下一年杂草数量急速增加，给下茬作物田间防除杂草带来不便。因此，必须注意对这些杂草的防除，以免小麦减产。

5. 追肥与灌水

（1）追肥和叶面喷肥。追肥可以补充基肥和种肥的不足，避免生育后期脱肥现象的发生，有益于提高小麦产量和改善品质。

根据春小麦生长发育的特点，追肥的适宜时期为三叶期前后。为充分发挥肥效，追肥应与灌水相结合。在无灌水条件下进行追肥时，一般争取在雨前进行，或利用播种机播入，或结合耙苗耙入，每公顷追肥量以尿素 75～112.5 kg 为宜。不应在雨后或叶面有露水时撒施，以免烧苗。追肥作业应视苗情和地力而定，地力好、种肥充足，苗正常时可轻追；地力差、种肥少或苗弱时可重追、早追。

为了保证小麦后期灌浆需要，延长叶片光合功能期，可考虑结合开花期的化控防病作业进行叶面追肥。开花期进行叶面追肥具有明显的改善小麦营养品质以及加工品质的作用，在前期施肥不足时叶面追肥效果明显。叶面追肥多用磷酸二氢钾加尿素喷施，每公顷磷酸二氢钾用量为 1.5 kg，尿素用量为 4.5 kg。肥液浓度不要超过 3%。

（2）麦田灌溉。在东北一年一熟春麦区，小麦生育期间（尤其是生育前期），干旱是制约小麦产量提高的重要因素。大部分地区在播种至小麦拔节期间多春旱，严重影响萌发出苗及小麦的前期生长发育。三叶期经常出现"掐脖旱"，对产量影响更为严重。土壤水分不足是东北春麦区小麦产量低的主要原因之一。有条件的地区发展小麦灌溉栽培，是提高小麦单产的有力措施。因此灌水可以大幅度提高小麦产量。

小麦不同生育时期需水量差别很大，以拔节到抽穗开花期最多，约占全生育期需水总量的 43.4%，其次是抽穗开花至成熟，约占 30.8%。在小麦需水关键时期干旱，会导致大幅度减产。出苗到拔节期，需水量虽因植株生长量小而比前两个时期少，但并不意味着小麦此期对水分要求不迫切。相反，由于东北春麦区小麦前期发育快，穗分化早，又是培养壮苗的关键时期，肥水不足将对以后生长发育产生不良影响。

（3）灌水时期。东北一年一熟春麦区春旱对小麦的影响主要发生在拔节前后，此时苗小，地表蒸发量大，土壤水分含量低，降水减少，根系弱，吸水能力差，三叶期灌水最适宜，有利形成大穗。拔节后，降雨增多，旱情趋于解除，此时苗已大，土壤蒸发量减少，根系吸水能力也增强，一般不需灌水。后期水分过多，植株生长过旺，叶片互相遮阴，导致茎秆软弱易倒，病害也易大发生，除非在特别干旱条件下，否则后期不应灌水。为提高水分利用效率，要注意灌水数量，一般每公顷灌水量为 600 ～ 700 t。

第三节　基于遗传学的冬小麦抗寒越冬性

一、小麦越冬性进化的遗传基础

在二倍体和四倍体小麦的进化过程中没有形成较高的越冬性。仅六倍体小麦，在 DD 基因组的基础上获得了较好的越冬性。小麦丰产育种在与越冬性结合中遇到了较大的困难。在利用异源二倍体（包括小黑麦）解决越冬性的过程中，在本已复杂的小麦基因组中又增加了黑麦的 RR 染色体组。

（一）冬小麦越冬性学说的现状

禾谷类作物的越冬性是一个非常复杂的问题，在科学试验和实践方面更是如此。这一复杂性主要决定于：第一，同一冬季及年度间田间气候条件的多样性；第二，在植株个体发育过程中越冬性本身的动态性（各时期表现不一样）。植株对低温的抵抗程度在 1 月、2 月份达到最大值，小麦分蘖节的临界温度是 –17 ～ –18℃，黑麦分蘖节的临界温度是 –21 ～ –23℃，以后抗寒性逐渐下降，3 月底至 4 月初在 –8 ～ –10℃时，即可导致植株死亡。

冬季积雪覆盖、增加屏障、播期施肥、施用石灰等农技措施对保护麦苗有较大意义。但农技措施在严寒的冬季也不能完全保证越冬作物不受冻害，在良好和较差的农业条件下都有越冬作物死亡的现象，与品种越冬性强弱无关。在近三四十年中，育种家大大地提高了作物的丰产性，但丰产品种的抗寒性并不高。

（二）小麦抗寒性育种

在开展科学育种之前的相当长一段时间里，以小麦的自然变异过程为基础，农民在培育小麦抗寒性方面做了许多有益的工作。在开展科学育种的初期，育种家通过个体选择从农家品种中育成了创抗寒纪录的品种。

尽管已经在小麦丰产性、抗真菌病害、抗倒伏育种方面取得了巨大成就，但现代小麦抗寒性育种却走进了人工进化的死胡同。面对生物学、化学、物理学和技术科学的巨大成就，人们似乎没有能力将小麦的越冬性提高到农家种水平。20世纪40到60年代，从农家品种中选出的品种（除极个别品种外）仍能保持至今，可以称作是无与伦比的抗寒性冠军品种。这种现象的出现不是偶然的，也不应责怪育种工作者，在自然界中存在着产量与越冬性的负相关，将这两种生物学性状综合到一个有机体中是非常困难的，国内外多年的大量的育种经验也证明了这一点。

对于高产品种而言，秋季、早春在较低的温度下植株生长快，具有较大的细胞组织结构、叶片、穗子和籽粒。在较低的温度下，植株生长性能的强弱与参与碳水化合物呼吸消耗过程的酶系统的活动强度紧密相关，酶系统活动的增强降低了植株在秋季较好地进行抗寒锻炼的可能性，促使植株进入独特的深度休眠状态。必须强调的是，大细胞组织在冬季较低的温度下，细胞器很快开始不可逆转地发生结构改变。

小麦对越冬的适应伴随着植株形态、生理、生化结构的综合变化。首先是在秋季低温、短日照情况下，在抑制个体发育和营养生长的基础上，较好地锻炼抗寒能力；有机体进入深度休眠，导致细胞产生有益的生理生化改变的能力。

较慢的生长过程伴随着较弱的呼吸作用、较低的能量物质消耗——主要是指碳水化合物（可溶性糖）、根系从土壤中较弱地吸收氮素物质的过程。糖的保护作用在于它增加了细胞液的浓度与减少了细胞冰晶的形成，从而较好地保护了胶状细胞质在低温下不凝结，但是在小麦组织内糖的积累与品种的越冬性没有绝对的相关关系。例如，一般正常越冬的植株，其可溶性糖占干物质的比例在28%～30%就足够了，但该指标下的品种可能是中等或强抗寒品种。秋季含大量可溶性糖的品种在冬季会很快失去糖，一般越冬性都不如碳水化合物均衡稳定的品种。除了糖以外，钾盐、磷酸盐、硝酸盐等也可以提高植物对冻害的抗性。

在锻炼期间，除了糖的合成，在一定程度上还进行着植物组织脱水、细胞胶体体系结构的改变和高分子量蛋白质的改造。通过蛋白质水解成较小的复合体，包括多肽链断裂成短肽片段或水解成氨基酸。秋季，在越冬性强的植株体内脯氨酸、丙氨酸、缬氨酸等氨基酸的含量较高是对这一蛋白质水解过程的证明，作为氨基化合物可以抑制氨态氮对越冬性的影响。

因此，越冬性好的品种在秋季低温条件下，具有较慢的生长过程、较小的细胞组织结构（旱生类型）、小的叶片、小的穗子和小的籽粒以及细的茎秆，一般在集约栽培条件下不能保证较高的产量。即使是超级抗寒的小麦品种，也不能保证麦苗在冬季不受严寒的危害。由此看来，小麦抗寒性的生理、生化进化已到了极点，通过重组基因来大幅提高越冬性非常困难。在冬小麦育种中，数十年来非常明显地存在着两种趋势：一方面是产量增加，另一方面是越冬性降低，实践中比较更趋向于产量的增加。当然，专家学者为了提高小麦的越冬性，把注意力放在种间、属间杂交，最大的希望寄予小麦与黑麦杂交。黑麦像小麦一样起源于中亚，小麦与黑麦杂交试验在不同的国家进行了 100 多年，小麦植株的抗寒性没有多大进展，在小麦与冰草的杂交中，小麦的抗寒性也没有获得改进。

远缘种，特别是远缘属具有核蛋白综合体生化免疫不亲和性，因此，在杂种的常规家系分离中，杂种的染色体被清洗为母本和父本植株类型。在后代被固定为纯净的双亲类型。如果黑麦或冰草的染色体进入到小麦的染色体基因内，由于蛋白质的不亲和性使它们在孢子－配子体形成过程中或者被消灭或者被排除核外。分离的结果是得到纯粹的在原始种范围内的小麦遗传型，由于这种原因，不能在小麦与黑麦或冰草的杂种中成功融合二者的性状，如抗寒性、穗子长度和小穗数量。尽管通过这种方式在小麦植株的穗部观察到许多新的形态，所有看似新合成的类型不是杂交和重组的直接产物，而是远缘杂交基于蛋白质的生化不亲和所产生的变异（F1、F2 代有机体新陈代谢失调，特别是基于不同种紊乱的减数分裂）。在 20 世纪 40 到 50 年代，曾对晚秋播种改春小麦为冬小麦提高小麦越冬性的方法寄予很大希望，不同地区研究者的大量经验证明，这种方法超越了小麦种抗寒性的界限，因而没有成功。

因此，种内、种间杂交和改春小麦为冬小麦并没有使小麦抗寒性得到根本的改进，因为其遗传基础仍停留在原始种的范畴。

（三）异源多倍体与越冬性

我们的任务是创造越冬性与黑麦一样好的冬小麦品种，也就是使其致死温度比一般冬小麦的致死温度低 3～4℃，只有这样才能基本解决小麦的越冬性问题。其必要条件是采用正确的、唯物的进化论态度开展工作，合理利用国内的禾本科植物资源。具体地讲，必须重新建立遗传的生理生化规则，从根本上改变小麦的细胞质、细胞核和其他细胞器，从基因水平的育种转向更高水平的细胞核染色体改造，否则，不可能达到上述目标。

在提高越冬性方面，异源多倍体起着决定性的作用，包括小黑麦，即小麦—黑麦双二倍体。在这种情况下，向复杂的小麦染色体中加入黑麦的RR染色体组，如此，核遗传物质获得了全新的结构，细胞核遗传密码的数量强烈增加，细胞核遗传信息的数量也增加。人工合成的小麦-黑麦细胞核是增加有机体变异幅度和适应性的根源。黑麦作为与粗山羊草DD染色体组相近的RR染色体组的供给者，在我们看来，RR染色体在小麦的形态和生理生化未来的进化过程中可能起到重要作用。

八倍体小黑麦（2n=56）普通小麦与黑麦杂种染色体加倍后，得到稳定的双二倍体，其染色体构型为AABBDDRR，它结合了小麦和黑麦的遗传特点。这样的双二倍体在许多国家都已获得，但是在生产中没推广开来，原因是其产量与小麦和黑麦相比没有竞争力。

六倍体小黑麦（2n=42）通过四倍体小麦与黑麦杂交获得。四倍体小麦与黑麦杂种一代不育，不能结实，通过染色体加倍将不育变为可育，其染色体构成为A1A1B1B1RR。在加拿大、美国、西班牙、日本通过四倍体小麦与黑麦杂交得到了六倍体的春性小黑麦类型。在匈牙利获得了冬性的弱越冬类型。其籽粒产量不如普通小麦，但可获得较高的生物产量，富含糖和粗蛋白。次生的小黑麦（八、六杂交的双二倍体）具有重要的科研价值。在我们的研究中已到8～9代，其中有较好的越冬类型。

二、冬小麦的越冬性

冬小麦越冬性是最主要的生物学特性之一。尽管育种学工作取得了巨大成就，但目前大多数栽培品种对不利的越冬条件的抗性还不够。

作物的越冬性状非常复杂，包括对一系列因素的抗性，目前已知导致冬小麦越冬死亡的主要原因有冻害、窒息、水涝、冰壳和冻拔等。依地理区域和年度气候条件的差异，它们可以有各种组合方式，因此致使越冬性的理论研究及抗寒性的育种工作复杂化。尽管如此，已经积累了大量的与该性状有关的实践资料。

（一）越冬性状的进化

冬小麦的越冬性与其他性状一样，是由本身的遗传特性决定的。在中亚温暖地区的植物进化过程中，小麦不具有有效的越冬性基因。这些基因是由自然突变产生的，在不利越冬条件下的自然选择和人工选择使种群中的越冬性基因得以固定。

（二）越冬性状的遗传

由于小麦的越冬性在不同的外界条件下有不同的表现形式，所以小麦越冬性的遗传学目前研究得还不够。决定小麦越冬性的诸特性中，对抗寒性的研究最多。这一性状表现为数量性状，由若干个遗传因子决定。

用双列杂交分析和代换系分析，研究了不同小麦品种和抗寒性，结果证实对严寒敏感的品种具有较高数量的显性基因，而抗寒品种具有较大比例的隐性基因。冬麦品种 Arthur 与单体中国春杂交后的 F2 代单体分析，21个单体植株的平均抗寒性低于二倍体植株。品种 Cheyenne 的染色体代换到中国春后的抗寒性检测表明，Cheyenne 控制抗寒性的基因位于 5A、7A、4B、4D、5D 染色体上。

为了研究奥德萨 16 在单体系中的抗寒性，用奥德萨 16 与不抗寒的单体系中国春杂交，5A 染色体对奥德萨 16 抗寒性和越冬性的形成有决定性作用，该品种的抗寒性同时与 1A、2B、5D 染色体有关。

（三）抗寒生理学

与抗寒性的遗传相比，抗寒性的生理学研究得相对较多。大量的工作是关于小麦抗寒性生理生化基础的研究。大量的研究已经证实，冬小麦抗寒水平取决于许多因素，分蘖节的埋藏深度、生长锥的休眠深度，通过抗寒锻炼的速度，植株内生长素的含量及其活性，春化阶段的长短，细胞的总持水量及结合水与自由水的比例，呼吸强度，细胞组织中的糖含量，糖、氮、磷代谢的特点，小分子蛋白粒子的含量，酶系统的活性和作用方向，DNA 的作用等。对上述影响小麦抗寒性的大多数因素进行了研究，所有这些在生物体内发生的过程相互关联、相互制约、相互作用。造成冬小麦越冬期死亡的主要原因是冰雪的窒息作用。对这种现象的描述可分为三个阶段：首先是植株体内碳水化合物耗尽，然后是有机物质开始分解，最后是衰弱的植株感染雪霉病，导致植株死亡。

秋冬锻炼越充分的植株，它们越能忍耐较长时间的雪层覆盖。锻炼越不充分，受冻害越重，呼吸越强烈，贮藏物消耗得越快，因此越易感染真菌病害。阴雨的秋季和较早下雪，及春季较长时间融雪过程加剧了雪霉病的发生。

一些研究者提出，冬小麦、黑麦的抗寒性与其抗窒息、抗涝性是直线相关。冰壳对越冬作物引不起太大的危害。常常在无雪覆盖的地区或早春半冷冻地区的平原观察到冰壳危害。在农业生产实践中冰壳一般分为磨砂玻璃状和悬挂状冰壳两种。关于冰壳下小麦死亡的原因有相互矛盾的资料，大多数研究者认为，在晴朗严寒的天气里由于冰壳具有温室效应，冰壳下面气温升高，植株开始生长，而氧气不足导致植株死亡。

第四节　北方冬小麦育种技术实务

一、河北省冬麦北移技术研究

（一）研究的目的、意义及国内外发展趋势

冬小麦因受气候、品种越冬性和栽培技术等因素的影响而具有一定的种植边界。河北省冬麦北移是指在冬春麦交界地带、传统上春麦区和冬季有稳定积雪地带，由春麦改种冬麦。

冬小麦的北移种植可以充分利用我国北部地区的自然资源。我国北部的冬春麦交错地带的气候早有"两季不足，一季有余"的说法，在玉米秋收后至封冻前和春季玉米播种前，都有大量0℃以上积温未被利用。通过发展以冬小麦为前茬的两熟制生产，既可充分利用这部分有效积温，又可提高土地利用率，增加复种指数。冬麦北移种植还可优化作物种植结构，压缩当地玉米种植面积，增加小麦面积，是优化当地粮食产品结构和人民膳食结构的重要途径。由此可见，冬小麦北移种植既可以提高我国北部粮食产量，改善农民生活水平，也是我国北部地区农业走上新台阶的突破口。

从全球范围看，自20世纪70年代以来，随着北方的冬季变暖，冬麦北移已成为许多国家提高粮食总产、改善小麦品质的研究热点。美国、加拿大、日本等国家通过培育强冬性品种，已把冬小麦原有的种植北界向北

推移。例如，美国的冬小麦带，利用抗冻性遗传力强的品种，种植边界已北移200 km。加拿大在有稳定积雪的条件下已把冬小麦种植北界移至北纬51°，日本的北海道地区也已有冬小麦种植，俄罗斯的西伯利亚也有种植冬小麦的报道。我国自20世纪30年代始有冬小麦种植北移的零星试验。20世纪70年代后期和80年代初，北方连续遭受严重冻害，再加上当时缺乏较合理的配套栽培技术措施，冬麦北界地区死苗相当严重，有的甚至绝收，此后冬小麦的种植北界有所后退。

地处燕山山脉河北北部的张家口、承德、秦皇岛、长城南北的内蒙古高原与华北平原过渡带，有着特殊的地理位置和气候条件。属大陆型季风性半湿润半干旱山地气候区，海拔300～2 100 m，年平均气温8.2℃，1月份平均气温 –9.8℃，极端最低气温 –27℃，7月份平均气温23.8℃，≥0℃有效积温1 000～3 700℃，无霜期62～180天，年降水量350～800 mm，80%集中在第三季度。北部坝上地区属内蒙古高原南缘，海拔1 300～1 600 m，小麦越冬期间气候寒冷，雨雪偏少，春季干旱多风。南部坝下地区地形复杂，分河川、浅山丘陵区和环绕丘陵区的深山区。小麦生长期间气温多变，常出现干旱、多风、雹灾等灾害性天气。从20世纪60年代以来，该地区也曾试图种植冬麦，但因缺乏高效的种植模式和成熟的技术而几经反复。由此，河北省科委立项进行"河北省冬麦北界北移栽培术研究"，旨在提出适合河北省北部地区的品种、种植模式以及配套的栽培技术体系。

（二）研究内容和方法

1. 冬小麦安全种植北界的划分

冬麦北移的限制因子主要是温度、水分和积雪条件。由于人类的活动，大气中温室气体含量不断增加，造成"温室效应"，使全球气候较以前变暖。分析河北省北部气候变化趋势，利用现有小麦品种的抗寒性试验结果，并采用多种指标，探讨河北省冬小麦的安全种植北界是非常必要的。

2. 适宜品种的引进与筛选

冬麦北移对品种的要求是抗寒、耐旱、早熟及高产。品种来源应该是南种北引与北种南引相结合以及对引进品种的改良。筛选的方法是通过多年多点试种鉴定，在高胁迫环境下，对引进品种的抗寒性进行再选择。项目组以筛选、应用当地强冬性品种为主，经与国外引入的强冬性品种材料品比淘汰后，再对表现突出的品种材料多点连续试种观察，确定示范规模。

3. 冬麦北移高产高效间套作模式、种植方式研究与示范

间套作复种模式试验安排玉米、冬小麦、大豆六尺一带（3个3模式）和玉米、冬小麦五尺一带的对比试验。种植方式试验设小麦平播、地膜覆盖穴播和沟播3种种植方式，试验在承德、张北、丰宁、深平、平泉、宣化、怀来、青龙8县进行。3种种植方式为主处理（以平播为对照）。承德、张北、青龙3县采用京冬6号、京引3号、京411、W3077、丰抗8号和中资号中的4个品种；丰宁、滦平、平泉、宣化、怀来5个县只选其中的1个品种进行试验。试验采用大区对比，每个处理（区）必须保证一定的面积，不设重复。播期的确定原则是保证冬前长到5叶1心。田间调查及室内考种项目：生育动态按物候期调查群体和个体性状；在返青期或起身期记载叶片枯死程度、越冬百分率等抗寒性状；每个处理按物候期连续记载5天内5 cm地温的最高、最低温度和平均温度，并记载1月最高、最低温度和平均温度等田间主要生态因子；成熟期分区调查亩穗数、穗粒数、千粒重及测实产。

4. 冬麦北界北移高产高效栽培技术

不同播期试验地点设在承德、张北和怀来3县。试验材料为京引3号（承德）、京411（怀来）和丰抗8号（张北），每个地点设5个播种期，每个播种期间隔5天。承德9月5日、怀来9月9日、张北9月7日播第一期。试验采用随机区组，每个处理（区）8～15m²,3次重复，共15个小区。试验采用平播，基本苗要求每公顷375万～450万，根据发芽率和粒重计算播量。

不同生态区适宜种植密度的试验设在承德、张北、丰宁、怀来4县。试验材料为京引3号、京411，设每公顷225万、345万、465万、585万、705万基本苗5个处理，采用随机区组设计，3次重复。试验采用平播，根据发芽率和粒重计算播量（也可统一播750万基本苗，出苗后按要求间苗）。

适宜播种深度的研究试验地点设在张北、滦平两县。试验材料张北为丰抗8号，滦平为京冬6号，每个县设3个播种深度，分别为3 cm、5 cm、7 cm。试验采用随机区组，每个处理（区）8～15 m²，3次重复。试验采用平播，张北播种期要求在9月7日左右，滦平播种期要求在9月20日左右，基本苗525万～600万，根据发芽率和粒重计算播量。

适宜施肥方案的研究试验地点设在平泉、青龙和宣化3个县。试验材料为京引3号（平泉）、京冬6号（青龙、宣化），每公顷氮肥总量为180kg

纯氮，变化底肥和追肥的比例，设 12+0、9+3、6+6、3+9 和 0+12 五个处理，试验采用随机区组，每个处理（区）8 ～ 15 m²，3 次重复，各小区间作好区埂，防止小区间相互干扰。

以上 4 个试验在返青或起身期调查叶片枯死程度，越冬百分率；在成熟期分区调查亩穗数、穗粒数、千粒重及测实产。

5. 冬麦北移决策支持系统（DSSNWWH）的研究

在推广冬小麦北移种植的过程中，还应密切注意气候的变化，根据小麦冻害的监测和预报，在小麦播种前应采取相应措施，避免或减轻冻害所造成的损失。DSSNWWH 的建立可以在以往气象数据或当地气象预报的基础上，充分利用该系统对小麦生长发育进行量化处理以及系统运行方便快捷、数据存储、查找方便灵活等特点，克服传统大田试验周期长、投入大等缺点。在大田试验研究的基础上，对河北省北部某一地区某一冬小麦品种能否安全越冬及以后的生长状况进行预测。根据当前的预测结果来判断该品种在该地区能否种植，并给出相应的栽培管理措施，以达到辅助决策者对河北省冬麦北移中一些问题进行决策的目的。

（三）主要研究结果

1. 冬小麦北移北界的确定

根据河北省张家口、承德、秦皇岛市等 8 个县的历史气象资料和近年来的大田试验状况，特别是河北省北部地区秋冬季干旱少雪（雨）、地形变化复杂的特点，决定采用如下指标作为河北省冬小麦安全种植北界的气候依据：1 月份平均气温 >-10℃，1 月份平均最低气温 >-18℃，1 月份平均地温 >-9℃）。根据上述指标，同时根据河北省北部地区的地势状况，北纬 41°以南的坝下地区均可种植冬小麦，在灌冻水的前提下，一般年份可安全越冬（越冬成活率在 90% 以上），并可获得较高的产量。

2. 品种的确定

项目组已从国外引进筛选强冬性品种材料 219 份，试验筛选国内强冬性品种 13 个，根据选育抗逆高产优质品种的要求及其对品种多项目标的综合权重，经较大面积示范确定了京冬 6 号、京引 3 号、京冬 8 号、丰抗 8 号、中 921、97-37、中资 96-2、农大 964、农大 96-2、农大 95-7 等 10 个品种。尽管丰抗 8 号早已被淘汰，但因其综合性状优良，提纯复壮后仍作为推广品种；京 411 虽有一定种植面积，但因其品质较差，一般不作为推广品种。

（1）不同种植方式下冬小麦越冬期地温变化。地膜穴播具有较好的增温效果。地膜穴播在越冬前和开春后增温表现突出，在晴天日照充足的状况下，地膜覆盖下的地温一般较平播偏高 2℃左右，开春后地膜覆盖小麦地温偏高 1.5 ~ 1.9℃。进入越冬期，在没有积雪覆盖的情况下，地膜的增温、保温作用随气温下降而不断减弱，在最冷期，地膜穴播的平均地温低于平播方式 0.6 ~ 0.8℃。在北部高寒地带，进入越冬期后，在 11 月份，沟播一般较平播偏高 1.0 ~ 2.0℃；从 12 月到翌年 1 月底，差异随温度的降低而减小，在严冬期，5 cm 地温沟播比平播高 3.6℃。沟播种植方式的增温作用主要是生态效应，它改变了近地面上层的小气候条件。由于受垄的遮挡，沟内风速小，温度日较差小，土壤温度变化缓慢且偏高。在完全阴天的状况下，不同种植方式的地温没有差异。地温日较差以地膜穴播较大，平播较小。

（2）不同种植方式对冬麦北界北移后小麦植株越冬状况的影响。返青期调查 3 种种植方式的越冬百分率，承德、平泉、宣化、怀来县不同处理冬小麦均能安全越冬，且差异不大。滦平和张北县的结果均为沟播处理的小麦越冬情况优于地膜穴播，表明在不同的生态环境条件下，采取与之相适应的种植方式有利于小麦越冬。

（3）不同种植方式对冬麦北界北移产量的影响。采用不同的种植方式对冬麦北移后产量的影响显著。青龙、平泉、宣化 3 县采用地膜穴播的小麦产量较高，而怀来、丰宁、滦平、张北 4 县采用沟播方式的小麦产量较高。对产量构成因素的影响表现在地膜穴播小麦的千粒重远远高于平播和沟播的小麦。

3. 冬麦北移间套作复种高效种植模式的研究

冬麦北界北移项目区积温普遍一季有余，为提高该区小麦生产效益，根据作物高矮、收种时差等光温利用互补的资源优势，研究并示范推广了小麦 + 玉米"五尺一带"和小麦、玉米、大豆"六尺一带"间套作复种的作物高效种植模式，小麦 + 玉米 + 蔬菜、小麦 + 蔬菜等粮菜高效种植模式，以及小麦 + 花生粮油高效种植模式。与一季春小麦对比，效益提高 20% ~ 110%，与春小麦 + 春玉米带田种植对比，效益提高 10% ~ 73%，其中冬小麦 + 蔬菜模式效益最高，冬小麦 + 油料模式次之，小麦 + 玉米模式再次之。冬小麦下茬复种大于"五尺一带"，同时，又便于玉米、小麦倒茬。

4. 河北省冬麦北移适宜栽培技术的研究

（1）不同播种期对小麦的越冬及产量的影响。播期对小麦越冬、产量及产量构成因素的影响在不同地点表现不同。承德县试验的小麦越冬率均在 96% 以上，且各处理间差异很小，各处理间产量差异也不显著。怀来县试验与承德不同，不同播期对小麦越冬率、产量有显著影响，其中以 9 月 14 日播种处理的越冬率最高，达到 99%，产量也最高。造成不同处理间产量差异的主要是由于穗数的影响，穗粒数和千粒重各处理间差异不大。

（2）不同播种深度对冬小麦越冬及产量的影响。冬小麦能否安全越冬与分蘖节处的温度有直接的关系。在气温达到 0℃ 以下时，由于土壤的保温作用，地下的温度要高于大气的温度，且不同深度的土层有不同的土壤温度。播种深度试验结果表明，张北县各处理均不能安全越冬，但播深 5 cm 处理的小麦越冬率和产量明显好于另外两个处理。滦平县越冬率均在 89.4% 以上，其中以 5 cm 的处理为最好，产量最高。主要是由于 5 cm 处理的小麦在穗数和穗粒数两因素上均好于另外两个处理。不同处理间千粒重差异不大。

（3）不同播种密度对小麦越冬及产量的影响。不同播种密度对小麦的越冬性影响不大。密度处理对产量性状及产量的影响各地表现基本一致，除基本苗 225 万 hm^2 的处理产量较低外，播种密度大于 345 万 hm^2 基本苗的各处理间差异不显著。从产量构成因素与产量的关系来看，穗数与产量之间呈显著的正相关。由此可见，在河北省北部冬麦北界北移地区，冬小麦播种的适宜密度为 345 万 hm^2 基本苗。

（4）河北省冬麦北移后适宜施肥时期的研究由产量性状调查结果可以看出，宣化县底肥 135 kg/hm^2 纯氮、追肥 451 kg/hm^2 纯氮的处理产量表现好于其他处理。青龙、平泉两县中底肥 90 kg/hm^2 纯氮、追肥 90 kg/hm^2 纯氮的处理产量高于其他处理。从上述试验结果可以看出，各地底肥和追肥分施有利于提高产量。

5. 河北省冬麦北移决策支持系统（DSSNWWH）的建立

（1）DSSNWWH 的目标及总体功能。①为某地区决策适宜种植的冬小麦品种；②根据冬小麦的品种特性，为该品种决策适宜种植的区域；③在某一冬小麦品种能够在河北北部种植的情况下，对该品种的生长发育状况、器官的形成以及最终的产量形成进行预测；④根据 DSSNWWH 中模型系统的预测结果，为用户提供包括播深、密度和播期等适宜的栽培措施；⑤对小麦不同物候期的生长状况进行评价，并利用专家知识库提供栽培管理的技术措施，帮助用户解决生产中遇到的问题。本系统要求的硬件环境系统为486或者更高速的CPU微机，RAM至少为16M，硬盘上至少有50M的空间。

（2）系统核心。DSSNWWH运行向导的预决策功能是其核心部分。

此外，为了方便用户对该系统软件的使用，系统在主窗口中还设有工具、选项、窗口、帮助和退出等几项功能菜单。

（3）系统的输出信息显示主要有数字、文字和图形信息三种显示方式。这些信息显示方式为人机交互系统提供了丰富的画面环境。

系统的输入模块中给用户提供了一个轻松愉快的工作环境，采用了多媒体的动画效果。在选择小麦的种植地点时，因设计时利用图片的mousemove事件编制了动画的程序，所以当用户将鼠标指针移动到地图上某一个县的位置上时，就有一个蓝色的圆圈圈作该县的红色标志，同时下面TextBox控制即显示该县的一些基本信息，单击鼠标左键选定该县。

（4）系统应用效果分析。DSSNWWH的应用效果，除了系统程序的验证外，主要是系统预测结果的应用。根据本系统的功能特点，主要选取了小麦的越冬情况、群体动态和产量这三方面的预测结果进行应用验证。

对物候期的验证结果表明，预测物候期的误差在1～2天。系统对蘖茎数、叶面积动态变化的预测结果和实测结果大致趋势相似。

为了对产量进行验证，将各县小麦产量的实测值和预测值进行卡方测验，各县的模拟产量与实测产量在0.05水平上差异显著。分析原因，主要是宣化县的预测结果和实测产量相比误差较大，除了系统本身的误差外，可能也有气象数据和产量实测值上的误差。

（四）效益及应用前景

根据项目的经济效益分析报告，仅对冬小麦的效益分析，3年累计示范推广冬小麦4.56万hm²，平均单产5 538kg/hm²，较春小麦前3年平均增产993 kg/hm²，新增总产4 298.43万千克，新增效益4 348.23万元，科技投资收益率1.70。如果按冬小麦较春小麦提前成熟20天，一般复种效益提高30%计算，每公顷增效益达1 650元。仅从经济效益分析，该项目即可称之为实现农业增产、农民增收的重大科技成果。

　　从生态效益分析，冬麦北移可实现自然气候资源的科学配置和高效利用。尤其是项目区地处京津周围，冬小麦增加了地表植被覆盖，可有效控制风蚀土壤、抑制风沙扬尘，对防止土壤沙化和保护生态环境具有重要的现实意义。因此，本项目不论对农业增产、农民增收、改善农民生活，还是对保护生态环境，都具有广阔的应用前景。

（五）关键技术及创新点

1. 关键技术

（1）冬小麦安全种植北界。冬麦种植北界北移的关键是保证冬小麦的安全越冬和获得稳定的产量，因此确定适宜的种植区域是非常必要的。在灌冻水或冬季有雪覆盖的前提下，北纬 41° 以南的坝下地区为安全种植北界。

（2）采用适宜的小麦品种。3 个年度以来，试验引进筛选冬麦北界北移品种材料 219 份，确定示范应用品种 10 个（京冬 6 号、京引 3 号、京冬 8 号、丰抗 8 号、中 921、97-37、中资 96-2、农大 964、农大 96-2、农大 95-7），苗头性品种 10 个。

（3）种植方式的选择。采用不同的种植方式对冬麦北移的产量影响显著。青龙、平泉、宣化 3 县采用地膜穴播的小麦产量较高，而怀来、丰宁、滦平、张北 4 县采用沟播方式的小麦产量最高。

（4）高效间套作复种模式及栽培技术。采用高效的间套作种植模式，如"小麦 + 玉米 + 蔬菜、小麦 + 蔬菜"等粮菜高效种植模式，以及"小麦 + 花生"粮油高效种植模式，配套技术包括早播、5 cm 播深、适宜播种密度和底肥、追肥分施为主要内容的配套栽培技术。

（5）应用冬麦北移的辅助决策系统进行辅助决策。利用该系统的预测和决策功能及系统运行结果针对性和实用性强的特点，可以合理扩大冬小麦在河北省北部地区的种植面积，减少冻害发生。同时可为用户提供小麦适宜播期、播种密度及肥水管理等方面的辅助性决策建议，减少失误。

2. 创新点

（1）提出河北省冬小麦安全种植北界在灌冻水或冬季有雪覆盖的前提下，北纬 41° 以南的坝下地区均可种植，一般年份可安全越冬（越冬成活率在 90% 以上），并可获得稳定的产量。

（2）总结出为冬麦北移配套的"小麦 + 玉米 + 大豆"间套复种高效种

植模式，采用"小麦＋玉米＋蔬菜、小麦＋蔬菜"等粮菜高效种植模式，以及"小麦＋花生"粮油高效种植模式，生产效益大幅度提高。

（3）开发出适合河北省冬麦北移的辅助决策系统。该系统具有较强的针对性和实用性，可预期达到合理扩大冬小麦在河北省北部地区的种植面积、减少冻害发生的目的。也可为用户提供小麦适宜播期、播种密度及肥水管理等方面的辅助性决策建议。系统界面方便友好、操作方便快捷。

（六）存在问题及改进意见

加快冬麦北移配套技术推广步伐。目前配套技术已在项目区农业增产、农民增收中发挥了显著作用。但应用面积只占适宜区的22.5%，尚有近80%的发展潜力。项目验收后我们将编制冬麦北移栽培技术标准，进一步加大推广力度，加快发展步伐。

需进一步加强冬麦北界北移生态效果的研究，提供具体生态效益指标，推动河北省北部粮食生产的可持续发展。

进一步加强品种引进、选育和品质鉴定工作，加大技术、物资投入力度，加快冬麦北移配套技术推广步伐。

二、山西省雁北春麦区冬麦北移研究

雁北春麦区冬麦北移项目在农业农村部、省农业厅技术推广站及当地市县农业局的大力协助下，经过课题组与协作单位的共同努力，不断取得突破，初步完成了从筛选抗寒品种到配套栽培技术的研究工作。

（一）前期预备试验结果

该项目首先在天镇、大同、浑源、阳高等县选点进行冬麦北移的试种，其间进行了引种筛选试验、全膜覆盖试验、草盖试验及裸土越冬试验的可行性研究，初步总结与认识到五点：

（1）筛选出京冬2号抗寒品种，使我们认识到通过大量引种，从现有冬麦资源中可以筛选出可供雁北春麦区冬麦北移的生产品种及育种资源。

（2）由加拿大、俄罗斯、美国等引进的某些品种虽抗寒性好，但生育期太长，甚至比当地春小麦还长，因而无实际应用价值，这也是北方春麦区与东北春麦区冬麦北移研究目标上的不同点。

（3）要想使冬麦北移在生产上取得成功，其关键是能否实现冬麦秋播露地安全越冬，这是冬麦北移成功的标志。山西省雁北春麦区降水稀少，常年冬季无积雪覆盖，这给冬麦北移带来极其不利的越冬影响，要求品种与栽培技术必须经受 −25℃ 的低温考验。

（4）冬麦北移要求比春播春麦早熟高产优质，麦收后有利于复播，这是冬麦北移能否推广发展的经济效益指标。

（5）加深了对冬麦北移经济效益、生态效益、社会效益的认识。充分认识了冬麦北移不仅比春麦高产、优质，还可以极大地改变雁北的种植结构，变一年一作为两年三作或四作（小麦套玉米，小麦收获种秋菜），极大地提高了雁北高寒区复种指数和经济效益。同时增加了雁北地区冬季植被覆盖度，从而在一定程度上减少了该地区风沙的危害，改善了生态环境。

（二）应县试区试验示范结果

（1）抗寒品种的筛选。通过应县试验区 4 年试验示范，广泛引种国内外北纬 38° 左右的晚熟冬麦区品种 200 余份，经室内抗寒鉴定与室外田间筛选，选出了适于当地大面积种植的超强抗寒品种北移 1 号及北移 2 号、3 号后备品种，筛选率为 1% ～ 1.5%。北移 1 号试验的最高公顷产量达 6 210 kg，较对照晋春 8 号增产 24.5%，早熟约 8 天。北移 2 号每公顷产 6 334.5 kg，较对照晋春 9 号增产 35.7%（春麦易有干热风危害）。

（2）形成 3 套栽培模式，6 项露地越冬核心技术与 16 项技术操作体系。连续两年进行了小沟播露地越冬栽培、地膜穴播栽培、麦草越冬覆盖栽培 3 种方式，供试品种北移 1 号。

在 3 套栽培模式中，小沟播露地越冬栽培模式是基本的，便于大面积推广的栽培模式。其针对性的 6 项核心技术如下：

第一，选用抗寒早熟种，适当晚播控苗龄；

第二，加大播量靠主茎，沟播深种保越冬；

第三，冬春耙压防风抽，晚浇春水保地温。

以上技术通过 1999 年少有的严寒考验，表明沟播露地栽培模式技术成熟度高，只要严格贯彻，大面积推广可行。

（3）冬麦北移带动种植结构的大调整。由于冬小麦较春小麦早熟 7 ～ 10 天，为下茬作物争得了充足的光热水资源，从而使雁北历来一年一熟的种植结构得到较大自由的调整，目前的模式有小麦与玉米、小麦与向日葵、小麦与蔬菜套种，小麦收获后复种蔬菜（如大白菜）。以小麦与玉米套种为例，带宽 1.3 m，6 行小麦 2 行玉米，小麦行距 18 cm，玉米行距 30 cm，玉米留苗

36 000 株 /hm²，结果小麦平均产 5 250 ～ 6 000 kg/hm²，套种玉米 8 700 kg/hm²，总产 14 752.5 kg/hm²，每公顷纯收入 18 210 元，投入与产出比为 1 : 4.6。

通过 4 年研究示范表明，冬麦北移具有较高的经济效益，较好的社会效益与充分利用秋冬春光热资源的生态效益。4 年中，研究经历了严重的冷冻年，使研究筛选的品种与技术体系得到考验，表明技术体系已具较高成熟度，适于在雁北同类生态地区推广。

（三）未来发展及尚待进一步研究解决的问题

（1）由于应县广大群众对冬麦北移的认识，预计今年收获的小麦可供 1 333 hm² 小麦播种之需，使应县冬小麦基本覆盖全县，并相应地得到两年三熟四熟结构调整的经济效益。

（2）尽快建立良种繁育体系，进一步筛选超强抗寒品种，收集整理抗寒资源，建立超强抗寒品种育种体系，以保证冬麦北移接班品种的供需。

（3）雁北区冬麦北移推广区域化种植的研究尚待进行。

（4）引进沟播机，研究冬麦北移大沟播露地越冬栽培技术体系。

第三章

中国北方专用小麦育种技术及培育体系

第一节　中国北方专用小麦育种

一、专用小麦育种基本理论

小麦品质是由许多性状构成的，不同性状的遗传特性不同。小麦品质性状的遗传较为复杂，基因的作用方式不仅有加性和显性，基因之间还存在着非常复杂的相关性。大多数品质性状是受多基因控制的数量性状，受到基因型、环境和基因型与环境互作的影响，环境包括耕作栽培条件、土壤、气候等因素。在所有的品质性状中，多数研究认为，容重、吸水率、籽粒硬度、面包重量、蛋白质含量和出粉率的遗传力较高，其次为沉降值、软化度、降落值、灰分含量、湿面筋含量、面粉质量评价值。

（一）营养品质性状的遗传

营养品质主要指小麦籽粒蛋白质的含量、不同蛋白质组分所占比例以及组成蛋白质的氨基酸成分。

1.蛋白质含量的遗传

籽粒蛋白质是小麦营养的一个主要方面，是一个很复杂的遗传性状，极易受环境条件影响，如温度、光照、土壤水分、施肥等。但其遗传力的估值一般比较大，可以在早代进行选择。籽粒蛋白质含量与产量呈负相关，所有影响产量的基因都会影响籽粒蛋白质含量。

研究发现，蛋白质含量的显性变量大于加性变量，说明存在上位性。由于上位性效应引起的显性效应大于加性效应，蛋白质含量一般呈中间型遗传。已报道蛋白质含量在 F1 代有各种各样类型的遗传表现，因亲本的情况不同而异，但多数情况下为中间型，一般倾向于低值亲本。当双亲差异大时，F1 接近中亲值，倾向于低值亲本；双亲差异小时，可出现超亲遗传；双亲差异太大，其中一亲本的蛋白质含量太低，后代则很难出现优质类型。

大部分小麦的蛋白质含量在 6.91% ～ 22.0% 之间，平均为 12.97%，一些近缘种的蛋白质含量更高。当前世界各地推广的小麦品种的蛋白质含量一般在 12% ～ 16% 之间。中国生产上应用的普通小麦的蛋白质含量为 8.07% ～ 20.42%。不同品种、不同方法估算的蛋白质含量的广义遗传力在 38.5% ～ 83% 之间，狭义遗传力在 33.2% ～ 69% 之间。小麦蛋白质含量的遗传变异较大，因而进行遗传改良的潜力也比较大。

2. 蛋白质组分的遗传

根据小麦籽粒蛋白质在不同溶剂中的溶解性，可将其分为四类：溶于水的清蛋白、溶于盐的球蛋白、溶于酒精溶液的醇溶蛋白和溶于稀酸或稀碱的谷蛋白。清蛋白与球蛋白约占总蛋白的 10%，主要存在于糊粉层、胚和种皮中，富含赖氨酸、色氨酸，营养价值高，但对蛋白质品质作用微小，部分清蛋白与球蛋白具有同工酶的作用，而同工酶如蛋白酶、淀粉酶对品质有影响。醇溶蛋白和谷蛋白各占总蛋白的 40%，高分子量（HMW）谷蛋白约占总谷蛋白的 3/5，低分子量（LMW）谷蛋白约占总谷蛋白的 2/5，存在于胚乳中，又称贮藏蛋白或面筋蛋白，其含量与组成决定着蛋白质质量，一般认为醇溶蛋白给予面团延伸性，谷蛋白给予面团弹性，二者的比例决定着面团类型和加工产品的适宜性。

HMW 谷蛋白亚基（HMW-GS）由复等位基因控制，通常每个染色体上两个基因连锁遗传，如在 Glu-D1 上，5 与 10 连锁，2 与 12 连锁，如同一个孟德尔单位一样，F1 呈共显性遗传现象，即 F1 具有双亲所有的亚基，呈混合型。F2 的分离比例为：亲本 1：杂合型：亲本 2=1：2：1，等位基因表达存在剂量效应，非等位基因之间存在互作效应。

3. 赖氨酸的遗传

同蛋白质一样，氨基酸也是由多基因控制的数量性状，在品种间存在着显著差异。16 种氨基酸的遗传力以谷氨酸、甘氨酸和脯氨酸较高，苏氨酸和异亮氨酸较低，其他氨基酸的遗传力为中等偏下。

赖氨酸在小麦中含量很少，是小麦蛋白质中的第一限制性氨基酸，对小麦的营养价值影响较大，因此目前对氨基酸的研究大都集中在赖氨酸含量上。

在以低赖氨酸含量 Anza 为亲本的几个杂交中，低赖氨酸呈显性效应，而在高赖氨酸 NapHal 与低赖氨酸 Spelt 的杂交中，加性效应是主要的，也有上位性效应，高赖氨酸含量决定于隐性基因。也有研究指出，赖氨酸含量是由多基因控制的，表现为数量性状遗传，受加性和非加性效应共同控制，但加性效应较为主要而稳定，非加性效应在世代间是很不稳定的，F1代赖氨酸含量表现优势，后代可分离出超亲类型。

（二）与磨粉品质有关的形状遗传

1. 灰分含量

灰分是衡量磨粉品质的一个重要指标。小麦皮层灰分含量为6%，而中心胚乳的灰分只有0.3%。因此，混入面粉的麸皮越多，面粉的灰分含量越高。一般灰分与面粉色泽成反比，与出粉率成正比。灰分越少，面粉色泽越白，出粉率越低。研究结果都表明灰分含量受品种类型的影响。由于面粉灰分含量受磨粉工艺影响很大，而且品种间灰分含量也不同，因此在比较品种间面粉灰分含量时，要在相同的出粉率条件下，使用比出粉率来衡量（比出粉率 = 面粉灰分含量 / 籽粒灰分含量）。

2. 容重

容重是影响磨粉品质最重要的性状，受籽粒形状、整齐度、粒重、胚乳质地及籽粒含水量等的影响。容重与出粉率的关系仍存在争议，有的研究认为容重与出粉率呈正相关，有的研究则认为二者之间相关性不显著。容重与出粉率的关系取决于品种、地点和年份等因素，只有在品种和环境等其他条件一致的情况下，容重才与出粉率呈正相关。还有的研究表明，在一定范围内，容重与出粉率呈正相关，超过一定范围二者无显著的相关关系。

3. 胚乳质地

胚乳质地主要指籽粒硬度和角质率。籽粒硬度与小麦制粉密切相关，一般硬质小麦出粉率、面粉吸水率及蛋白质含量均较高，面筋和面团强度较大。硬质小麦淀粉粒较小，胚乳中淀粉与蛋白质基质密切结合，导致磨粉时破损淀粉粒较多，胚乳也易与麸皮分离，出粉率高。软质小麦淀粉粒较大，淀粉粒与蛋白质基质结合不牢，淀粉破碎少，总出粉率低。

籽粒硬度和角质率之间存在显著相关，相关系数达0.78，但角质率受环境影响较大，遗传力较低。有的研究认为，角质与粉质的显隐性关系随组合的不同而异；在有些杂交组合中玻璃质为显性，受一对或两对主基因的控制，而在有些组合中粉质为显性，受一对主基因的控制，并指出一些微效基因也会影响这种性状的遗传。控制角质率的基因有部分显性和累加作用，遗传力较低，早代选择效果差。但是也存在不同的研究结果。角质率的遗传力较高，并且与馒头体积及总评分均呈较高的表型相关和遗传相关，可作为优质馒头小麦育种早代选择的指标。

4. 籽粒形状和大小

籽粒大小与磨粉品质的关系，不同研究之间尚存在一定争议。有的研究认为，千粒重与出粉率呈显著正相关，大粒品种种皮百分率低，出粉率高；有的研究则认为千粒重与出粉率的相关性很小甚至无相关性。同一地点同一品种的籽粒大小与出粉率呈显著正相关，同一地点不同品种的籽粒大小与磨粉品质无相关性。籽粒大小可用千粒重衡量，粒重是产量的重要构成因素，遗传符合加性 – 显性模型，遗传力较高，在 72% ～ 78% 之间。粒重受多基因控制，不同的研究将粒重的基因定位于不同的染色体上。

二、专用小麦育种基本途径

（一）优质资源的利用

从 20 世纪初开始，美国等国以及国际植物遗传资源理事会小麦咨询委员会和国际玉米小麦改良中心等国际组织和研究机构先后开展了大规模的小麦资源考察、搜集和评价工作，鉴定筛选出许多高蛋白、强筋力小麦种质资源。中国从 20 世纪 80 年代初开始重视优质资源的研究与利用。研究表明，与国外相比，中国小麦种质品质的主要差距在于蛋白质（面筋）质量上，优质 HMW-GS 亚基缺乏，面筋弱、面团延伸性小、烘烤品质差。"八五"以前，中国面包强筋小麦育种所利用的优质基因源主要是中作 8131-1 及其衍生系，"九五"以来优质基因源来源较为广泛，包括临汾 5064、小偃 6 号、郑 8603 及美国、加拿大和墨西哥等国的优质麦的衍生材料。经过努力，中国在面包强筋小麦品质改良方面取得了显著成就，通过各种途径创造了一大批强筋、超强筋小麦新种质，如中优 16、安农 91168、鲁 954072 等。这些新种质的育成为今后中国强筋和中筋小麦品质改良向纵深发展提供了物质基础。

小麦资源在蛋白质含量与质量及淀粉理化特性等性状上存在比较丰富的遗传变异，充分发掘并利用现有优质资源和优异性状是专用小麦育种的基础工作之一。同时，综合利用常规杂交、远缘杂交、理化诱变、体细胞融合、染色体工程和外源基因（DNA）导入等多种技术手段创造具有各种优异性状的种质材料，不断丰富小麦优质资源，为专用小麦育种提供更多、更好的亲本材料，以适应小麦育种和小麦发展的需要，也是专用小麦育种的重要环节。

（二）杂交育种

品种间杂交育种是优质专用小麦品质改良最重要的方法。自 19 世纪末 20 世纪初以来，世界各国大多数优质小麦品种是通过该途径育成的。目前，尽管其他育种技术（如生物技术和理化诱变技术）已有了很大的发展，但常规的杂交育种仍是小麦品质改良的主要途径。

1. 亲本选配

（1）选配原则。尽量选用具有育种目标所要求的关键性状，优点多，缺点少并易于克服；各亲本主要性状能互补，两亲本可有共同的优点，但不可有共同的缺点；尽量选用生态远缘、地理远缘材料作亲本以丰富遗传变异。用强冬性小麦与优质春麦杂交是培育优质冬小麦的途径之一，应用种、属间远缘杂交，创造有突出性状的中间材料，拓宽种质资源，有利于克服亲缘单一化的问题。但亲本间差异不是越大越好，差异太大，后代分离严重，不易稳定。突出骨干亲本或中心亲本的作用，利用综合性状好、对当地条件适应性强的品种（系）做骨干亲本可育成生产上表现优异的品种。

在组合选配上，两个优质亲本杂交（优 × 优），获得优质品种的可能性最大，优 × 中或中 × 中杂种品质次之，优 × 劣一般为中等或低等品质，劣 × 劣后代选择效果不大。有关沉降值和面团流变学特性遗传研究表明，杂种 F1 的面筋强度与父母本均有密切关系，与双亲平均值显著正相关，面筋强度倾低亲遗传。因此，强筋和中筋小麦育种在杂交组合选配时应选择双亲平均品质水平较高的组合类型，同时应尽量避免使用品质很差类型的亲本。

亲本选择还应注意亲本性状的配合力，选择一般配合力好，特殊配合力方差大的亲本。

（2）杂交组合模式。杂交组配方式有单交、复交和回交等。单交是小麦育种中应用最广泛、育种过程比较简单的杂交方式，可以通过双亲的优缺点互补选育出具有双亲优良性状的超亲后代。

复合杂交有多次杂交的机会，第二次杂交是杂种 F1 与亲本或两个杂种 F1 之间进行杂交，由于所用亲本较多，杂种后代遗传背景复杂、变异大，因此，这种杂交组配方式需要很大的群体，人工去雄杂交工作量较大。育种工作者常常利用分离世代选株进行复交，这样，目标比较明确，群体可稍小，从而减少工作量，提高育种效率。

回交是品质育种比较重要的杂交组合方式，把优质性状通过有限回交和定向选择，转移到高产、抗病好、适应性强的农艺品种中。轮回亲本是基础，田间农艺性状好，产量高，非轮回亲本则应有目标品质性状。

2. 杂种后代选择

（1）选择方法。杂种后代选择有三种方法，即系谱法、混合法和派生系谱法或称改良系谱法。

系谱法是所有分离世代都进行单株选择，直到获得接近纯合的后代，即从 F1 按组合进行分类，从 F2 代起选株，以单株保存和种植，F2 后各世代按株系种植，形成系谱。系谱法因连续单株选择，工作量较大。

混合法是杂种后代从 F1 到 FX 代繁殖，不加选择，按组合种植，在达到必需的纯合状态的那一世代才开始进行选株和选穗，一般从 F6 ～ F8 代开始。混合法因早代不进行人工选择，较高世代中优良基因型所占比例较小，因而育种效率有所下降。

派生系谱法是把系谱法和混选法结合起来进行的后代选择方法，较系谱法省时、省力、经济，同时较混合法选择率高。

根据育种经验，后代选择一般是早代淘劣，高代选优；早代选择从宽，高代选择从严；田间农艺性状选择从宽，适当加大入选率，室内品质性状选择从严，严格淘汰品质差的材料。

（2）品质性状选择。专用小麦育种与一般育种的区别主要在于增加了优质基因的导入和品质性状的鉴定和筛选。不同用途的专用小麦品种对品质的要求不同，因此，杂种后代根据不同的育种目标，对品质性状的选择有所侧重。

杂种后代测定和筛选的品质性状因地区、目标、条件、材料和世代而异，一般由简单到复杂，由外观到内在，由微量到常量，由部分到全面，由间接到直接。早代（F2 ～ F4）材料，由于群体大，个体种子量少，性状不稳定，选择效率低，因而分析测试项目宜少，主要进行遗传力高且检测方法简单易行的性状的单株选择，如粒色、粒型、黑胚率及严重度、饱满度、硬度、角质率、微量沉降值、谷蛋白大聚体含量、糯蛋白缺失情况、蛋白质含量（微量测定法或近红外分析法）、面粉（全麦粉）膨胀势或膨胀体积等。高代（F5 以上）材料，由于数量相对较少，种子量多，性状基本稳定，分析测试项目宜多，主要对株系（品系）进行蛋白质含量、淀粉（直链淀粉）含量、面筋含量、沉降值、面团流变学特性（包括和面图、粉质图、拉伸图）、降落值、糊化和膨胀特性、出粉率、灰分、面粉白度、黄色素含量和多酚氧化酶（PPO）活性等间接性状测定，经过层层鉴定筛选后，最后进行烘烤和蒸煮试验。各性状筛选标准根据育种目标而定。

3. 协调品质与产量关系的策略与途径

中国优质专用小麦改良和生产应该是优质、高产、高效三位一体。专用小麦品质改良应采取以改良蛋白质质量为主，兼顾蛋白质含量和籽粒硬度；以提高生物产量为主，兼顾收获指数、加工品质和营养品质、生物产量和收获指数、品质和产量双向同步提高。

在杂交组合选配上，育种经验证明，选用农艺性状较好的优质亲本与品质较好的农艺亲本配置单交组合是选育优质高产小麦新品种最为有效的组合模式之一。这种杂交组合模式杂种的后代优质基因聚合的频率较高，分离群体中优质个体数目较多。这种杂交组合模式的另一个优点是择亲范围扩大，因以双亲平均值为主，并不要求优质亲本具有很高的品质水平，可以避免选用品质特优而农艺性状严重不良的优质亲本。在对亲本农艺性状的选择上，小麦生长发育的前期重视繁茂性的选择，后期重视叶功能的选择。根据亲本材料的生长发育特点，利用双亲各生长发育阶段的优势互补，通过杂交育种或其他手段把不同时期的优势结合在一起，提高杂种后代各发育阶段的光合作用效率，充分利用光热资源，达到提高生物学产量和收获指数的目的。在对亲本品质性状的选择上，侧重沉降值（沉降值是蛋白质数量与质量的综合反映）的选择。通过双亲优质基因的累加及与劣质基因的互补，达到增加杂种后代优质个体出现的频率。

在杂种后代的选择上，采取品质和产量双向选择，同步提高。在品质改良方面以沉降值为突破口。强筋小麦同时兼顾 HMW–GS 组成与含量及GMP 含量，中筋小麦强化淀粉特性的选择。应用微量沉降试验鉴定单株（F2 ~ F4）品质，解决早代个体品质鉴定和选择难的问题。在提高产量潜力方面，以提高生物产量和收获指数为出发点，以强化繁茂性与粒叶比为突破口，稳步提高产量。个体和群体的繁茂性反映出品种的生物产量，繁茂性高说明同化能力强，源足；而粒叶比包含了源、库、流三方面的相互作用，同时包含着理想株型和合理群体的内容，与产质关系密切，粒叶比高，说明源足、流畅、库强。繁茂性和粒叶比两者相辅相成，简单直观实用，而内涵丰富。

（三）系统选育

中国评选的第一批面包强筋小麦品种有三分之一来自系统选育。系统选育与优质种质（品种）引进相结合，利用生态条件的差异，诱发引进品种（系）产生自然变异，根据育种目标对变异的农艺性状或品质性状进行系统选择，从而提高系统选育的频率。例如，天津市农科院农作物研究所通过对从加拿大引进的春小麦品系 CSR17 的变异单株进行系统选育，培育出超强筋小麦品种津强 1 号。

（四）远缘杂交育种

远缘杂交是小麦品质改良的一个重要途径，常用以创造中间材料。小麦远、近缘种属中存在着丰富的优质资源，含有许多优质基因可供利用。在远缘杂交中，常用硬粒小麦和普通小麦杂交以改良普通小麦的品质。远缘杂交中最大的难题是杂种不结实，因为在远缘杂交情况下，有时虽然能受精，但由于杂种胚和胚乳在遗传上不协调，往往致使幼胚发育异常，胚乳发育不良，造成杂种胚营养失调，在发育过程中死亡。通过重复授粉、回交、染色体加倍、离体培养以及微量元素、生物激素物质等处理可以提高杂种结实率，其中尤以幼胚和胚珠培养效果最好。

（五）诱变育种

利用物理和化学因素处理的方法可以有效地增加小麦蛋白质和淀粉的遗传变异，从而选育出高产优质专用小麦新品种或新种质。

1. 诱变因子

目前，常用的物理诱变因子有伽马射线、紫外线、快中子和离子束等。其中，离子束注入诱变是一种比较新的诱变技术。国外在 20 世纪 70 年代末开始应用低能离子束注入进行作物改良，而大规模将离子束诱变技术应用于作物品种改良则始于 20 世纪 80 年代中期。另外，随着航天技术的发展，以返回式卫星和太空飞船等为载体，利用空间宇宙辐射、微重力、高真空、超低温、交变磁场等因素对搭载的植物种子进行诱变，从中获得在地面辐射诱变中难以得到的和可能发生的具有突破性影响的罕见突变，进而选育优质、早熟、抗病和丰产新品种，即航天育种或太空育种，为诱变育种增添了新的技术内容，为优质专用小麦育种开辟了新途径。

2. 诱变作用机理

不同诱变剂对 DNA 的作用机理不同。物理诱变因子如 γ-射线的作用是使 DNA 产生双线断裂，引起染色体重组和缺失；紫外线辐射则影响 DNA 的嘧啶二聚物，产生碱基对的代换、插入和缺失；离子束注入诱变技术是将人们希望的离子 N+、O+、C+、Ar+ 等加速注入植物种子或器官内某一特定区域，引起注入微区域内遗传物质的生理生化反应，导致微突变和基因重组。因此，与其他物理诱变方法相比较，离子束注入诱变技术具有生理损伤小、突变谱广、突变频率高等特点，并具有一定的重复性和方向性。化学诱变剂如碱基类物质主要作用是在 DNA 合成中代换正常碱基，导致错配，引起碱基对替代；反应化合物突变剂的作用是使化学基质加入正常碱基，导致正常碱基缺失，或引起 DNA 合成错配，发生碱基对替换，嵌入化合物类突变剂可直接插入双螺旋的碱基，导致 DNA 合成中的插入或缺失，引起密码突变。

3. 诱变育种的应用

人工诱变是提高小麦籽粒蛋白质含量、赖氨酸含量，改良籽粒色泽（由红变白或由白变红）和质地（由软变硬或由硬变软）以及改变高分子量麦谷蛋白亚基组成等品质性状的有效手段，尤其是在提高蛋白质含量方面成效最为突出。印度用 γ 射线和紫外线处理墨西哥矮秆红粒小麦品种索诺拉64 种子，育成了籽粒琥珀色的沙巴蒂索诺拉新品种，其蛋白质含量由原品种 14.0% 提高到 16.5%，蛋白质中赖氨酸含量由原品种的 2.2% 提高到 3.4%。

中国是诱变育种特别是辐射育种的强国，到 20 世纪 90 年代直接诱变育成的小麦品种就多达 70 个。在小麦品质改良方面，利用普通小麦和长穗偃麦草培育出染色体代换系，并经红宝石激光处理育成了小偃 6 号。山西省农科院棉花研究所采用照射丰产 3 号 × 碧蚂 4 号 × 南大 2419 组合选育出晋麦 23 号，其蛋白质含量为 16.7% ～ 17.66%，湿面筋含量 41% ～ 46.2%，沉降值为 33.3 毫升，面包制作品质优于香港的"金像粉"，且具有丰产抗病等优点。据中国第二届面包小麦品种品质鉴评结果，甘春 20 蛋白质含量 15.67%，湿面筋含量 35.4%，沉降值 55.8 毫升，吸水率 66.4%，稳定时间 14.2 分钟，面包体积 840 毫升，面包评分 93.1。河南省农科院小麦所通过卫星搭载，利用太空诱变育成"太空5号"小麦，这是中国利用航天技术育成并审定的第一个优质、高产的小麦新品种。该品种较对照"豫麦18"平均增产9.67%，经农业农村部质量监督检验测试中心（郑州）分析，粗蛋白质含量10.6%，湿面筋22%，吸水率54.2%，形成时间1.7分钟，稳定时间1.8分钟，达到国标优质弱筋小麦标准。

理化诱变不仅可以为新品种选育创造条件，还为解决远缘杂交中遇到的许多问题提供了辅助措施。用He-Ne激光照射黑麦花粉，然后进行普通小麦与黑麦远缘杂交，结实率比对照提高75.0%～225.5%，且穗粒饱满；用六倍体小黑麦黑杂266为母本、3个普通小麦品种为父本，进行远缘杂交，杂交前用60Co-γ射线照射雌、雄配子，受精后观察，发现结实率明显提高。缪炳良等在进行普通小麦与节节麦杂交时，利用辐照处理花粉，结果获得了2.4%～5.6%的杂交种子，有效地克服了杂交不亲和性。

4. 提高诱变育种效率的途径

（1）利用修复抑制剂。经过较高照射量的辐射诱变处理后，再经修复抑制剂处理，由于成苗率大大提高，可以收获更多的诱变处理后代的种子，因而增加了变异出现率和选择概率，提高了辐射育种效率。

（2）辐射与杂交相结合。研究指出，辐射育种与杂交育种相结合，易获得品种间杂交难以获得的突变性状，同时较单一的诱变育种方法突变频谱扩大，变异概率提高。辐照杂种材料得到的变异等于照射和杂交二者分别估测所得到的变异加起来的72%～77%。黑龙江省农科院作物育种所通过辐射与杂交相结合选育出龙辑麦1、2、3、6和7号等强筋小麦品种。

（3）采取复合处理。各种诱变因素配合使用较单一因素处理获得的突变谱更宽，突变频率更高，因为复合处理可产生累加因素。

三、专用小麦育种成就

（一）北方主要省（市、区）专用小麦育种成就

1. 河南省

河南省是中国最重要的小麦产区之一，常年小麦播种面积稳定在7650万亩以上，总产超过200亿千克，面积和产量均居全国首位。经过6次全省性品种更新换代，小麦品种和品质结构不断优化，促进了产量水平的持续增长和品质的不断提高。特别是1998年以来，全省以市场为导向，因地

制宜地大力发展专用小麦生产，到2018年，全省优质小麦种植面积已达到1200万亩，全省小麦生产已开始走上由数量型增长向质量效益型转变的轨道。

河南省的小麦品质育种工作始于20世纪80年代初。河南省农科院、河南农业大学、郑州市农科所等单位相继开展了此项工作。到20世纪90年代初，育成并审定了3个优质小麦品种：豫麦14号、豫麦23号、豫麦28号。但这些品种在产量和品质上仍有一些不足，因而在生产上种植面积均很小。20世纪90年代中期以来，河南省的小麦品质育种取得了很大的进展：一是育成了多个不同类型的优质专用小麦新品种。属于强筋小麦的品种有豫麦34号、豫麦47号、郑农16、郑州9023、宛798、豫麦49等，可用于生产优质面包；属于中筋小麦的品种有豫麦55号、豫麦62号、豫麦66号、豫麦38号、豫麦57号、豫麦69号、宛麦369等，可以用作生产优质面条、饺子等食品；豫麦54号、豫麦61号、豫麦58号、豫麦46号、豫麦56号、济麦1号等比较适合生产馒头；属于弱筋小麦的品种有豫麦50号、豫麦60号，比较适合制作饼干、糕点等。二是优质小麦品种的产量水平有了较大限度的提高。很多品种的产量与大面积生产品种接近，强筋小麦品种豫麦34号、47号、49号及郑州9023和弱筋品种豫麦50、60号等品种基本解决了高产与优质的矛盾，而且稳产性好、适应性广，适宜黄淮南片广泛种植。其中豫麦47号在大面积种植情况下经专家验收平均产量均达到500千克/亩左右，高产地块可达到600千克/亩。豫麦50号在多年省区试种及生产示范中产量均位居前1、2位，较对照豫麦18号增产10%左右。

据统计，从20世纪80年代中期到2015年，河南省利用豫麦2号作主体亲本育成了豫字号小麦新品种共计26个，其中包括在河南省小麦生产中发挥了巨大作用的优质专用小麦品种豫麦34号、豫麦35号、豫麦47号、郑农16、豫麦66号、豫麦69号和豫麦70号。通过系谱分析可知，豫麦2号既含有意大利、荷兰、日本、朝鲜等国的优异种质血缘，又含有陕西、河南等丰产性好的地方品种的血缘，可谓遗传基础复杂，基因内容广泛。因此，豫麦2号不但丰产、稳产性好，且品质遗传力高，是个珍贵的优质种质资源。

河南省农科院研究表明，河南省小麦品种的千粒重、容重、籽粒蛋白质含量等均在全国居中等偏高水平。籽粒蛋白质含量和主要营养指标不低于美国等主要产麦国，但沉降值、面团稳定时间、弱化度以及面包烘烤品质等加工品质不理想，多数为适宜加工普通面条、馒头的中筋粉小麦品种（占 70% 以上），适宜加工优质面包的强筋粉品种占 10% 左右，弱筋粉品种较少。因此，今后育种工作的重点是加强优质强筋粉品种的选育，特别是选育耐寒、抗倒、丰产性和稳产性好的弱冬性或弱春性优质品种。

2020 年，河南省育成了小麦新品种天麦 166。

（1）特征特性：天麦 166 属半冬性品种，全生育期 217.0 ～ 230.4 天，平均熟期比对照品种周麦 18 早熟 0.6 天。幼苗半匍匐，叶色深绿，苗势壮，分蘖力较强，成穗率较高。春季起身拔节早，两极分化快，抽穗较早。株高 76.5 ～ 78.4 厘米，株型较紧凑，茎秆弹性较好，抗倒性较好。旗叶上冲，穗下节长，穗层较厚，结实性较好，熟相好。穗长方形，长芒，白壳，白粒，籽粒半角质，饱满度较好。亩穗数 34.4 万 ～ 40.6 万，穗粒数 32.8 ～ 36.1 粒，千粒重 46.1 ～ 47.3 克。品质达中筋标准。

（2）抗病鉴定：中感条锈病，中感白粉病，中感纹枯病，高感叶锈病，高感赤霉病。

（3）产量表现：2017—2018 年度区试，平均亩产 462.9 千克，比对照品种周麦 18 增产 5.7%；2018—2019 年度续试，平均亩产 615.98 千克，比对照品种周麦 18 增产 5.9%；2018—2019 年度生产试验，平均亩产 613.37 千克，比对照品种周麦 18 增产 5.6%。

（4）适宜范围：天麦 166 适宜河南省（南部长江中下游麦区除外）早、中茬地种植。

2. 山东省

山东省是中国小麦生产大省，面积及总产量仅次于河南省而位居国第二位。20 世纪 90 年代以来，山东省的小麦种植面积一般稳定在 5000 万亩以上，亩产 360 千克，总产 200 亿千克左右。山东小麦不但产量高而且品质优良。山东省是中国传统的优质小麦生产基地。

山东省不仅筛选和培育了一批优质小麦品种，而且广泛征集和鉴定了优质品种资源，选育了大批桥梁和后备材料，拓建了小麦品质分析试验室，从而为山东省进一步开展小麦品质育种工作奠定了较为坚实的基础。经过育种工作者多年的努力，先后育成了多个著名的优质专用小麦品种，如强筋小麦 PH82-2-2、烟农 15，优质高产抗倒强筋小麦济南 17 号、烟农 19、

955159、淄麦 12，优质高产面条小麦济麦 19、潍麦 7 号、莱州 95021，旱地优质面条小麦山农优麦 2 号，高白度优质馒头小麦山农优麦 3 号，弱筋小麦潍麦 8 号等，较好地满足了不同生产条件、不同用途小麦生产的需要。

据报道，济南 17 号、济麦 19 号和淄麦 12 等小麦品种不但品质优而且产量高，实现了高产与优质的良好结合。改善高分子量谷蛋白亚基的构成，选育含有优质亚基的新品种是改善小麦品质的重要途径。此外，很多研究表明，谷蛋白大聚合体（GMP）含量与面包体积、最大延伸阻力、延展性关系更为密切。

3. 河北省

河北省是中国主要产麦区之一，2017 年小麦种植面积 227 万 hm² 左右，播种面积和总产量约占全国的 1/10。全省主要麦区年降水量 400 ~ 600 毫米，土壤以潮土、褐土和黄绵土为主，质地沙质及黏质，土层深厚，土壤肥沃，适宜发展强筋小麦。按中国小麦品质区划方案，河北省中部、东北部为华北北部强筋麦区，南部列为黄淮北部强筋、中筋麦区，北部列为北部中筋红粒春麦区。

河北省是开展小麦品质改良比较早的省份之一。河北农业大学李宗智教授在 20 世纪 80 年代初期，就在全国率先倡导优质小麦的培育，并提出通过育种可以打破高产和优质的负相关，实现高产和优质的统一，在育种上应优质、高产、稳产并重。小麦品质改良应以提高加工品质为主，适当兼顾营养品质，在河北省尤其应以提高面包烘烤品质为主。"七五"期间，河北省农科院粮油作物所和省内不少科研单位，相继开展了优质专用小麦新品种选育课题。在"八五"特别是"九五"期间培育出一批优质专用小麦品种，如适宜制作优质面包的强筋小麦冀 5099、藁 8901-11-14、坝优 1 号，优质面条、水饺用粉小麦藁优 9405、河农 326、冀 5385、高优 503、河农 341、衡 89 W52、石新 733、邯优 3475 等。

河北省优质麦种植存在小、散、杂的问题，区域布局和品种结构不合理，优质麦与普通麦混收现象较严重，降低了优质麦的价格和品质。充分发挥龙头加工企业的带动作用，创新企业与农户的合作方式，形成分工协作、优势互补、链接高效的新型优质麦经营体系。利用好龙头企业的资金优势和农户丰富的劳动力资源，借鉴"企业 + 合作社"和"企业 + 政府 + 农户"等多种规模化经营模式的经验和成功做法，在邢台、衡水优质麦优势区域，大力推进河北省优质麦产业布局区域化、生产规模化、管理标准化。

4. 陕西省

小麦是陕西省的主要粮食作物之一，常年种植面积约为 240 万亩，占农作物播种面积的 39.4%。小麦总产量占陕西省粮食总产量的 33.3%。陕西省北部为黄淮北部强筋、中筋麦区，关中为黄淮南部中筋麦区。

陕西省小麦品质改良工作起步较早。中国科学院西北植物所于 20 世纪 70 年代末利用普通小麦和长穗偃麦草培育出染色体代换系，并经红宝石激光处理育成了小偃 6 号，为陕西省的小麦生产做出了很大贡献。该品种特别适合用作生产面包专用粉的搭配粉及生产面条、饺子专用面粉，对关中地区方便面工业的发展和手工挂面的规律化生产有较大影响。20 世纪 80 年代以来，陕西省农科院、西北农业大学等单位加强了优质专用小麦的研究工作，利用多种途径和方法培育出优质强筋小麦品种陕 225、小偃 503、小偃 54、荔垦 2 号、陕 150、铜麦 3 号、陕 253 等；优质中筋小麦品种陕农 28、陕农 2208、秦麦 8918、秦麦 11、陕 160、长武 131、长武 134、铜麦 4 号、陕 229 等；弱筋小麦品种旱丰 1 号、小偃 107、陕 354、荔丰 3 号等。其中陕优 225 和小偃 503（高优 503）分别在第一、第二届全国农业博览会上获铜奖。这些品种的育成和推广，为优质专用小麦的产业化发展奠定了基础。

5. 山西省

山西省小麦常年播种面积 1500 万亩，总产量 300 ~ 340 万吨。

"七五"期间，山西省将小麦品质改良研究列入了攻关计划，并开始了优质小麦品种的选育工作。为了因地制宜地发挥各地生态环境的有利条件，山西省还开展了小麦品质生态研究及品质区划工作，并拟定了适合本省情况的小麦品质标准。该省培育的主要优质专用小麦有优质旱地冬小麦新品种晋麦 68 号，由于其亲本聚合了胜利麦、燕大 1817 及早洋麦等黄土高原核心种质特性，因而具有抗旱、优质、高产的突出特点，是优质面条小麦专用品种，已列入山西省农业厅重点推广项目；优质面条专用小麦品种泽优 1 号，其面条品质总评分达 92.0 分，受到多个面粉厂的关注；抗旱高产弱筋小麦品种晋麦 63 号；还有优质面包小麦品种临优 145，馒头用小麦品种晋麦 45，以及晋麦 23、晋麦 64、晋麦 65、晋麦 72 等优质小麦品种。

四、专用小麦良种繁育

小麦是典型的自花授粉作物，其产生的后代群体的遗传结构简单，基因型和表现型基本一致，其种子生产属于常规种子繁育的范畴，繁育技术难度较小。种子生产中最主要的问题就是保持品种纯度，防止品种混杂退化、种性降低。

（一）中国小麦良种生产

原种繁育品种必须是通过审定、认定，符合区划种植的品种，并具有品种标准。中国当前应用的小麦良种繁育体系大概有三大类六种：第一类是采用循环选择技术路线的三圃制和二圃制；第二类是采用重复繁殖路线的一圃制和四级种子生产技术；第三类是结合上述两类方法优点的株系循环法和一圃三级制。

1. 三圃制和二圃制

中华人民共和国成立以来，一直采用三圃制或二圃制生产小麦原种。一般程序是在良种生产田选择典型优良单株，下年种成株行圃进行株行比较，将入选的株行混合收获，再下年进入原种圃生产原种，称为二年二圃原种生产方法。如果一个品种在生产上利用时间较长，品种发生性状变异、退化或机械混杂，可采用较严格的三年三圃原种生产方法。

2. 四级种子生产程序

四级种子生产程序是由河南省首创，并由国家小麦工程技术研究中心、中国农科院、中国农业大学和天津市种子管理站等先后参与并协作研究提出的。这种方法借鉴了世界上发达国家种子生产的"重复繁殖法"，并结合中国的种子生产实践，提出了"育种者种子－原原种－原种－良种"的四级种子生产程序。

（1）育种者种子。品种通过审定时，由育种者直接生产和掌握的原始种子，世代最低，具有该品种的典型性，遗传性稳定，纯度100%，产量及其他主要性状符合确定推广时的原有水平。种子生产由育种者负责。在育种者种子圃，采用单粒点播、分株鉴定、整株去杂、混合收获规程。一次足量繁殖、多年贮存、分年利用，或将育种者种子的上一代种子贮存，再分次繁殖利用等。

育种者种子圃周围应设 2 ～ 3 米隔离区。点播，株距 6 ～ 10 厘米，行距 20 ～ 30 厘米。每隔 2 ～ 3 米设人行道，以便鉴定、去杂。还要设保种圃，对剩余育种者种子进行高倍扩繁，或对原原种再进行单粒点播、分株鉴定、整株去杂、混合收获的高倍扩繁，其他环节与育种者种子圃相同。

（2）原原种。原原种由育种者种子繁殖而来，或由育种者的保种圃繁殖而来，纯度 100%，比育种者种子低一个世代，质量和纯度与育种者种子相同。其生产由育种者负责，在育种单位或特约原种场进行。在原原种圃，采用单粒点播或精量稀播种植、分株鉴定、整株去杂、混合收获。

点播时，株距 6 厘米，行距 20 ～ 25 厘米。若精量稀播，播种量每亩 1.5 ～ 3 千克，每隔 2 ～ 3 米留出 50 厘米走道，周围设 2 ～ 3 米隔离区。

（3）原种。原种是由原原种繁殖的第一代种子，遗传性状与原原种相同，质量和纯度仅次于原原种。通过原种圃，采用精量稀播方式进行繁殖。

原种的种植由原种场负责。在原种圃精量稀播，亩播量 2.5 ～ 3.5 千克，行距 20 厘米左右，四周设保护区和走道。在开花前的各阶段进行田间鉴定去杂。

（4）良种。良种是由原种繁殖的第一代种子，遗传性状与原种相同，种子质量和纯度仅次于原种。由基层种子单位负责，在良种场或特约基地进行生产。

采取精量稀播，亩播量 3 ～ 5 千克，要求一场一种或一村一种，严防混杂。四级种子生产程序一是能确保品种种性和纯度。由育种者亲自提供小麦种子，在隔离条件下进行生产，能从根本上防止种子混杂退化，有效地保持优美品种的种性和纯度，并可有效地保护育种者的知识产权。二是能缩短原种生产年限。原种场利用育种者提供的原原种，一年就可生产出原种，使原种生产时间缩短 2 年。三是操作简便，经济省工。不需要年年选单株、种株行，繁育者只需按照原品种的典型性严格去杂保纯，省去了选择、考种等烦琐环节。四是能减少繁殖代数，延长品种使用年限。四级程序是通过育种者种子低温低湿贮藏与短周期的低世代繁殖相结合进行的，能保证大田生产连续用低世代种子，有效地保持优良品种推广初期的高产稳产性能，相应地延长了品种使用年限。五是有利于种子品种标准一致化。以育种者种子为起点，种源统一，避免了"种出多门"，减轻了因选择标准不统一而可能出现的差异。

3. 一圃制

一圃制生产程序可概括为"单粒点播、分株鉴定、整株去杂、混合收获"。

一圃制的程序是由育种者提供种子，将育种者种子直接稀播于原种圃，进行扩大繁殖。在播种前，首先根据种子的形态特征和种皮的颜色进行粒选，淘汰少数混杂种子，然后进行点播。在分蘖期、抽穗期、成熟期按照原种生产田的群体特征进行单株鉴定，整株去杂，淘汰那些不符合原种田群体特征的混杂、变异株，保持原种的特征、特性和整齐度。最后混收作原种。

这种原种生产方式的实质就是去杂保纯。绝不会在一个品种的生产使用年限内，因繁育方法不当而产生遗传漂移、品种走样的现象。方法简单，种子生产周期短，能加快小麦新品种的推广步伐。

（1）将中选的 100～110 个纯系按品种典型性要求，每系保留 100 株左右，单独收脱，作为下年株系圃（保种圃）用种，其余部分去除个别变异株后，混收生产混系种子。

（2）以后每年从株系圃中选留 100 株左右，作为下年株系圃种子，同时由混系种子扩繁一年生产原种。

在良繁管理上，应选择田间基础好、生产水平高、地力均匀平整的田块建立株系圃，并要求适当稀植，以使品种特性充分展示，便于观察和选留。同时，从引进繁育一开始就必须做好防杂保纯工作，保种圃、基础种子田和原种田成同心环布置，严格按"一场一种、一村一种"的隔离要求，严防各类机械混杂和生物学混杂，并要及时进行田间去杂去劣，使株系循环始终建立在高质量的品种群体上。

（二）小麦良育中应注意的问题

1. 基地选择

在小麦种子生产中一定要考虑品种的生态类型和生产种子适合的生态条件，在适宜的生态区域建立种子生产基地。种子生产的生态条件主要是指自然条件、土壤类型和肥力、风力和传粉昆虫的活动情况等。品种育成地的生态条件一般就是最适合的生态条件，因此可以考虑在品种育成地建立繁育基地，或选择技术力量较强的原良种场或特约种子村作为繁育基地。

为了生产出纯度高、质量好的种子，应选土壤肥沃、地力均匀、前茬一致、地势平坦、灌排方便、旱涝保收、不受畜禽危害的地块。

2. 精细管理

优良品种的优良种性在一定的栽培条件下才能充分表现出来，因此原种良种的生产必须采用良种良法。

3. 严格去杂去劣

在小麦抽穗至成熟期间应反复进行去杂，严格剔除杂、劣、病虫株，整株拔除，带出田外。在苗期应对表现杂种优势的杂种苗予以拔除。在抽穗期根据株高、抽穗迟早、颖壳颜色、芒的有无及长短，再次去杂去劣。去杂时一定要保证整株拔除。良种繁育田最好每隔数行留一走道，以便于去杂去劣和防治病虫害等。

4. 严防机械混杂

小麦种子生产中最主要的问题就是机械混杂。因此从播种至收获、脱粒、运输、贮藏，任何一个环节都要采取措施，严防机械混杂。收获适时，注意及时清理场地和机械，做到单收、单运、单打、单晒，在收割、拉运、晒打过程中，发现来历不明的株、穗按杂株处理。

种子贮藏时在袋内袋外都要填好标签。贮藏期间防止虫蛀、霉变，以及鼠、雀等危害。

5. 做好种子检验

原种生产繁育单位要做好种子检验工作，并由种子检验部门根据农作物种子检验规程复检。对合格种子签发合格证，对不合格种子提出处理意见。

在小麦种子生产过程中，除了要严格进行防杂保纯外，还要繁殖纯度高、质量好的原种，每隔一定年限（3～4年）对用于繁殖的种子进行更新，迅速扩大繁殖，以大量的优质种子代替生产上混杂退化的种子。

第二节 中国北方专用小麦培育技术体系

一、旱地冬小麦优质高产节水栽培技术体系

（一）旱地冬小麦优质高产节水良种的选用及栽培技术原则与目标

1. 选用良种

（1）选用与当地自然和生产条件相适应的品种。在选用抗旱小麦品种时，要注意品种的地域性、时间性及与良法配套的特点，要结合当地自然条件，尽可能使作物生育期与当地水、肥、气候条件相适应。要选和种植适应当地环境条件、技术水平，特别是符合当地降水规律和土壤肥力的高产、优质、抗逆性强的小麦品种，并建立、健全旱农地区的良种繁育体系，在繁殖正规良种的同时，还应重视应急品种的储备。

（2）注意提纯复壮当地品种。北方旱农地区的地方品种是长期自然选择和人为选择的结果，是最适应当地环境条件的，因此，旱农地区的地方品种都是比较抗旱的品种，在特别干旱的年份也不会绝收，只是产量较低。地方品种由于长期种植，混杂严重，必须注意提纯复壮工作。特别是地方品种在品种结构的搭配上或作为抗旱育种的亲本上都有一定的利用价值。

（3）选用节水耐旱良种。节水耐旱品种生育节奏前期较长、中期较稳、后期短快。冬前生长稳健，地下根系的生长快于地上茎叶，根多、根深、分蘖力强，成稼率高，冬前分蘖具有"早、快而集中"的特点。返青早，春季大分蘖生长显著快于小分蘖。起身迟，无效分蘖消亡快，两极分化迅速，能及时经济地利用早春返浆时的水分，以保证大蘖成穗。繁茂性好，叶窄而长，光合能力强，水分生产效率高。

2. 栽培技术原则

（1）制定适应的种植制度。种植制度中选用的各种作物应有主有从，切忌单一化；要瞻前顾后，用地养地结合，使旱农地区瘠薄的地力得以提

高，保证增产有可靠的地力基础；要因地制宜地调整作物布局，安排好轮作倒茬，以充分发挥抗旱作物和品种的作用，利用当地农业资源，实现最佳的经济效益、生态效益和社会效益。

（2）注意开发和利用水资源。采用适合当地情况的土壤耕作措施、休闲制度、种植方式以及集水保水措施，以保证天然降水，防止水分无效地大量消耗；要尽可能利用当地的有利条件，实行增墒灌溉，使当地可利用的水源都能为旱农生产所利用。

（3）提高播种质量。适期播种，抗旱播种，趋利避害，充分发挥水资源的生产潜力；适量播种，建立与降水和地力水平相适应的群体结构；采用相应的播前播后土壤耕作措施，保墒提墒，为种子发芽创造条件，力争苗全苗壮，为获得丰产打好基础。

（4）及时管理、适时收获。必须抓紧时机进行田间管理，按小麦各生育阶段对环境条件的要求，做好追肥、除草和防治病虫兽害工作。要不失时机地经济利用水分，防止水分无效消耗，提高水分利用效率。在小麦的蜡熟期抢时收获，力争丰产丰收。

3.栽培技术目标

以提高水分利用率为中心，高产、稳产、优质、高效为目的。适应北方旱地年降水量分布不均、年际降水量变幅较大的特点，以蓄水保墒为基础，建立合理的水肥耦合关系，引进优良专用小麦品种，采取综合措施，集成先进的技术，促苗全、苗齐、苗壮，提高抗逆性，建立合理群体，确保小麦稳健生长，最大限度地利用光、热、水资源，增加干物质积累，发挥冬小麦的光潜势、热潜势和降水潜势。即立足保水促进根系，保墒抗旱；实现增穗、增粒、增重的目标，达到高产。

（二）旱地冬小麦优质高产节水栽培技术

1.旱地冬小麦优质高产节水栽培传统技术

（1）做好种子处理。种子处理是旱地小麦节水栽培的首要环节，包括晒种、拌种和种衣剂处理等。

①播前晒种。太阳能可以促进种子的呼吸作用，提高种皮的透气性，提高种子的活力和发芽势，使出苗快而整齐。方法是把种子放在土地上，摊成6～7厘米厚，每日翻动数次，白天摊开，晚上收堆盖好，如此2～3天即可。切忌在沥青路和水泥地上晒种。

②药剂拌种。药剂拌种对防治地下害虫效果良好。用50%的1605浮油0.5千克加水50升，拌麦种500千克，拌后堆闷4～6小时；或用75%的3911浮油0.5千克加水15～20升，拌麦种250千克，拌后堆闷12～24小时，待种子吸收药液后播种。

③种衣剂拌种。商品种衣剂较多，使用后均有较好的效果。例如，山西省农科院小麦所研制的种衣剂6号和7号，杀虫保苗效果分别为98.3%和95.5%，蚜株率较传统分别降低了58.7%和97.9%，小麦产量较传统分别增产12.6%和13.4%。采用种子包衣减少了农药使用量，提高了种苗的抗逆性，能够促进小麦健壮生长，是值得大面积应用的成功技术。

（2）整地与播种。为了提高播种质量，必须精细整地，同时注意播种时间和方法。

①精细整地。播前整地的核心是创造一个松紧适宜于小麦生长的耕作层。综合北方各地经验，旱地麦田整地应坚持"三耕法"，即头遍于6月中下旬伏前深耕晒垡，犁后不耙，做到深层蓄墒，并熟化土壤，提高肥力；二遍于7月中下旬伏内耕后粗耙，遇雨后再耙，继续接雨纳墒；三遍于9月上中旬随犁随耙，多耙细耙，保好口墒。结合上次垄地，施入底肥，为足墒下种、全苗壮苗奠定基础。据中国农科院土肥所测定，麦田耕层的土壤容重以1.14～1.27克/立方厘米比较适宜。这与近年各地测定结果（约1.3克/立方厘米）基本一致。

②适期播种。北方各地适宜的播期不能一概而论，应根据各地的气温、土壤、品种等差异，形成壮苗所要求的温度条件和当地多年来分期播种试验而定。研究证明，冬性品种播种适期的平均气温为18～16℃，弱冬性品种为16～14℃。因此，在同一地区应用不同类型品种时，要先播冬性品种，后播弱冬性品种。北方旱作麦区冬前主茎叶龄5.5～6.5个为宜，按每生长一片叶需0℃以上积温70～80℃计算，参照当地气候资料，确定适宜播期。同时，在同一生态环境中，应先播旱薄地、岭地、阴坡地。旱地小麦土壤水分是主要矛盾，要抢墒适时早播，以争全苗。

③播种方式。良好的播种方式能使播下的种子分布均匀，达到"粒多不挤、苗多不靠"的标准。这样出苗后能充分利用地力和阳光，使幼苗苗壮。目前各地采用的播种方式很多，有楼条播、机播、宽幅条播、窄行条播、宽窄行条播、穴播等。各种方式比较，机械条播质量最好，播种均匀，

深浅一致，出苗整齐，播种速度快，能按期播完，省工省时。

（3）合理密植。合理的群体动态变化是节水、高产、优质、高效的保证。不同的自然气候和生产条件，合理密植的范围不同。

中国北方旱地小麦低产的主要原因，从产量构成因素上看，表现在穗数不足，因此，要结合培肥地力，提高生产条件，适当增加播量。播种量的大小要根据地力、品种、播期、产量指标等因素来确定。根据中国农科院作物所在山西晋东南试验研究，沟坎肥旱地基本苗为每亩26万～28万株，平川中肥地为每亩26万～30万株，岭坡旱薄地为每亩24万～26万株。应当指出：中国北方旱薄地小麦群体结构中的成穗效应以主茎成穗为主，不应强调分蘖成穗。因为靠主茎成穗，主茎上生长的种子根比分蘖上生长的次生根入土深，能吸收深层土壤水分，抗春季干旱能力强，有利于高产稳产。

（4）科学施肥。合理科学地施肥是提高肥料利用率和小麦优质、高产、高效的重要基础，也是提高水分生产率的重要措施。要坚持有机肥为主，化肥为辅；基肥为主，追肥为辅；缺什么肥补什么肥；实行配方施肥的基本原则。

由于小麦需肥较多，营养期较长，一方面，在整个生育期需要源源不断地供给养分；另一方面，在生育的关键时期需肥较多，出现需肥高峰期，应使肥效长短缓急相济，取长补短，满足小麦对营养的要求。在北方旱农区，由于产量低，秸秆少，有机肥缺乏，应首先增施化肥，增产粮食和秸秆，以无机换有机，培肥地力。个别地方出现单靠化肥忽视有机肥的倾向，有的甚至把秸秆烧掉，以致粗肥施用量不断减少，急需引起注意。应积极实施旱地小麦高留茬秸秆全程覆盖技术。

北方旱农区很多地方针对小麦生育期间降水量少及浅施追肥效果差，而采用播前一次深施有机肥和无机肥的"一炮轰"方式，效果很好。这与国际旱农区施肥理论和施肥方式的趋势完全吻合。陕西省土肥研究所在旱地26个试验点试验，平均增产19.3%，每亩增产小麦32.4千克。另外，对生育期间降水较多的地区，也可在春季适当追肥。此外，注意增施最缺乏的营养元素。小麦施肥首先要弄清土壤中限制产量提高的主要营养元素是什么，只要补充这种元素，其他营养元素才发挥应有作用。例如，20世纪50年代至60年代前期，主要靠农家粗肥，土壤中积累的磷、钾较丰富，而氮素不足，小麦增施氮肥增产显著。至20世纪70年代和80年代初，由于氮肥用量连年增加，品种更换，产量水平提高，土壤磷消耗量大，约有50%以上麦田缺磷，在严重缺磷的地块，单施氮肥几乎不增产，而施用磷肥可显著增产，甚至成倍增产。

（5）病虫草害的防治。

①小麦病害的综合防治。应根据当地小麦病害的发生规律，选用抗病耐病品种，做好种子处理，改善栽培管理，在产前、产中和产后对病害检疫，积极进行药剂防治和生物防治，选择有效方法，对病害防患于未然，才能达到事半功倍的效果。

②小麦虫害的综合防治。根据现代生态系统理论，对于农田害虫进行防治，可运用农业的、化学的、生物的和物理的方法，以及其他有效的生态学手段，把害虫控制在不至为害的水平。主要措施有合理调整作物布局、合理运用栽培措施、选用抗虫品种和早熟品种；物理措施和人工防治结合，如铲埂除蛹、糖浆和杨树枝把或黑光灯诱杀；人工捕捉、清理麦场，天敌资源的保护与利用；农药的应用，药剂拌种、大田施药、撒播颗粒剂、毒饵和毒土等。

③草害的防治。草害的防治，主要通过人工除草和松土。此外，还可进行耙田除草，行距较宽时，可进行机械中耕；麦田化学除草，主要采用2，4-D类除莠剂和2，4-D丁酯、燕麦灵、苯磺隆等除草剂。

（6）干旱、冻害及干热风的防御。干旱少雨是危害雨养农业区小麦生产的主要灾害，冻害和干热风也时有发生，必须认真对待。

①干旱的防治。北方麦区主要抗旱措施有纳雨蓄墒、伏雨春用；培肥地力，以肥调水；选用节水抗旱品种，推广抗旱技术，加强麦田管理，减少无效蒸发，提高水分利用效率等。近年来利用化学物理办法抑制蒸腾，减少水分损失，也是一条重要的途径。例如，在地面喷洒各种增温保湿剂，在叶面喷洒抑制蒸腾剂，减少作物蒸腾，或者喷洒一些反射能力强的化学物质，增加小麦叶子的反射能力，达到降低叶片接受的辐射量，以及建立风障、防风林等一类防护物，以减少蒸发蒸腾，对抗旱都是可行的措施。

②冻害的防御。冻害是北方麦区越冬期间经常发生的重大气象灾害。防御冬小麦冻害的农业措施有选用抗寒品种，培育冬前壮苗，创造适宜的越冬条件。创造适宜的越冬条件主要是采用各种办法改善农田生态环境，

这是防冻保苗的一个重要方面。具体措施有沟植沟播，覆土盖沙或冬前耙地、镇压；充分利用和保护雪层，营造防护林等。小麦拔节后，如果气温下降到 −2 ～ −3℃或以下，就会遭受不同程度的伤害，影响产量，必须密切注意。

③干热风的防御。干热风是指作物生育期间出现的高温（大于30℃）、低湿（空气相对湿度小于30%）并伴有一定风速（3米/秒）的农业气象灾害。目前主要从两个方面着手防御：一是改善农田小气候，二是增强小麦抗干热风的能力。具体措施有营造防护林，化学药剂拌种和喷施及选用坑避干热风的小麦品种。

（7）适时收获。小麦不同收获期，其粒重不同。为了小麦丰产丰收，一定注意适期收获。

小麦适时收获期是蜡熟末期，此时穗下节间呈金黄色，其下一个节间呈灰绿色，籽粒已部分转黄，但内部呈蜡质状，含水量为25% ～ 30%。群众有"八成熟、十成收，十成熟、两成丢"的说法，并把收获小麦比作"龙口夺粮"，强调收麦要争分夺秒抢时间。抢时间，并不是说越早越好，如果收割过早，灌浆还不充分，籽粒不饱满，产量反而不高，品质也不好，所以必须强调适时。在大面积条件下，人工收割或机械分段收割可自蜡熟初期开始，用联合机收割宜在蜡热后期进行。

2.旱地冬小麦优质高产节水栽培新技术

旱地冬小麦节水栽培新技术是在传统技术的基础上，随着自然条件和社会条件及生产条件的变化而产生的。目前主要有冬小麦全程地膜覆盖栽培技术、冬小麦全程微型聚水两元覆盖栽培技术、冬小麦起垄覆膜沟播栽培技术、冬小麦穴播全生育期地膜覆盖栽培技术、冬小麦全程残茬覆盖栽培技术、小麦沟播集中施肥栽培技术等。这些新技术除了保留传统技术的关键内容外，重点在施肥和种植方式上有很大的改变。

（1）冬小麦全程地膜覆盖栽培技术（简称"全程地膜栽培"）。7月初，深耕并精细整地后，按60厘米间距开沟起垄，垄、沟各宽60厘米，垄高15厘米，垄上覆盖地膜，沟内覆盖麦草200千克/亩，并隔2 ～ 3米在沟内修一横档，防止水在沟内流动，以增加就地入渗量。临播前把沟内未腐烂的麦草搂至地边，去膜平沟。结合浅耕施足肥料，每亩施尿素31.3千克、过磷酸钙87.5千克、硫酸钾42.5千克，全部肥料作底肥一次施入。然后整平地面。用 700 毫米宽、0.006 毫米厚的超薄地膜，再按 78 厘米间距平作覆膜，覆膜宽 58 厘米，膜与膜间距 20 厘米。穴播小麦的地膜覆盖，是在垄面 58 厘米宽的两边用小撅头开两条 7 ～ 8 厘米深的沟，中间铺地膜，将膜两边垂直压实，要求将膜面拉平，紧贴地面，前后左右拉紧，不留空隙，并在膜面上每隔 2 ～ 3 米压一横土带，以防风揭膜。覆膜后等 3 ～ 4 天，再用小麦穴播机进行播种，每带种 4 行，行距 17 厘米，穴距 10 厘米，每穴 7 ～ 8 粒种子，每亩 3.3 万余穴。

（2）冬小麦全程微型聚水两元覆盖栽培技术（简称"两元聚水栽培"）。7 月初，深耕并精细整地后，按 60 厘米间距开沟起垄，垄、沟宽各 60 厘米，垄高 15 厘米。起垄前将所需肥料的 1/3 施在垄下。垄上覆盖地膜，用 700 毫米宽、0.006 毫米厚的超薄地膜。地膜的覆盖方法是在垄修好后紧贴垄的两侧用小撅头各开 1 条 7 ～ 8 厘米深的沟，垄上覆盖地膜，将膜两边垂直压实，要求拉平紧贴地面，然后在膜面上每隔 2 ～ 3 米压 1 横土带。沟内覆盖麦草 200 千克 / 亩，并隔 2 ～ 3 米在沟内修一横挡。临播前，将沟内未腐烂的麦草搂到地边，施肥（所需肥料的 2/3）。浅耕整平地面后，用条播机按行播种，每沟 4 行，垄上地膜不揭，用小麦穴播机种 2 行小麦。

（3）冬小麦起垄覆膜沟播栽培技术（简称"沟播地膜栽培"）。7 月初，深耕立垄暴晒，8 月中旬浅耕耙糖保墒。临播前结合整地，每亩施尿素 31.3 千克、过磷酸钙 87.5 千克、硫酸钾 42.5 千克，全部肥料作底肥一次施入。临播前施肥整地后，用 400 毫米宽、0.006 毫米厚的超薄地膜，再按 30 厘米间距开沟起垄，垄、沟宽各 30 厘米，垄高 5 ～ 10 厘米，垄上覆盖地膜。在垄修好后紧贴垄的两侧用小撅头各开 1 条 7 ～ 8 厘米深的沟，垄上覆盖地膜，将膜两边垂直压实，要求拉平紧贴地面，然后在膜面上每隔 2 ～ 3 米压一横土带。沟内开沟种 3 行小麦。

（4）冬小麦穴播全生育期地膜覆盖栽培技术（简称"穴播地膜栽培"）。7 月初，深耕立垡暴晒。8 月中旬浅耕耙糖保墒，临播前结合整地，每亩施尿素 31.3 千克、过磷酸钙 87.5 千克、硫酸钾 42.5 千克，全部肥料作底肥一次施入。临播前施肥整地后，用 700 毫米宽、0.006 毫米厚的超薄地膜，再按 78 厘米间距平作覆膜，覆膜宽 58 厘米，膜与膜间距 20 厘米。地膜覆盖是在垄面 58 厘米宽的两边用小镢头开两条 7 ～ 8 厘米深的沟，中间铺地膜，将膜两边垂直压实，要求将膜面拉平，紧贴地面，前后左右拉紧，不留空隙，并在膜面上每隔 2～3 米压一横土带，以防风揭膜。覆膜后等 3～4 天，再用小麦穴播机进行播种，每带种 4 行，行距 17 厘米，穴距 10 厘米，每穴 7～8 粒种子，每亩 3.3 万余穴。

（5）冬小麦全程残茬覆盖栽培技术（简称"盖草栽培"）。7 月初，深耕并精细整地后，每亩均匀覆盖麦草 500 千克。临播前将未腐烂的麦草搂至地边。临播前结合整地，每亩施尿素 31.3 千克、过磷酸钙 87.5 千克、硫酸钾 42.5 千克，全部肥料作底肥一次施入。经施肥、浅耕整地后，用条播机进行播种，播种后又将原来未腐烂的麦草均匀覆盖在地面上。

（6）小麦沟播集中施肥栽培技术（简称"沟播栽培"）。7 月至 9 月上旬，精细整地和蓄水保墒。9 月中下旬，沟播和侧深施化肥，选用陕西省永寿农机修造厂生产的改型沟播机，实现开沟、播种、施肥、覆土、镇压一次完成。播种宽窄行为 28 厘米和 12 厘米，窄行为沟，种两行小麦，宽行为垄。施肥量为每亩碳铵和普钙各为 50 千克。实行沟播沟灌，促根增蘖育壮苗，穗多、穗大不早衰。重点抓好出苗后遇雨顺行破板结。次年 2 月顶凌耙糖，平沟破背防倒伏。结合苗情，在顶凌耙糖时追肥。

二、旱地春小麦优质高产节水主要栽培技术

（一）品种选择的原则

品种是基础。旱地春小麦要选用抗旱、抗青干、适应性强和有一定丰产潜力的品种，这类品种具有如下形态特点：植株较高、较细，韧性和弹性较好，分蘖力强，穗下节间长，根系发达，叶片较窄，叶片和叶鞘上分布着一层白色茸毛。在生理特征上表现为细胞液浓度较高，呼吸强度较弱，前期发育较慢，后期灌浆快，落黄好。如果前期缺水，生长受到抑制，遇到条件适宜时，能迅速生长，以补偿前期不足，同样获得较高的产量，这也是小麦自我调节能力的表现。

春小麦的出苗和苗期的生长受种子质量好坏的直接影响。种子质量是春小麦高产的基础，大粒、饱满、均匀、纯净的种子可提高出苗率，易达到苗齐、苗全、苗壮。因而播种前要对种子进行精选、晾晒。播种前进行种子处理对预防种子和土壤传染的腥黑穗病、散黑穗病、根腐病、全蚀病十分必要。

（二）播种期选择

北方旱地春小麦的播种时期多数在 3 月十旬到 4 月上旬。个别地区提前到 2 月下旬和延迟到 5 月上旬。青藏高原春小麦生育期长，夏季气候冷凉，播种期对产量影响较小，这一地区限制出苗的主要因素是水分而不是温度，因而确定播种期的关键是土壤墒情和雨季的早晚。

北方旱作春麦区春季温度低，升温缓慢，又多大风，土壤失墒很快，大部分地区春末夏初比较干旱，生育后期又多干热风和阴雨天气。因此，春小麦一般需要早播。在干旱地区，早播可以利用早春较好的土壤墒情，提高出苗率。早播的春小麦播种到出苗的时间虽然较长，但胚根比胚芽伸长速度快，初生根发育好，入土深，抗旱和吸肥能力增强；早播还可以延长出苗至拔节的时间，增强分蘖，提高分蘖成穗率，延长幼穗分化时间，有利于形成大穗；早播能提早成熟，减轻干热风的危害。反之，播种偏晚的春小麦出苗也晚，常因出苗后气温迅速上升，缩短了前期营养生长和穗分化的时间，根系弱，叶片小，小穗少，分蘖成穗率低，成熟晚，产量低而不稳定。但也不是播种越早越好。

中国北方春麦区部分地区春季降水不足 50 毫米，且在 6 月下旬才进入雨季。为充分利用 6 月下旬至 7 月份的降水，可采用延迟播种的办法。延迟播种的适期由品种的生态型和熟期决定。一般春性和强春性品种，要以当地初霜出现日期往前推 5 天算起，往前推所种品种熟期天数或往前推至 1600 ~ 1800℃ 活动积温的日期。延迟播种的小麦要注意防治麦秆蝇的危害。

（三）精细整地

干旱是旱地小麦产量提高的主要限制因素，整地的关键是蓄水保墒。研究和实践表明，根据旱农区降水集中、伏秋雨多、春夏易旱的特点，及早深耕，纳雨保墒，做到伏雨秋用是旱地小麦的整地中心。主要有以下几个蓄水保墒的措施：

1. 麦收后浅耕灭茬

麦收后立即浅耕灭茬，有利于疏松表土、消灭杂草、接纳雨水，为深耕创造条件。但在无雨的情况下不宜深耕，以免形成大块影响整地质量。

2. 深松耕纳雨保墒

伏天及早深耕可最大限度地接纳雨水，增加土壤的孔隙度和透水性，熟化土壤，可将自然降水有效地贮存在土壤中，形成良好的底墒，达到"秋雨春用，春旱秋抗"的效果。伏耕最重要的环节是要早耕、深耕。在甘肃省定西市安定区周家山的试验结果说明，伏天翻耕比不翻耕的梯田 1 米土层内的土壤水分增加 15% ～ 22%；据宁夏的调查资料，伏耕比秋耕的小麦增产 15% ～ 37%，头伏耕比二伏耕增产 14.4%；宁夏固原农科所试验表明，进行深松耕的小麦比浅耕的增产 13.98% ～ 34.41%，土壤含水量增加 10% ～ 20%。雨后耙耱，特别是立秋后遇雨耙耱合垄，可减少蒸发面，增强保墒效果。

3. 冬耱春碾收墒

北方旱作区大多土质疏松，冬春少雨，气候干燥，土壤容易失墒。因而在冬季封冻前和早春解冻后进行镇压，可以减少气态水蒸发，增强土壤毛细管作用，使土壤深层水上升到地表，提高抗旱能力。据测定，0 ～ 10 厘米、10 ～ 20 厘米土层中的含水量冬耱比不冬耱的分别提高 26.7% 和 9.2%，春碾比不春碾的分别提高 27.99% 和 34.33%，冬碾比不冬碾的 0 ～ 50 厘米土壤含水量增加 11.8%。

4. 播前精细整地

早春土壤解冻后，春小麦开始播种。播种前要对农田及时耙耱，起到平地、碎土、疏松表土、匀墒和保墒的作用。为春小麦播种创造平整、上松下实的土壤条件，播前整地要细，不能有大土块，一般整地后要在 2 天内及时播种。

（四）合理密植

小麦产量的主要构成因素是穗数、穗粒数、千粒重。三者之间存在着相互制约的辩证关系，只有使三者协调发展，才能达到最高产量。旱地春小麦主要依靠主茎成穗，分蘖很少，分蘖成穗率低。

由于受水肥条件的限制，穗粒数也较少，粒重较低，在一定范围内产量和穗数呈明显的正相关。要提高产量，必须有足够的穗数，因而播种量要适当大一些，以保证有足够的基本苗。但以苗增穗增产的作用是有限的，尤其是旱地，如果密度过大，养分和水分不足，营养生长和生殖生长都很差，穗少粒少，不仅影响产量，还会造成种子的浪费。因此，要合理密植，在具体确定播种密度时，还应当考虑如下因素：

1. 品种特性和播种期

春性强、分蘖力弱、株型紧凑的品种宜适当增大播量；反之，宜适当减少播量。适期或偏早播种的基本苗播量可适当偏低，晚播的基本苗播量要适当高一点。

2. 底墒和播种方式

一般来说，底墒好，采用机播，播深较浅的宜适当减少播量；底墒差，采用犁开沟，条播或撒播，播种较深的宜适当加大播量。

3. 土壤肥力

合理密植就是在小麦的各个生育时期建立合理的群体结构。群体的大小不但与基本苗有关，而且与个体生长的状况也很有关系。同样的基本苗，土壤肥力高，促使个体生长良好，群体大；反之，土壤肥力低，个体生长差，群体小。因而，在高肥力的高产地块，应适当减少播量，使个体得到充分发育，争取穗大、粒多、粒重、高产；在较低肥力的薄地，应适当增加播量，保证足够的基本苗，建立适当的群体。但特别贫瘠的土壤，因受水分和养分供应能力的限制，基本苗不能太多，以防止穗小、粒少、粒秕瘦，引起减产，即在这类土地应适当稀播。

（五）合理施肥，以肥调水

旱地农业的大部分地区土壤瘠薄，肥力不足，只有增加肥料投入，培肥地力，才能提高小麦的产量和降水利用率。但是，降水量不同，肥料的利用率也不同。降水少，肥料利用率低；降水多，肥料利用率高，增产幅度大。因而，干旱年份，化肥施用量不宜太多，避免加重旱情，降低肥效，造成损失。降水较多的年份，应适当增加化肥的投入，以提高降雨的利用率，以肥调水，提高产量。在旱地上的施肥技术应强调以下两点：

一是重施底肥，增施有机肥。春小麦生长期短，营养生长的好坏是决定产量的关键。旱地春小麦生长前期降水少，土壤干旱，追肥的利用率低。因而应重视底肥，使幼苗能够得到充足的养分供应，争取苗粗、苗壮，为后期的生殖生长提供良好的营养条件和较大的光合面积，并且能够提高肥料的利用率。

二是底肥应以有机肥为主，氮磷化肥复合使用。增施有机肥既可为春小麦生长提供必需的各种养分，又可以改善土壤结构，增强土壤持水能力，培肥地力。但有机肥数量有限，为弥补有机肥的不足，必须适当施用化肥，以无机促有机。施用化肥除深施外，还应特别注意磷肥的施用。磷肥宜做底肥，并与氮肥配合施用，氮、磷配比以 1 ∶（0.75 ～ 1）为宜。氮肥一般主张做底肥，一次性施入，但在基肥投入过少而春雨较多的年份，可在降水前追施氮肥。追肥要深施、条施，以充分发挥氮肥的肥效。

（六）加强田间管理

旱地春小麦田间管理应采用分段管理，重点应放在苗期的防旱保墒、杂草防除和病虫防治上，有条件的地方可进行追肥。

1.出苗至拔节阶段

春小麦生育期短，穗分化快，田间管理要突出一个"早"字。要做到早中耕除草，以利抗旱保墒。小麦在 2 叶 1 心至 3 叶期要轧青苗提墒（土湿、地硬、苗弱时不宜轧），一般可提高土壤表层含水量的 2% ～ 3%。进入 3 叶期后中耕除草。除人工除草外还可采用化学除草，目前多用 2，4-D 丁酯类除草剂。分蘖至拔节期结合中耕或降水每亩追施尿素 8.3 ～ 12.0 千克。有灌溉条件的地方，应在拔节期实施补充灌溉。

2.拔节至抽穗阶段

此阶段营养生长和生殖生长同时进入高峰，应以壮秆、防倒、保花、增粒为中心开展田间管理。进入拔节中期，对地力较好、雨水较多、生长过旺的麦田，可适当深锄蹲苗。拔节后要拔除田间杂草 1 ～ 2 次。抽穗期要将野燕麦清除，对于散黑穗、腥黑穗病株要拔净带出田间集中处理。

3.抽穗至成熟阶段

此阶段营养物质由茎秆输入穗部贮藏，形成籽粒。主攻方向是养根护叶，防治病虫，增加粒重。抽穗后期用多种微肥或 3% 尿素等进行叶面喷肥，有延长功能叶片的作用，并防止早衰。

三、专用小麦化学调控体系

小麦栽培化控技术是在常规农艺措施（主要指水肥、机械措施等）的基础上，实用植物生长调节物质，对作物的某些器官或整个植株进行向性调节，使利于产品形成的性状获得更充分的发展，从而达到高产、优质、高效的生产目标。这样在小麦生产的控制技术上，一方面是通过传统农艺技术改变作物的生育环境来实现；另一方面是应用外源激素（生长调节剂）来改变内源激素平衡。

植物激素系统及化学控制技术是当前农业科学研究中的一个新领域，科技界习惯上把这类技术通称为"植物生长调节剂在农业上的应用"。植物激素是在植物体内产生的一些调节物质，它在植物体内由产生部位移动到作用部位，其作用是在低浓度下对植物生理过程进行调节。自 20 世纪 30 年代发现了生长素以来，人们对激素做了大量的研究工作，按其作用机理分为 5 大类植物激素，即生长素（IAA）、赤霉素（GA）、细胞分裂素（CTK）、乙烯利、脱落酸（ABA）。发现了天然激素外用于植物的效应，并且还发现、合成了一些激素类似物，即生长调节剂。于是有人试图利用这些特殊物质来调控作物、植物的生长。起初人们大多着眼于个别器官所产生的直接效应上。20 世纪 60 年代以后，中国作物栽培学研究有了较大发展，许多栽培学家与植物生理学家合作，使学科间相互吸引与融合，逐步形成化控栽培的新概念，中国在农作物化学控制技术研究和应用领域已取得多项重大进展。棉花上应用乙烯利促晚熟棉铃提早成熟，缩节安防止棉花徒长、促进结铃和棉铃发育；多效唑在水稻育秧、冬油菜壮苗培育、桃树矮化密植早熟丰产技术、苹果早结果丰产、控制高产小麦倒伏上的应用；玉米健壮素防玉米倒伏增产，等等。以上仅简单列举了近年来中国化控技术的重大成果。目前，中国在粮食作物、蔬菜、果树、花卉栽培等方面都已开始了生长调节剂的研究，也都有了初步的进展。小麦是中国主要的粮食作物之一，因此小麦的化控研究和应用对全国整个粮食优质高产都有重大意义。

（一）小麦生育过程内源激素的变化

小麦种子萌发后，IAA、GA、CTK 活性迅速增强几十倍，出苗后逐渐下降，维持一定水平，越冬前随着气温下降进一步降低。而 ABA 越冬前逐渐增加，于是生长减慢，分蘖节中糖分增加，抗逆性增强，根系生长适宜的 IAA 浓度低，所以越冬期间仍趋于较快生长状态。如果气温偏高，则 IAA、GA 维持较高水平，地上部生长过旺，幼穗发育加快，根系生长受抑制。

返青后，IAA、GA、CTK 又逐渐上升，维持较高水平，直到抽穗。气温高、日照长有利于 IAA、GA 的形成。IAA 含量则主茎优势强，分蘖的发生和生长受主茎优势的制约。如果用生长延缓剂处理，使 IAA、GA 含量降低，有利分蘖和上位小花发育。

开花后体内 IAA、GA、CTK 下降，ABA 增加。N 素过多或连阴雨，则 IAA、GA 下降慢，减慢营养物质往籽粒运输，表现为贪青晚熟。ABA 到蜡熟期达最大值，促使茎叶中贮藏的物质输出，植株死亡。高温干旱，则 ABA 增加快，促使叶片中超氧化物歧化酶（SOD）活性下降，丙二醛（MDA）积累。SOD 能清除自由基，对细胞膜有保护作用，而 MBA 则对细胞有害。喷施 CTK 或 BR 能提高 SOD 酶的活性，减少 MDA 积累，延缓叶片衰老。

籽粒中的激素变化：CTK 在开花后迅速增加，籽粒形成期含量最高，乳熟期逐渐下降，这与胚和胚乳的细胞分裂有关。IAA、GA 在开花后也迅速增加，到开花后三周达最大值，大部分存在胚乳中，吸引同化物质向籽粒运输。麦穗在开花后 6 ～ 10 天乙烯释放量达到最大，以后逐渐减少，到蜡熟期释放量极少。ABA 在开花后缓慢下降，开花后 10 天达最低值，之后随籽粒脱水而增加，到开花后 30 天达到最大值。高温、水分亏缺，则 ABA 活性明显提高，籽粒灌浆提前停止，种子进入休眠。ABA 含量与抗穗发芽有关。

（二）小麦生育过程的激素调节

化学调控是应用生长调节剂影响植物体内激素系统，进而调控生育过程。调控有三方面的作用：

（1）外形修饰和改善内部生理功能；

（2）协调地上部与地下部的生长；

（3）控制营养生长和促进生殖生长。

目前使用的生长调节剂有三种类型：

促进型：包括激素和其他活性物质，如 GA、BR、NAA、2、4—D、30 烷醇、黄腐酸、愈伤木酚钠等；

延缓型：促进 IAA 降解，减少合成，增加 ABA 的含量，因而延缓营养生长，如缩节安（DPC）、矮壮素（CCC）、多效唑等；

抑制型：抑制生长、促进休眠，如花青素（MH）、脱叶脲等。

小麦全程化控可分为三个阶段，而这三个阶段又都是针对产量形成的三个因素进行的，同时对各因素的控制又是针对器官进行的，即各项措施都要落实到器官建成或器官的功能上。

1. 单位面积穗数的调节

单位面积穗数是由小麦成穗率决定的。因此，单位面积穗数与基本苗（密度）、单株分蘖数和分蘖成穗率有关。要控制和调节单位面积穗数就要从控制调节基本苗、单株分蘖数及其成穗率入手。

近年的许多研究表明，在顶端分生组织中产生的生长素（IAA）主要向下部（基础）转移，因而高浓度的 IAA 与主茎优势及分蘖（侧芽）的抑制有关，即 IAA 通过顶端优势参与分蘖的发生。

赤霉素（GA）通过加速发育作用而加速了顶端优质，因此赤霉素对分蘖的发生亦有影响。例如，向小麦全株施用较低浓度的 GA，能使分蘖减少，一般认为，GA 对分蘖的影响是通过诱发 IAA 合成抑制 IAA 分解来实现的。

细胞分裂素通过促进分蘖芽的萌动和伸长来影响分蘖数目。目前普遍认为，根尖是细胞分裂素的主要合成场所，由根尖合成细胞分裂素通过木质部向上运输。施用激素有时会增加小麦分蘖。梁振兴 1990 年的试验表明，分蘖的调控可以通过改变生长素和细胞分裂的比例来达到，当然它们的作用也受到赤霉素和脱落酸的调节。在小麦生产实践中，通过稀植扩大单株的根量、通过适量施用氮肥、增施磷肥以扩大根系、通过中耕断根以促进根系发育等，以调节激素含量及比例所产生的生理效应调节分蘖的发生。目前也可以施用生长调节剂类物质来调节分蘖，如施用 MET 来促进分蘖发生，或用 GA 来促进分蘖的衰亡等。

研究指出，分蘖能否成穗与诸多因素有关，如分蘖出生的早晚（蘖位）、各蘖间营养物质分配不均衡，各蘖间穗分化进程的差异等。梁振兴 1990 ~ 1992 年的研究结果表明，分蘖开始衰亡前，其 ZR+Z 含量和 ABA 含量与主茎的差异显著加大；而没有发生衰亡的分蘖的激素含量与主茎保持相对稳定。有些试验报道表明，穗分化的二棱期喷洒 MET 溶液有提高分蘖成穗率的效果。应用细胞分裂素类物质也能提高分蘖成穗率。

2. 每穗粒数调节

赤霉素被认为是调节穗粒数的激素之一。许多事实表明，在满足小麦春化需要后，长日和高温条件促进穗花的发育，并且幼穗内存在赤霉素类物质浓度明显高于短日条件下该物质浓度。茎生长锥中 GA 的含量随小穗分化进程而增加，并在雌雄蕊分化期达到高峰，这时顶端小穗形成，小穗分化期结束。因而有的研究认为，超过小穗分化所需最适量水平的 GA 含量，对小穗分化有抑制作用。即适宜水平的 GA 会增加小穗分化速率，而过高的 GA 含量则会抑制小穗分化。

生长素也参与穗粒数的调节。在一个麦穗中，由于小穗和小花分化的时间差和位置差，使不同部位的小穗、小花呈现异质性或不均衡性。如果麦穗中部小穗分化的小花数多，可育花数目多，结实率高，这可能与先发育的花中输出大量生长素阻碍其他花的发育有关。因此调节 IAA 的分配与分布，就可以达到调节穗粒数的效果。试验结果表明，在二棱期叶面喷洒 MET 或 BR（油菜素内酯）以及在药隔期喷洒 BR，均可使基部小穗和顶部小穗的结实粒数增加，而中部小穗粒数保持相对稳定。

细胞分裂素对穗粒数的调节作用越来越受到重视。目前的研究表明小麦幼穗中存在着 Z、ZR、DZ、DZR 等细胞分裂素，而这些细胞分裂素对小花的成花及育性的控制可能重要。有的试验证明，当对大麦外源供应细胞分裂素时，促进了大麦小穗和小花的发育，最终增加了可育花的数量。在小麦穗粒数形成的控制上，细胞分裂素可能是生长素和 ABA 的天然对抗剂。因此，提高根的活性，增加细胞分裂素向穗部的运转量，对促进小穗中上位花的结实无疑是有益的。

ABA 的含量对小花育性的影响：Morgan 的研究曾发现，在花粉细胞减数分裂期向小麦施用 ABA 溶液会引起花粉育性和穗粒数的降低，即穗部大量 ABA 的集聚，常使花粉发育不正常，影响结实。梁振兴 1988 年试验的结果表明，在药隔期至四分体期间，向植株喷洒 ABA 液或 MET 溶液，会导致每小穗上位花的退化，使第 3 位以上（含第 3 位）小花的结实率严重降低，从而使每穗平均穗粒数减少。可见，穗部 ABA 的含量水平对穗粒数起重要的调节作用。

很早有研究表明，乙烯具有杀雄性效果，能释放乙烯的乙烯利常作为杀雄剂来使用。有些报道表明，小麦开花授粉时，麦穗中大量释放乙烯，这对小花结实的影响目前尚不清楚。

3. 千粒重的调节

目前的研究表明，植物激素以其特定的变化作用于小麦粒重的形成。其主要形式是开花受精后（即籽粒建成期），颖果（种子）中的细胞分裂素很快达到最大值，接着是赤霉素含量高峰，在成熟期脱落酸达到高峰。以上所检测到的激素的变化过程与种子发育过程具有一致性，这就为粒重的化学调控提供了契机。

当幼嫩种子中出现细胞分裂素高峰时，正值胚乳细胞的强烈分裂期，也就是开花受精后籽粒中的细胞分裂素浓度与胚乳细胞的数量有关。有些试验已经证明，在开花时施用外源细胞分裂素，可以提高籽粒内源细胞分裂素的活性，并获得最终增加籽粒重量的效应，即供给穗的细胞分裂素参与了籽粒内在生长潜力的调节。籽粒生长的线性增长期，GA的活性急剧增加，并在籽粒含水率的平稳期达到高峰。可由此推导赤霉素的变化与籽粒灌浆过程的起始有密切关系。有的试验曾报道，在开花后喷洒较低浓度的GA，可促进籽粒灌浆和增重。

研究指出，在开花受精后不久，幼嫩籽粒中即含有微量的生长素，这些生长素可能向外转移而抑制远端的结实和籽粒发育。当用TIBA（三碘苯甲酸）抑制生长素输出时，可改变籽粒结实的模式，有利于远端位籽粒的发育。而在籽粒生长的线性增长期，籽粒中生长素活性显著增加（在赤霉素高峰之后），并在ABA出现高峰之前达到最大值，生长素的这一变化过程与籽粒灌浆期相一致，从而认为籽粒中生长素含量的增长与胚乳细胞体积增大及淀粉等物质的积累有关。

脱落酸（ABA）可能由种子产生或由叶中输入。籽粒中ABA含量的高峰出现在干物质达到最大值（蜡熟期）之前一周，ABA的变化过程与籽粒水分的丧失过程相一致。其峰值的出现标志着籽粒中淀粉合成的终止，籽粒增重过程的结束。成熟的种子中含有较低浓度ABA，可能与种子的休眠有关。

（三）运用化控技术应注意的问题

在作物栽培过程中应用化控技术，目前仍处在初级阶段，虽然大都取得了明显效果，但也存在许多问题应严加注意。

1. 继续强调以传统技术为主、化控技术为辅

化控的基本作用仅在于协调植株内激素的平衡，真正要获得高产仍需依靠传统技术创造良好的外部生育条件。同时，应用人工合成生长调节物质，调节小麦体内的激素平衡，才能达到高产的目的。只有如此，使二者紧密配合、相辅相成，才能把小麦栽培逐步推向现代化水平。

2. 全面权衡化控效应，慎重选用药剂

植物生长调节剂只是影响植物内源激素系统，进而调控生育过程，人为地引入外源激素，毕竟是从外部追加的因子，它将打破植株体内原有的激素平衡，建立新的平衡，在此过程中难免会产生某些预想不到的副作用，因此在应用生长调节剂时必须慎重对待。如MET既可控制株型、防止倒伏，

又会推迟成熟、影响粒重。其用于茎秆较高、抗病能力差、成熟期偏早的品种，效果较好；如果用于某些高抗倒伏、小叶型、矮秆、大穗、成熟期偏晚的品种，效果一般不会太好，反而不如选用一些能够提高灌浆强度、适当促进早熟的激素类物质（BR 或 GA、BA 等）。

3. 掌握施药适期，提高喷液质量

化控技术的具体应用，首先要根据作物生育进程确定适宜的施药时期，即让所施药剂能够在所需目标性状最敏感期发挥最大效力，这样既可降低用药量又可获得最佳效益，并使残效期缩短，把可能产生的副作用尽量降至最低。同时，务必强调喷液质量，即要求喷洒药液的雾细、喷布匀、粘附性好，这是确保全田调控一致、生长整齐之关键。

4. 注意施用药剂的代谢和残留

已有研究表明，MET 在幼嫩组织中代谢较快，如在叶片中 9 天后即可降解 90%，而在茎、根等生理活性相对较低的部位，其代谢速度则相对较慢。MET 在土中降解速度很慢，半衰期为 3 ～ 6 个月，所以一般不提倡地下施用。壮丰安在种子上的残留量更少，通常比多效唑还少 60% ～ 74%，且土壤残留较轻，所以使用更加安全。对其他用于化控的药剂也需要认真地考察其代谢与残留状况，切实注意能否引起环境污染或食品污染，污染问题在化控技术应用过程必须严加防范。

第三节　小麦培育全过程管理技术体系

一、小麦标准化生产的播种技术

播种技术是小麦栽培技术中的重要基础环节。播种质量直接关系到小麦出苗、麦苗生长和麦田的群体结构，也影响其他栽培技术措施的实施和产量的形成。衡量播种质量的标准是达到苗全、苗齐、苗匀和苗壮。播种技术主要包括适期播种、合理密植和高质量播种等技术环节。

（一）适期播种

适期播种是使小麦苗期处于最佳的温度、光照、水分条件下，充分利用光热和水土资源，达到冬前培育壮苗的目的。确定适宜播种期的方法：根据品种达到冬前壮苗的苗龄指标和对冬前积温的要求，初步确定理论适宜播种期，再根据品种发育特性、自然生态条件和拟采用的栽培体系的要求进一步调整，最终确定当地的适宜播种期。

1. 冬前积温

小麦冬前积温指标包括播种到出苗的积温及出苗到定蘖数的积温。据研究，播种到出苗的积温一般为120℃左右（播深在4～5厘米），出苗后冬前主茎每片叶，平均约需75℃积温。这样，根据主茎叶片和分蘖产生的同伸关系，即可求出冬前达到不同苗龄与蘖数所需的总积温。一般半冬性品种冬前要达到主茎6～7片叶，春性品种冬前要达到主茎5～6片叶。如果越冬前要求单株茎数为5个，主茎叶数片为6片，则冬前总积温为75×6+120=570（℃）。得出冬前积温后，再从当地气象资料中找出昼夜平均温度稳定降到0℃的时期，由此向前推算，将逐日平均高于0℃的温度累加达到570℃的那一天，即可定为理论上的适宜播期，这一天的前后3天，即可作为播种适期。

2. 品种发育特性

不同感温、感光类型的品种，完成发育要求的温光条件不同。播种过早，不适于感温发育，只适于营养生长，造成营养生长过度或春性类型发育过快，不利于安全越冬。播种过晚，有利于春化发育，不利于营养生长。一般强冬性品种宜适当早播，弱冬性品种可适当晚播。

3. 自然生态条件

小麦一生的各生育阶段都要求相应的积温。但不同地区、不同海拔和地势的光热条件不同，达到小麦苗期所要求的积温时间也不同。一般我国随纬度与海拔的升高，积温累积时期加长，因而播种要适当提早。华北大部分地区都以秋分种麦较为适时，各地具体播种时间均依条件的变化进行调节。

4. 栽培体系及苗龄指标。

不同栽培体系要求苗龄指标不同，因而播种适期也不同。精播栽培体系依靠分蘖成穗，要求冬前以偏旺苗（主茎7～8叶）越冬，播期要早。独秆（主茎成穗为主）栽培体系要求控制分蘖，以主茎成穗（冬前主茎3～4

叶），播期要晚。可见适期播种是随其他栽培因素而改变的相对概念。由于播种期具有严格的地区性，在理论推算的前提下，根据实践，各麦区冬小麦的适宜播期为冬性品种一般在日平均气温 16 ～ 18℃、弱冬性品种一般在 14 ～ 16℃时，一般在 9 月中下旬至 10 月中下旬播种，在此范围内，还要根据当地的气候、土壤肥力、地形等特点进行调整。北方春小麦主要分布在北纬 35°，以北的高纬度、高海拔地区，春季温度回升缓慢，为了延长苗期生长，争取分蘖和大穗，一般在气温稳定在 0 ～ 2℃，表土化冻时即可播种。东北春麦区在 5 月上中旬，宁夏回族自治区、内蒙古自治区及河北省坝上地区在 3 月中旬左右。

（二）合理密植

合理密植包括确定合理的播种方式、合理的基本苗数，提出各生育阶段合理的群体结构，实现最佳产量结构等。大量研究结果和生产实践表明，穗数是合理的群体结构与最佳产量构成的主导因素，基本苗数是取得合理穗数的基础，单株成穗是达到合理穗数重要的调控途径。而在当前大面积中低产条件下，通过播种量控制基本苗是合理密植的主要手段。

1. 确定合理播种量的方法

小麦标准化生产通常采取"以地定产，以产定穗，以穗定苗，以苗定籽"的方法确定实际播种量，即以土壤肥力高低确定产量水平，根据计划产量和品种的穗粒重确定合理穗数，根据计划穗数和单株成穗数确定合理的基本苗数，再根据计划基本苗和品种千粒重、发芽率及田间出苗率等确定播种量，种子发芽率在种子质量的检验中确定，田间出苗率一般以 80% 计，根据整地质量与墒情在 70% ～ 90% 范围内调整。实际播种量可按下式计算：

$$播放量（千克/公顷）= \frac{每公顷计划基本苗（万）\times 千粒重（克）}{发芽率（\%）\times 种子净度（\%）\times 田间出苗率（\%）\times 10^4}$$

2. 影响播种量的因素

在初步确定理论播种量的基础上，实际播种量还要根据当地生产条件、品种特性、播期早晚和栽培体系类型等情况进行调整。调整播种量时掌握的原则是土壤肥力很低时，播种量应低些，随着肥力的提高，应适当增加播种量，当肥力达到一定水平时，则应相对减少播种量。对生长期长、分蘖力强的品种，在水肥条件较好的条件下可适当减少播种量；对春性强、生长期短、分蘖力弱的品种可适当增加播种量。大穗型品种宜稀，多穗型品种宜密。播种期早晚直接决定冬前有效积温多少，播种量应为早稀晚密。不同栽培体系中，精播栽培要求苗数少，播量低，独秆栽培由于播种晚，因其冬前基本无分蘖，要求播量增大，常规栽培，播期适宜，主穗与分蘖并重，播种量居中。

（三）高质量播种

在精细整地、合理施肥（有时包括灌水）、选择良种、适时播种和合理密植等一系列技术措施的基础上，要实现小麦高质量播种，必须创造适宜的土壤墒情，还要采用机械化播种，并选用适当的播种方式，才能够保证下籽均匀，深度适宜，深浅一致，覆土良好，达到苗全、苗齐、苗匀和苗壮的标准，避免出现"露籽、丛籽、深籽"现象。播种深度一般掌握在3～5厘米为宜，在遇土壤干旱时，可适当增加播种深度，土壤水分过多时，可适当浅播。要防止播种过深或过浅，如播种太深，幼苗出土消耗养分太多，地中茎过长，出苗迟，麦苗生长弱，影响分蘖和次生根发生，甚至出苗率低，无分蘖和次生根，越冬死苗率高；播种太浅，会使种子落干，不利于根系发育，影响出苗，丛生小蘖，分蘖节入土浅，越冬易受冻害。土壤肥力较好的高产农田，一般适宜精量或半精量播种，播种方式多采用等行距条播，行距为20～25厘米。也可根据套种要求实行宽窄行播种，或在旱作栽培中进行沟播、覆盖穴播、条播。可通过精量或半精量播种降低基本苗，促进个体健壮生长，培育壮苗，协调群体和个体的关系，提高群体质量，实现壮秆大穗。

二、小麦标准化生产的施肥技术

（一）小麦的需肥特性

小麦生长发育所需要的营养元素有大量元素碳、氧、氢、氮、磷、钾、钙、镁、硫等和微量元素铁、锰、锌、氯、硼、铜等。其中大量元素碳、氢、氧通过光合作用从空气和水中获得，占小麦干物质重的95%左右；其他氮、磷、钾等元素主要依靠根系从土壤中吸收，占小麦干物质重不足5%，其中氮、钾各在1%以上，磷、钙、镁、硫各在0.1%以上，微量元素均在6毫克/千克以上。

大量研究分析表明，随着产量水平的提高，氮、磷、钾吸收总量相应增加。小麦每生产 100 千克籽粒，约需纯氮 3 千克 ±0.9 千克、纯磷（P_2O_5）1.1 千克 ±0.2 千克、纯钾（K_2O）3.3 千克 ±0.6 千克，三者的比例约为 2.8 : 1 : 3.1。但随着产量水平的提高，氮的相对吸收量减少，钾的相对吸收量增加，磷的相对吸收量基本稳定。

随着小麦在生育进程中干物质积累量的增加，氮、磷、钾吸收总量也相应增加。小麦起身期以前麦苗较小，氮、磷、钾吸收量较少。起身以后，植株迅速生长，养分需求量也急剧增加，拔节至孕穗期，小麦对氮、磷、钾的吸收达到高峰。其中，小麦对磷的需求在开花后有第二次吸收高峰；对氮吸收孕穗期后强度减弱，成熟期达到最大累积量；对钾的吸收到抽穗期达到最大累积量，其后钾的吸收出现负值。不同生育时期营养元素吸收后的积累分配，主要随生长中心的转移而变化。营养元素在苗期主要用于分蘖和叶片等营养器官（春小麦包括幼穗）的建成，拔节至开花期主要用于茎秆和分化中的幼穗，开花以后则主要流向籽粒。籽粒中的氮素来源于两个部分，大部分是开花以前植株吸收氮的再分配，小部分是开花以后根系吸收的氮，其中的 80% 以上输向籽粒；磷的积累分配与氮基本相似，但吸收量远小于氮；钾向籽粒中转移量很少。

（二）小麦的合理施肥原则

合理施肥是指通过施肥手段调控土壤养分，培肥地力，提高肥料利用率，经济有效地满足小麦高产对肥料的需求。合理施肥的一般原则包括以下六点。

（1）坚持前茬作物秸秆还田，增施有机肥，有机肥与无机肥配合施用。有机肥（农家肥）具有肥源广、成本低、养分全、肥效迟缓、有机质含量高、改良土壤等优点，对各类土壤和各种作物都有良好的增产作用。为确保小麦高产、稳产，必须坚持增施有机肥，并与化肥配合施用。增施有机肥，关键在于开辟肥源，如采取秸秆还田、高温堆肥、种植绿肥、积攒土杂肥等措施。

（2）依据土壤基础肥力和产量水平合理施肥。由于土壤基础肥力不同，施用同等肥料的增产效果不同。在施肥时应注意薄地、远地和晚茬地适当多施，肥地可适当少施，这样才有利于充分发挥肥料的增产效益，达到均衡增产的目的。

（3）重施基肥，适时适量追施苗肥，培育冬前壮苗。施足基肥能促进麦苗早发，冬前培育壮苗可以增加有效分蘖和壮秆大穗。根据全国各地高产经验，以有机肥和磷、钾肥全部作为基肥，氮素化肥用量的50%～60%用作基肥。如果基肥不足，可适量追施苗肥，以促进年前分蘖，提高分蘖成穗率。

（4）越冬期晚弱苗中产麦田重施早施返青肥，越冬壮苗高产麦田重施晚施拔节孕穗肥。一般越冬期晚弱苗中产麦田重施返青肥，主要目的是促进分蘖成穗和大穗。越冬壮苗高产麦田由于前期土、肥、水条件较好，为了防止无效分蘖过多、茎叶旺长、群体过大而造成倒伏，要控制返青肥，而在拔节孕穗期基部节间定长、群体叶色褪绿、植株以碳素代谢为主时，重施拔节孕穗肥，促进壮秆大穗，达到增穗、增粒及增重的目的。具体施肥时期要视肥力、前期施肥状况、苗情长势长相（叶色、叶面积、茎蘖数等）及天气情况等而定。氮肥总用量的40%～60%用作拔节孕穗肥。大量实践证明，一般每公顷施肥量以150千克尿素增产效果显著。

（5）生育后期叶面喷肥防早衰，增加高效功能叶功能期，增加粒重。可结合后期防治病虫害，喷施磷酸二氢钾和尿素混合液，延长功能叶功能期，提高粒重。

（6）优质专用小麦施肥应兼顾小麦产量和品质需要。面包专用小麦生产过程中，在选用优质小麦品种的基础上，一般都采取小群体，壮个体，施足基肥，重施拔节孕穗肥，辅以花期喷肥的氮肥施用策略。在中等肥力地块，有机肥、无机肥和各种肥料元素合理搭配的基础上，每公顷施纯氮总量要达240千克左右，基肥和追肥的比例一般为6∶4，在施足基肥的基础上，在小麦拔节后期，每公顷追施尿素150～225千克，抽穗扬花期每公顷可根外喷施尿素15～30千克。饼干用小麦与面包用小麦在施肥技术上有所不同，前者强调的是低蛋白栽培，后者要求高蛋白栽培。故施肥方式上强调施足基肥，重苗肥，后期少施或不施氮肥。从某种意义上说，"一炮轰"的施肥方式对生产饼干小麦非常实用，小群体、氮肥后移，后期重追肥的栽培方式则可能降低饼干用小麦的品质。

（三）小麦的施肥技术

小麦的施肥技术包括施肥量、施肥时期和施肥方法。

1. 施肥量

施肥量与小麦的需肥量、土壤供肥状况、肥料的养分含量及肥料的利用率等有关。计算公式如下：

$$施肥量（千克/公顷）=\frac{计划产量所需养分量（千克/公顷）-土壤当季供给养分量}{肥料养分含量（\%）×肥料利用率（\%）}$$

计划产量所需养分量可根据小麦生产 100 千克籽粒所需养分量来确定。土壤供肥状况一般以不施肥麦田产出小麦的养分量测知土壤提供的养分数量，并结合土壤养分全量和速效量估算土壤养分含量与供肥量的关系（表3-1）。肥料利用率受肥料种类、配比、施用方法、时期、数量和土壤性质等因素的影响。在田间条件下，氮素化肥的当季利用率一般为 30% ～ 50%（实验室试验可达80%），利用同位素相 +15N 试验，冬小麦氮肥利用率为44% ～ 50%，土壤固定率 27% ～ 35%，气态损失率 6% ～ 30%。磷肥当季利用率一般为 10% ～ 20%，高者可达到 25% ～ 30%。钾肥多为 40% ～ 70%。小麦氮肥利用率随施肥期后延而提高；磷肥利用率受肥料与根系接触面大小的影响；有机肥的利用率因肥料种类和腐熟程度不同而差异很大，一般为 20% ～ 25%。此外各地研究表明，土壤基础养分随着不断大量施用有机肥和化肥而提高，但土壤中磷素的含量，随氮素的消耗而相应减少（磷素循环属于矿质循环，自然循环周期很长）。

表3-1　不同肥力麦田土壤的供肥状况

不施肥麦田产量（kg·hm⁻²）	土壤提供养分量（kg·hm⁻²）		施肥数量（kg·hm⁻²）		肥厚产量（kg·hm⁻²）	土壤供肥占总吸收量 /%
	N	P_2O_5	N	P_2O_5		
1890~2850	52.5~82.5	18.8~30	120	60~120	4500~5775	–
3000~3500	90~105	30~37.5	120	60	5250~6750	55
3900~5000	112~150	37.5~52.5	120	少量	>6000	70
>5600	165~210	56.3~67.5	<60	0	7500	85

在北方，原认为不缺磷的石灰性土壤也会发生磷素的亏缺，因而在中低产条件下，磷肥、氮肥配合施用成为重要的增产措施。又据山东省农业厅土肥站研究，每公顷产量在 3000 千克以下的低产田，氮磷比 1：1 时效果最好，平均每 1 千克磷肥增产 5.25 千克。而每公顷产量为 3 000 ～ 6 000 千克时，

氮磷比以 1∶0.5 效果最好，表明低产田磷素的突出作用。同样，在土壤缺钾低产田上，钾素的增产作用也很明显。

2. 施肥时期

施肥时期应根据小麦的需肥动态和肥效时期来确定。根据叶龄指标促控法，生育期间追肥，表现为随追肥时间出现相应的吸肥高峰和肥效作用。一般冬小麦生长期较长，播种前或播种时一次性施肥的麦田极易出现前期生长过旺而后期脱肥的现象。春麦由于营养生长过程很短，幼穗分化开始早，尤其是在没有灌溉的条件下，一次性重施种肥（或播前施肥），有很重要的作用。氮肥施用期推迟，植株经济器官和非经济器官的蛋白质含量均随之提高。磷肥施用时期则表现为作基肥（或种肥）时效果较好，但在严重缺磷的麦田，苗期追磷可促进"小老苗"的转化，但效果不如基肥，在后期追肥（包括叶面喷施）对提高粒重的效果较好。

3. 施肥方法

重视施用有机肥，一般每公顷施用量在 30 ～ 45 立方米。对地力较瘦的农田，同时每公顷深施碳酸氢铵 375 ～ 750 千克，或用颗粒磷酸二铵 75 ～ 150 千克作种肥，均有显著的增产作用。

三、小麦标准化生产的灌溉技术

（一）小麦的需水规律

小麦的需水规律与气候条件、冬麦和春麦类型、栽培管理水平及产量高低有密切关系。其特点表现在阶段总耗水量、日耗水量（耗水强度）及耗水模系数（各生育时期耗水占总耗水量的百分数）方面。冬小麦出苗后，随着气温的降低，日耗水量也逐渐下降，播种至越冬，耗水量占全生育期的 15% 左右。入冬后，生理活动缓慢，气温降低，耗水量进一步减少，越冬至返青阶段耗水量只占总耗水量的 6% ～ 8%，耗水强度在 10 立方米 / 公顷·日，黄河以北地区更低。返青以后，随着气温的升高，小麦生长发育加快，耗水量随之增加，耗水强度可达 20 立方米 / 公顷·日。小麦拔节以前温度低，植株小，耗水量少，耗水强度在 10 ～ 20 立方米 / 公顷·日，棵间蒸发占总耗水量的 30% ～ 60%，150 余天的生育期内（占全生育期的 2/3 左右），耗水量只占全生育期的 30% ～ 40%。拔节以后，小麦进入旺盛生长期，耗水量急剧增加，并由棵间蒸发转为植株蒸腾为主，植株蒸腾占总耗水量的 90% 以上，耗水强度达 40 立方米 / 公顷·日以上，拔节到抽穗 1 个月左右时间内，耗水量占全生育期的 25% ～ 30%，抽穗前后，小麦茎叶迅速伸展，绿色面积和耗水强度均达一生最大值，一般耗水强度 45 立方米 / 公顷·日以上，抽穗至成熟在 35 ～ 40 天内，耗水量占全生育期的 35%-40%。春小麦一生耗水特点与冬小麦基本相同，春小麦在拔节前 50 ～ 70 天内（占全生育期的 40% ～ 50%），耗水量仅占全生育期的 22% ～ 25%，拔节至抽穗 20 天耗水量占 25% ～ 29%，抽穗至成熟的 40 ～ 50 天内耗水量约占 50%。

（二）小麦的灌溉技术

1. 北方麦区

北方地区年降水量分布不均衡，小麦生育期间降水量只占全年降水量的 25% ～ 40%，仅能满足小麦全生育期耗水量的 1/5 ～ 1/3，尤其在小麦拔节至灌浆中后期的耗水高峰期，正值春旱缺雨季节，土壤贮水消耗大。因此，北方麦区小麦整个生育期间土壤水分含量变异大，灌水与降水效应显著，小麦生育期间的灌溉是必需的。麦田灌溉技术主要涉及灌水量、灌溉时期和灌溉方式。小麦灌水量与灌溉时期主要根据小麦需水、土壤墒情、气候、苗情等来定。灌水总量按水分平衡法来确定，即灌水总量 = 小麦 - 耗水量 - 播前土壤贮水量 - 生育期降水量 + 收获期土壤贮水量。灌溉时期根据小麦不同生育时期对土壤水分的不同要求来掌握，一般出苗至返青，要求的田间最大持水量为 75% ～ 80%，低于 55% 则出苗困难，低于 35% 则不能出苗。拔节至抽穗阶段，营养生长与生殖生长同时进行，器官大量形成，气温上升较快，对水分反应极为敏感，该期适宜的田间持水量为 70% ～ 90%，低于 60% 时会引起分蘖成穗与穗粒数的下降，对产量影响很大；开花至成熟期，宜保持土壤水分不低于 70%，有利于灌浆增重，低于 70% 易造成干旱逼熟，导致粒重降低。为了维持土壤的适宜水分，应及时灌水，一般生产中常年补充灌溉 4 ～ 5 次（底墒水、越冬水、拔节水、孕穗水、灌浆水），每次每公顷灌水量 600 ～ 750 立方米。从北方水资源贫乏和经济高效生产考虑，一般灌溉方式均采用节水灌溉，节水灌溉是在最大限度地利用自然降水资源的条件下，实行关键期定额补充灌溉。根据各地试验，一般越冬水和孕穗水最为关键。另外，在水资源奇缺的地区，应采用喷灌、滴灌、地膜覆盖管灌等技术，节水效果更好。

2.南方麦区

南方麦区小麦生育期降水较多，除由干阶段性干旱需要灌水外，一般春夏之交的连阴雨，往往出现"三水"（地面水、浅层水和地下水），易发生麦田涝渍害，一直是该地区小麦产量形成的制约因素，因此，必须实施麦田排水。麦田排涝防渍的主要措施有五点：一要做好麦田排涝防渍的基础工程，做到明沟除涝，暗沟防渍，降低麦田"三水"；二要健全麦田"三沟"（腰沟、畦沟和围沟）配套系统，要求沟沟相通，依次加深，主沟通河，既能排出地面水、浅层水，又能降低地下水位；三要改良土壤，增施有机肥，增加土壤孔隙度和通透性；四要培育壮苗，提高麦苗抗涝渍能力；五要选用早熟耐渍的品种及沿江水网地区麦田连片种植。

四、小麦生长发育的田间管理技术

在小麦生长发育过程中，麦田管理有三个任务：一是通过肥水等措施满足小麦的生长发育需求，保证植株良好发育；二是通过保护措施防御（治）病虫草害和自然灾害，保证小麦正常生长；三是通过促控措施使个体与群体协调生长，并向栽培的预定目标发展。

根据小麦生长发育进程，麦田管理可划分为苗期（幼苗阶段）、中期（器官建成阶段）和后期（籽粒形成、灌浆阶段）三个阶段。

（一）小麦苗期的标准化管理

1.苗期的生育特点与调控目标

冬小麦苗期有年前（出苗至越冬）和年后（返青至起身前）两个阶段。这两个阶段的特点是以长叶、长根、长蘖的营养生长为中心，时间长达150余天。出苗至越冬阶段的调控目标是在保证全苗的基础上，促苗早发，促根增蘖，安全越冬，达到预期产量的壮苗指标。一般壮苗的特点是，单株同伸关系正常，叶色适度。冬性品种，主茎叶片要达到7～8叶，4～5个分蘖，8～10条次生根；半冬性品种，主茎叶片要达到6～7叶，3～4个分蘖，6～8条次生根；春性品种，主茎要达到5～6叶，2～3个分蘖，4～6条次生根。群体要求，冬前总茎数为成穗数的1.5～2倍，常规栽培下为1050～1350万/公顷，叶面积指数1左右。返青至起身阶段的调控目标是：早返青，早生新根、新蘖，叶色葱绿，长势苗壮，单株分蘖敦实，根系发达，群体总茎数达1350～1650万/公顷，叶面积指数2左右。

2. 苗期管理措施

（1）查苗补苗，疏苗补缺，破除板结小麦齐苗后要及时查苗，如有缺苗断垄，应催芽补种或疏密补缺，出苗前遇雨应及时松土破除板结。

（2）灌冬水。越冬前灌水是北方冬麦区水分管理的重要措施，其可以保护麦苗安全越冬，并为早春小麦生长创造良好的条件。浇水时间在日平均气温稳定在 3～4℃时，此时水分夜冻昼消利于下渗，可以防止积水结冰，造成窒息死苗，如果土壤含水量高而麦苗弱小可以不浇。

（3）耙压保墒防寒。北方广大丘陵旱地麦田，在小麦入冬停止生长前及时进行耙压覆沟（播种沟），壅土盖蘖保根，结合镇压，以利于小麦安全越冬。水浇地如果地面有裂缝，造成失墒严重时，越冬期间需适时耙压。

（4）返青管理。北方麦区返青时须顶凌耙压，起到保墒与促进麦苗早发稳长的目的。一般已浇越冬水的麦田或土壤墒情好的麦田，不宜浇返青水，待墒情适宜时锄划；缺肥黄苗田可趁春季解冻"返浆"之机开沟追肥；旱年、底墒不足的麦田可浇返青水。

（5）异常苗情的管理。异常苗情，一般指僵苗、小老苗、黄苗、旺苗。僵苗指生长停滞，长期停留在某一个叶龄期，不分蘖，不发根的麦苗。小老苗指生长出一定数量的叶片和分蘖后，生长缓慢，叶片短小，分蘖同伸关系被破坏的麦苗。形成以上两种麦苗的原因是土壤板结，透气不良，土层薄，肥力差或磷、钾养分严重缺乏，可采取的措施包括疏松表土，破除板结，结合灌水，开沟补施磷、钾肥。对生长过旺的麦苗及早镇压，控制水肥；对地力差，由于早播形成的旺苗，要加强管理，防止早衰。因欠墒或缺肥造成的黄苗，应酌情补肥水。

（二）小麦中期的标准化管理

1. 中期生育特点与调控目标

小麦生长中期是指起身、拔节至抽穗前，该阶段的生长特点是根、茎、叶等营养器官与小穗、小花等生殖器官的分化、生长、建成同时进行。在这个阶段，由于器官建成的多向性，小麦生长速度快，生物量骤增，带来了群体与个体的矛盾以及整个群体生长与栽培环境的矛盾，形成了错综复杂、相互影响的关系。这个阶段的管理不仅直接影响穗数、粒数的形成，还关系到中后期群体和个体的稳健生长与产量形成。这个阶段的栽培管理目标是根据苗情适时、适量地运用水肥管理措施，协调地上部与地下部、营养器官与生殖器官、群体与个体的生长关系，促进分蘖两极分化，创造合理的群体结构，实现秆壮、穗齐、穗大，并为后期生长奠定良好的基础。

2. 中期管理措施

（1）起身期。小麦基部节间开始伸长，麦苗由匍匐转为直立，故称为起身期。起身后生长加速，而此时北方正值早春，是风大、蒸发量大的缺水季节，水分调控显得十分重要。若水分管理适宜，可提高分蘖成穗和穗层整齐度，促进3、4、5节伸长，促使腰叶、旗叶与倒二叶的增大，还可提高穗粒数。对群体较小、苗弱的麦田，要适当提早施起身肥、浇起身水，提高成穗率；但对旺苗、群体过大的麦田，要控制肥水，在第一节刚露出地面1厘米时进行镇压，深中耕切断浮根，也可喷洒多效唑或壮丰胺等生长延缓剂，这些措施可以促进分蘖两极分化，改善群体下部透光条件，防止过早封垄而发生倒伏；对一般生长水平的麦田，在起身期浇水施肥，追氮肥施入总量的1/3～1/2；旱地在麦田起身期要进行中耕除草、防旱保墒。

（2）拔节期。此期结实器官加速分化，茎节加速生长，要因苗管理。在起身期追过水肥的麦田，只要生长正常，拔节水肥可适当偏晚，在第一节定长第二节伸长的时期进行；对旺苗及壮苗也要推迟拔节水肥；对弱苗及中等麦田，应适时施用拔节肥水，促进弱苗转化；旱地的拔节前后正是小麦红蜘蛛危害的高峰期，要及时防治，同时要做好吸浆虫的掏土检查与预防工作。

（3）孕穗期。小麦旗叶抽出后就进入孕穗期，此期是小麦一生中叶面积最大、幼穗处于四分体分化、小花向两极分化的需水临界期，又正值温度骤然升高、空气十分干燥，土壤水分处于亏缺期（旱地）。此时水分需求量不仅大，还要求及时，生产上往往由于延误浇水造成较明显的减产。因此，旺苗田、高产壮苗田，以及独秆栽培的麦田，要在孕穗前及时浇水。在孕穗期追肥，要因苗而异，起身拔节已追肥的可不施，麦叶发黄、氮素不足及株型矮小的麦田可适量追施氮肥。

（三）小麦后期的标准化管理

1. 后期生育特点与调控目标

后期指从抽穗开花到灌浆成熟的这段时期，此时期的生育特点是以籽粒形成为中心，完成小麦的开花受精、养分运输、籽粒灌浆和产量的形成。抽穗后，根、茎、叶基本停止生长，生长中心转为籽粒发育。据研究，小麦籽粒产量的 70% ~ 80% 来自抽穗后的光合产物累积，其中旗叶及穗下节是主要光合器官，增加粒重的作用最大。因此，该阶段的调控目标是保持根系活力，延长叶片功能期，抗灾、防病虫害，防止早衰与贪青晚熟，促进光合产物向籽粒运转，增加粒重。

2. 后期管理措施

（1）浇好灌浆水。抽穗至成熟耗水量占总耗水量的 1/3 以上，每公顷日耗水量达 35 立方米左右。经测定，在抽穗期，土壤（黏土）含水量为 17.4% 的比含水量为 15.8% 的旗叶光合强度高 28.4%。在灌浆期，土壤含水量为 18% 的比含水量为 10% 的光合强度高 6 倍；茎秆含水量降至 60% 以下时灌浆速度非常缓慢；籽粒含水量降至 35% 以下时灌浆停止。因此，应在开花后 15 天左右即灌浆高峰前及时浇好灌浆水，同时注意掌握灌水时间和灌水量，以防倒伏。

（2）叶面喷肥。小麦生长的后期仍需保持一定的营养供应水平，延长叶片功能与根系活力。如果脱肥会引起早衰，造成灌浆强度提早下降，后期氮素过多，碳氮比例失调，易贪青晚熟，叶病与蚜虫危害也较严重。对抽穗期叶色转淡、氮、磷、钾供应不足的麦田，用 2% ~ 3% 尿素溶液，或用 0.3% ~ 0.4% 磷酸二氢钾溶液，每公顷使用 750 ~ 900 升进行叶面喷施，可增加千粒重。

（3）防治病虫危害. 后期白粉病、锈病、蚜虫、黏虫、吸浆虫等都是导致粒重下降的重要因素，应及时进行防治。

第四章

中国北方优质小麦育种技术及培育体系

第一节 北方优质小麦系统概述

一、优质小麦概述

优质小麦是指品质优良、具有某种特定用途且符合市场加工需求特性的小麦，也称优质专用小麦。它是相对于普通的、长期传统的"通用型"小麦，或者是过剩的、不被利用的劣质小麦而言的，是一个根据其用途而改变的相对概念。

小麦品质主要表现为外观品质和内在品质。外观品质包括籽粒形状、整齐度、饱满度、颜色和胚乳质地等。内在品质可分为营养品质和加工品质两个方面。营养品质包括碳水化合物、蛋白质、氨基酸、糖类、脂肪、矿物质以及维生素等营养物质的化学成分和含量。营养品质的好坏主要从小麦籽粒蛋白质含量及其氨基酸组成两方面加以衡量，其中，赖氨酸含量是小麦营养品质的重要指标。加工品质是指籽粒和面粉对制作不同食品的适合性和要求的满足程度，加工品质可分为一次加工品质，即磨粉品质；二次加工品质，即食品制作加工品质。加工品质主要以面粉的面筋含量、面筋质量、面团流变学特性等为主要指标，以此评判出强筋粉、中筋粉或弱筋粉，进而决定其适宜制作的产品，如面包、饼干、糕点、面条、馒头等。

以往人们谈及小麦品质，只注意其营养品质，而忽视其加工品质；只强调面包、饼干的制作品质，而忽视适合大众口味的面条、馒头、饺子等的制作品质。离开用途谈品质没有任何意义，单纯把蛋白质含量作为判断优质麦的标准，或把优质麦仅视为适合面包制作的小麦均是片面和错误的。目前国际上考察小麦品质好坏通常以该品种相对应的最终用途的适应性为标准，从营养品质和加工品质两个方面衡量某小麦对用途要求的满足程度。例如，硬质麦通常用来做面包和优质挂面，软质麦通常用来做饼干、糕点等食品。但并不是说，籽粒越硬做的面包就越好，因为硬度过大，磨粉时损伤淀粉粒含量过多，酶促作用过强，烘烤的面包不但体积小，而且质量差。同样，软质麦也并非越软制作的饼干、糕点品质就越好。

面条、馒头、挂面是我国人民的传统食品，种类繁多，其消耗量比面包大得多。目前对它们的制作品质研究逐渐增多，与此相适应的品质评判有感官评价指标、化学测定指标和仪器测定指标，主要指色泽、口感、弹性等，只有品质达标的小麦品种，才能加工出优质面条、馒头等食品。[①]

二、小麦优质的标准

小麦品质的丰富内涵导致了生产者、加工者及消费者对小麦品质各有侧重。生产者认为籽粒饱满、角质率高、容重高、粒色好、售价高的小麦品质好；面粉加工者除了上述要求外，还十分重视皮层薄、粒色浅、易磨制、出粉率高和粉质好；食品加工者则十分重视百克面粉的烘焙体积以及食品的外形、色泽和内部质地；消费者则要求其制品有较高的营养价值和良好的口感。仅就食品加工而言，不同的制品又有各自的要求，如加工面包要求其面粉蛋白质含量较高，且蛋白质质量好，面筋强度大；而加工饼干、糕点食品则宜使用蛋白质含量低、面筋强度小但延伸性好的小麦面粉。因此，需综合各类指标对品质作出判断和评价。

为了提高小麦质量，并与国际接轨，国家质量技术监督局于 1999 年制定与发布了我国优质专用小麦的国家标准（GB/T 17892—1999、GB/T 17893—1999，表 4-1），将我国小麦品质按加工用途分类，以便根据用途选育、推广优良品种，使小麦生产、加工逐步达到规范化和标准化。

表4-1　国家专用小麦品质指标

项目		强筋小麦指标		弱筋小麦指标
		一等	二等	
籽粒	容量（g/L）	≥ 770		≥ 750
	水分（%）	≤ 12.5		≤ 12.5
	不完整粒（%）	≤ 6		≤ 6

[①]　余松烈. 中国小麦栽培理论与实践 [M]. 上海：上海科学技术出版社，2006：68.

续　表

项目			强筋小麦指标		弱筋小麦指标
			一等	二等	
籽粒	杂质（%）	总量	≤ 1		≤ 1
		矿物质	≤ 0.5		≤ 0.5
	色泽、气味		正常		正常
	降落数值（s）		≥ 330		≥ 300
	粗蛋白质（干基，%）		≥ 15	≥ 14	≤ 11.5
小麦粉	湿面筋（14% 水分量，%）		≥ 35	≥ 32	≤ 22
	面团稳定时间		≥ 10	≥ 7	≤ 2.5
	烘焙品质评分值		≥ 80		—

新颁布的优质小麦国家标准对强筋小麦和弱筋小麦的指标提出了更高的要求，强筋小麦还分成两个等级，这一标准规定了优质（强筋、弱筋类）小麦的定义、分类、品质指标、检验方法和检验规则。本标准适用于收购、贮存、运输、加工、销售和出口的优质商品小麦。评定优质商品小麦，降落值、粗蛋白含量、湿面筋含量、吸水量、面团稳定时间及烘焙品质评分值必须达到规定的质量指标，其中有一项不合格者，应作为普通小麦。其他常规指标，包括容重、水分、不完善粒、杂质、色泽和气味，按照普通小麦标准规定执行。

三、种植优质小麦的经济效益

在小麦的生产过程中具有三大效益：社会效益、经济效益以及生态效益。通常情况下，小麦生产最看重社会效益，同时保证经济效益和生态效益。对小麦经济效益首要主体的农户来说，其能够直接得到的利润是基础，农户只有从种植小麦中得到收益并保障生活，小麦的种植才能够长久发展。因此，推广优质小麦是提高小麦生产经济效益的重要手段，但是目前我国优质小麦的培育还有很多不足之处。

（一）优质小麦开发培育中存在的不足

普通小麦的种植按照规范的流程进行即可，但是优质小麦则具有更高、更严格的要求，农户必须对其投入更多精力和时间，并及时处理种植过程中出现的问题。就优质小麦目前的发展情况来看，市场中优质小麦并没有占据更高的竞争地位，因此大多数人认为种植优质小麦难以实现较大的经济效益，这也是优质小麦开发、培育和推广过程中遭遇的首要难题。

1. 小麦选种方面的问题

对于优质小麦的培育来说，第一步就是择优选种。品种直接影响到小麦的生长、产物数量和质量以及抗病虫害的能力，优良的品种能够让小麦拥有更强的生存能力。同时，种植地区的气候条件、土壤条件都会影响到小麦的生长发育，因此农业人员必须进行辩证分析和选择。如果在选种的时候出现差错，可能出现该品种的小麦无法适应种植区域的情况，进而出现减量、多病、生长慢等问题，大大降低小麦的种植效益。

2. 栽培技术的应用问题

我国农业领域的现状是大多务农人员的文化水平较低。每年都有大量接受过高水准教育的青壮年从农村进入城市，愿意留下发展农业的青年只是少数，从事种植行业的往往是一些不得不留在农村的老龄人员，这使优质小麦的发展和推广受到较大限制。

除此之外，发展种植业的多是散户，也就意味着农业种植大多是小规模的区域种植，种植经验以及观念的不同，使栽培技术难以统一。没有统一的栽培技术，优质小麦的生产就难以得到保障，容易出现品质方面的问题，大大影响了优质小麦的市场销量。由此可见，对于这类型的散户来说，普通小麦收益最高最快，优质小麦没有显而易见的优势，因此大部分农户对种植优质小麦并没有较高的积极性。

（二）提高优质小麦培育技术水平的要点

1. 优质小麦的品种选择

提高优质小麦培育技术的第一点便是择优、科学选种。种植优质小麦的农户必须了解种植区域的土壤条件、气候环境，以保证选择的品种能够适应该片种植区，防止出现一系列的生长问题。由于大多地区都有各自特定的播种时间，不同的地理气候环境会影响到小麦的生长，因此农户需要根据播种季节调整选种策略。在春季进行小麦播种的地区，可以选择产量较高的春小麦；而在秋季播种的地区，则需要保证选择的小麦品种具有良好的抗寒能力，从而度过冬季；对于经常出现大风的地区来说，需要选择有良好抗倒伏能力的小麦，以保证其能够安全度过强风天；在小麦病害多发的地区，农户可以分析病虫害的主要类型，选择具有对抗该类型病害能力的小麦品种，从而让优质小麦从选种的第一步就具有抵抗病虫害的能力，减少生长过程中染病的概率。

只有辩证分析不同的种植区域，并进行科学合理的选种，才能够提高小麦的生长能力，从选种阶段阻止后续问题的发生，实现优质小麦的全面发展。

2. 种植地区的整地工作和科学施肥

除了科学选种外，合理选择种植区域也是重中之重。土壤肥沃、气候环境优良、日照时间充足的种植区域能够让优质小麦的生长得到良好的保障，减少种植过程中出现问题的概率。农户在播种之前，首先要翻整土地，让种植区域中的大石块、垃圾等问题及时得到处理，保障优质小麦能够被播种在松软、平整的土地中。

在种植优质小麦的过程中，农户必须了解种植区域的土壤状况，在选择肥料的过程中结合当地条件科学施肥。可以将有机肥和复合肥按照比例搭配使用，使用有机肥可以延长种植区域的土地寿命，减少因大量使用复合肥而产生的土壤板结、酸化问题。除此之外，还需要随时观察并调整土壤的酸碱度，出现有较高酸度的土壤，则要在其中加入生石灰，从而在降低土壤酸度的同时减少生存在土地中的有害菌群，进一步降低优质小麦的染病概率。只要能够保证选地的合理性以及施肥的科学性，优质小麦的量产指日可待。

3. 病虫害的防治

病虫害是小麦生长过程中的强敌，小麦一旦染病，其产量和质量就会受到影响，因此小麦病虫害的防治尤为重要。为了能够做到及时预防、及时发现、科学治理，农户需要定期进行种植区的检查，及时清除杂物、杂草，保障小麦土壤营养充足，杜绝病虫害菌群在杂草中悄然生长，从而降低小麦染病的概率。在小麦播种前，将药剂与小麦种子进行混合，之后再放到太阳下晾晒，能够提高优质小麦的抗病虫害能力，减少病虫害的发生。在种植后，可以利用生物特性，引进一些益虫，来对抗小麦常发的病虫害，如对蚜虫的防治就可以通过引入其天敌来进行，生物类对策比农药更加安全，从而提高优质小麦成品的安全性。

（三）大力推广开发优质小麦技术的方法

当今是一个信息传播极快且广的时代，各类多媒体迅猛发展，在这样的环境下，各类资讯能够在极短的时间内为大众所知，因此优质小麦技术的推广可以依托互联网进行。

相关部门可以设立自己的信息网站，在上面发布大量的农业资讯以及科普内容，并且进行大力宣传，从而让大多农户都能够看到新的种植资讯，在网站上学习新型种植技术。单纯的文字科普远远不够，网站编辑应当发布一些视频以及图文结合的文章，从而降低种植技术的学习门槛，帮助大多老龄农户进行学习。在设立网站后，还需要配备客服热线，聆听农户在种植过程中遇到的问题，为其提供科学可行的策略，带动优质小麦种植业的全面发展。

（四）提高小麦生产经济效益的重要意义

小麦是人们的主食，而我国的小麦播种面积却逐年下降，即便如此，在我国种植业中，小麦依然具有极高的地位。因此，优质小麦的推广和种植迫在眉睫。但是，我国目前的优质小麦种植情况不容乐观，种植优质小麦不但难以获得较大的收益，甚至存在少量亏本现象，而种植面积宽广、产量较大的小麦种植是提高我国农民收入的主要途径，因此小麦必须从生产的初期起就向提高收益的方向发展。只有这样，才能够保证小麦生产的社会效益与经济效益达到平衡，提高农户的优质小麦种植积极性。此外，在我国，小麦是主要的粮食作物，提高小麦生产的经济效益也有利于提高我国粮食生产的经济效益。

（五）提高小麦乃至粮食生产经济效益的策略

1. 优质优价

想要提高小麦乃至粮食生产的经济效益，首先就是提高小麦的质量，这样才能够提高小麦的价格。无论是在国内市场，还是在国际市场，小麦都是按质量论价格的，质量越好的小麦，价格就越高，也就意味着农户能够获得更高的收益。在近些年，国产优质小麦的价格正在持续走高，进口的优质小麦则更高，由此可知提高小麦的产品品质是提高其经济效益的主要方针。经过严格选种、科学选地、合理用药等流程培育出来的优质小麦具有更高的市场竞争力以及经济效益，能够为农户带来更高的收入。

2.扩大作物生产规模与增效

除了提高小麦本身的作物质量，扩大种植规模、提高优质优价增效的总量能够直接提高经济效益。在作物种植的过程中，小麦的栽培管理具有较高的机械化程度，这使农户能够进行大规模的小麦种植。由于我国小麦种植现状是散户较多，使小麦生产规模大多较小，经济效益低，为了能够获取更高收益，许多农户选择油料、棉花等作物，难以实现小麦的规模化专业化生产。因此，从事小麦种植的农户需要掌握先进的培育技术，引入新型的生产设备，扩大小麦种植规模，提高生产率，以早日实现优质小麦的批量化生产。

3.依靠科技创新提升粮食营养品质

目前我国粮食供给现状是未能适应消费者的需求，因此需要尽早实现粮食供给侧结构性改革，通过科研技术的创新来调整粮食种植结构。在构建新体系的过程中，必须秉承"健康、营养、好吃、吃好"的粮食发展理念，积极发展粮食深加工业，从而满足人们日益增长的多元化食品需求。在粮食产品加工方面，则要注重食品的健康和品质，发展多种多样的粮食产品种类，引导消费者养成健康合理的食品消费习惯。在食品质量方面，则要对食品源头进行严格的监督和管理，以尽早实现粮食安全体系的构建。

4.积极稳步推进粮食规模化经营

粮食商品具有需求弹性小、供给弹性大的特点。如果粮食市场中某种粮食的价格有上升趋势，该类粮食的供给量就会上升，其需求的减少幅度较小；而当市场中某种粮食的价格有下降趋势的时候，该种粮食的供给量便会大大降低，而粮食需求量不会有太大的增加。由此可知，想要解决粮食需求反应迟缓的问题，主要就是让粮食从种植层面开始往规模化发展。除此之外，农业部门需要引导粮食往多元化经营方向发展，在经营模式上积极进行创新，可以借助互联网，发展电商经济，如"互联网 + 粮食"的行业态势。农业经济发展除了借助规模化作物外，还可以将其产业链延伸扩展，发展出集物流、农业种植技术、加工、观光旅游等为一体的新型领域，从而带动种植业的全面发展。

小麦是主要粮食作物之一，更是许多深加工产品的基本原材料，扩大优质小麦的种植规模、提高优质小麦种植技术迫在眉睫。推广优质小麦种植技术的过程不是一蹴而就的，而是一个循序渐进的过程，需要所有从事小麦种植行业人员的共同努力，这更离不开农业部门的积极引导。从技术、观念、规模等方面推动优质小麦的种植，从而使小麦能够同时实现三大效益，为农户带来较高的经济收益，带动优质小麦全方位发展。

四、优质小麦区划

（一）区划的依据

小麦在我国地域分布广，生态类型复杂，不同地区间小麦品质存在较大的差异。这种差异一方面由品种本身的遗传特性所决定，另一方面受气候、土壤、耕作制度、栽培措施等环境条件以及品种与环境的相互作用的影响。优质小麦区划的目的在于依据生态条件将小麦产区划分为若干个不同的优质专用小麦适宜种植区，以充分利用自然资源优势，发挥品种遗传潜力，实现优质小麦的高效生产。进行优质小麦区划是从整体上和根本上解决农民增收缓慢的重要举措，也是推进我国小麦实现区域化、专业化和规模化生产的需要。

1. 生态环境因素

小麦籽粒品质不仅受基因型控制，还受生态环境的影响。据中国农科院测定结果，就蛋白质和赖氨酸含量而言，同一品种在不同地点种植的变化幅度大于不同品种在同一地点种植的差异。因此，进行优质小麦区划必须首先考虑生态环境因子对品质的影响。

温度不但会左右小麦的生长发育过程，而且对小麦籽粒品质有明显的影响。在一定温度范围内，小麦籽粒蛋白质含量随温度升高而提高，而赖氨酸、缬氨酸、苏氨酸等含量降低，谷氨酸、脯氨酸、苯丙氨酸含量则增加，但温度过高则蛋白质含量下降。水分是影响小麦品质的重要气候因素，随着降雨量的增加，小麦蛋白质含量有下降趋势。降雨影响小麦蛋白质含量的主要时期是生育的中、后期。光照强度一般与籽粒蛋白质含量呈负相关，而日照时数与籽粒蛋白质含量呈正相关。拔节后过，较多的日照时数不利于湿面筋的形成，日照时数对沉降值的影响趋势与湿面筋相反。

纬度对小麦品质的影响表现为，随着纬度的升高，蛋白质含量、湿面筋含量、吸水率增加，面团稳定时间延长，评价值增加。在一定海拔范围内，随着海拔的升高，籽粒蛋白质含量和面筋含量下降。小麦生育天数与秆粒蛋白质含量呈负相关。小麦开花至成熟生育天数与蛋白质含量呈负相关。

2. 土壤因素

土壤类型对小麦品质有很大影响。褐土类有利于强筋小麦品质的提高，而水稻土则有利于弱筋小麦品质的改善。随着土质的黏重程度增加，小麦籽粒蛋白质含量提高。土壤有机质含量的高低影响到土壤营养元素的多少，因而明显地影响着小麦的籽粒品质。小麦籽粒蛋白质含量随土壤有机质含量的提高而增加，特别是有机质含量低于 1.3% 时，这种趋势非常明显；有机质含量超过 1.5% 以后，蛋白质含量增加趋势平缓。

土壤氮有效性对小麦籽粒蛋白质含量有明显影响。随着土壤中速效氮含量的提高，小麦籽粒蛋白质含量增加，适当晚施氮肥对提高籽粒蛋白质含量、沉降值、面筋含量及其他品质指标有利。通过合理施氮，在增加蛋白质含量的同时，籽粒的营养品质和面包的烘烤品质也得到改善。土壤磷含量与产量呈正相关，与蛋白质含量呈负相关。维持土壤有效磷含量在 22 ～ 30 毫克 / 千克的水平，对保证小麦优质高产是十分重要的。籽粒蛋白质含量随土壤钾含量的提高而略有增加，但钾含量超过 350 毫克 / 千克后，蛋白质含量下降。维持土壤有效钾在 100 ～ 350 毫克 / 千克对实现小麦优质高产有利。土壤有效硫含量与籽粒蛋白质含量呈正相关，增加土壤含硫量，有利于提高籽粒品质。提高土壤碳酸钙含量可提高小麦籽粒的蛋白质含量。土壤缺铜对小麦品质有影响，尽管小麦缺铜蛋白质含量较高，但面团特性差，面包质地疏松，发酵期间因二氧化碳逸出，导致面包塌陷，无法保持理想形状。其他微量元素含量与小麦籽粒蛋白质相关性的研究很少，影响如何，还有待进一步探讨。

3. 居民消费习惯、小麦市场需求和商品率

进行优质小麦区划，除考虑生态和土壤等因素对品质的影响外，还要根据我国居民的消费习惯。从全国来讲，面条和馒头是我国小麦消费的主体，因此应以生产适合制作面条和馒头的优质中筋或中强筋小麦为主。但近年来面包和饼干、糕点等食品的消费增长较快，在小麦商品率较高的地区应加速发展强筋小麦和弱筋小麦生产。

总之，优质小麦区划应坚持以市场为导向，以生态区为单元，以品质为主线，以效益为中心，依靠科技进步，按照品质进行。

（二）全国区划

根据我国小麦各产区的生态条件及对小麦品质的影响，全国小麦品质

可划分为三个区。

1. 北方强筋、中筋冬麦区

该区主要包括北京、天津、山东、河北、河南、山西、陕西大部、甘肃东部以及江苏、安徽北部，适宜发展白粒强筋和中筋小麦。本区可划分为以下三个亚区：

（1）华北北部强筋麦区：该区主要包括北京、天津、山西中部、河北中部和东北部地区。该区年降雨量 400～600 毫米，土壤多为褐土及褐土化潮土，质地沙壤至中壤，土壤有机质含量 1%～2%，适宜发展强筋小麦。

（2）黄淮北部强筋、中筋麦区：该区主要包括河北南部、河南北部和山东中部、山东北部、山西南部、陕西北部和甘肃东部等地区。该区年降雨量 400～800 毫米，土壤以潮土、褐土和黄绵土为主，质地沙壤至黏壤，土壤有机质含量 0.5%～1.5%。土层深厚、土壤肥沃的地区适宜发展强筋小麦，其他地区如胶东半岛等适宜发展中筋小麦。

（3）黄淮南部中筋麦区：该区主要包括河南中部、山东南部、江苏和安徽北部、陕西关中、甘肃天水等地区。该区年降雨量 600～900 毫米，土壤以潮土为主，部分为沙壤黑土，质地沙壤至重壤，土壤有机质含量 1～1.5，该区以发展中筋小麦为主，肥力较高的沙壤黑土和潮土地带可发展强筋小麦，沿河冲积沙壤土地区可发展白粒弱筋小麦。

2. 南方中筋、弱筋冬麦区

该区主要包括四川、云南、贵州和河南南部、江苏、安徽淮河以南、湖北等地区。该区湿度较大，小麦成熟期间常有阴雨，适宜发展红粒小麦。本区域可划分为以下三个亚区：

（1）长江中下游中筋、弱筋麦区：该区包括江苏、安徽两省淮河以南、湖北大部以及河南省南部地区。该区年降雨量 800～1400 毫米，小麦灌浆期间降雨量偏多，湿害较重，穗发芽时有发生。土壤多为水稻上和黄棕土，质地以黏壤土为主，土壤有机质含量 1% 左右。本区大部地区适宜发展中筋小麦，沿江及沿海砂土地区可发展弱筋小麦。

（2）四川盆地中筋、弱筋麦区：该区包括盆西平原和丘陵山地。该区年降雨量约 1100 毫米，湿度较大，光照不足，昼夜温差较小。土壤主要为紫色土和黄壤土，紫色土以沙质黏壤土为主，有机质含量 1.1% 左右；黄壤土质地黏重，有机质含量小于 1%。盆西平原区土壤肥沃，单产水平较高；

丘陵山地土层较薄，肥力不足，小麦商品率较低。该区大部分适宜发展中筋小麦，部分地区也可发展弱筋小麦。

（3）云贵高原麦区：该区包括四川省西南部、贵州全省以及云南省大部分地区。该区海拔相对较高，年降雨量800～1000毫米。土壤主要是黄壤和红壤，质地多为壤质黏土和黏土，土壤有机质含量1%～3%，总体上适宜发展中筋小麦。其中贵州省小麦生长期间湿度较大，光照不足，土层薄，肥力差，可适当发展一些弱筋小麦；云南省小麦生长后期雨水较少，光照强度较大，应以发展中筋小麦为主，也可发展弱筋或部分强筋小麦。

3. 中筋、强筋春麦区

该区主要包括黑龙江、辽宁、吉林、内蒙古、甘肃、青海、新疆和西藏等地区。除河西走廊和新疆可适当发展白粒、强筋小麦和中筋小麦以外，其他地区小麦收获前后降雨较多，常有穗发芽现象发生，可适当发展红粒中筋和强筋小麦。该区可划分为以下四个亚区：

（1）东北强筋春麦区：该区主要包括黑龙江北部、东部和内蒙古大兴安岭等地区。该区光照时间长，昼夜温差大，年降雨量450～600毫米。土壤主要有暗棕壤、黑土和草甸土，质地为沙质壤土至黏壤，土壤有机质含量1%～6%。该区土壤肥沃，有利于蛋白质积累，但在小麦收获前后降雨较多，易造成穗发芽和赤霉病发生，常影响小麦品质，适宜发展红粒强筋或中强筋小麦。

（2）北部中筋春麦区：该区主要包括内蒙古东部、辽河平原、吉林省西北部和河北、山西、陕西等春麦区。除河套平原和川滩地外，年降雨量250～480毫米，土壤以栗钙土和褐土为主，土壤有机质含量较低，小麦收获前后常遇高温或多雨天气，适宜发展红粒中筋小麦。

（3）西北强筋、中筋春麦区：该区主要包括甘肃中西部、宁夏全部以及新麦区。河西走廊干旱少雨，年降雨量50～250毫米。土壤以灰钙土为主，质地以黏壤土和壤土为主，土壤有机质含量0.5%～2.0%。该区日照充足，昼夜温差大，收获期降雨频率低，灌溉条件好，单产水平高，适宜发展白粒强筋小麦；银宁灌区土地肥沃，年降雨量350～450毫米，但小麦生育后期高温与降雨对小麦品质形成不利，适宜发展红粒中筋小麦；陇中和宁夏西海固地区，土地贫瘠，以黄绵土为主，土壤有机质含量0.5%～1.0%，年降雨量400毫米左右，该区降雨分布不均，产量水平和商品率较低，适宜发展红粒中筋小麦；新疆麦区光照充足，年降雨量 150 毫米左右，土壤主要为棕钙土，质地为沙质壤黏土，土壤有机质含量 1% 左右，该区昼夜温差较大，在肥力较高地区适宜发展强筋白粒小麦，其他地区可发展中筋白粒小麦。

（4）青藏高原春麦区：该区海拔较高，光照足，昼夜温差大，空气湿度小，小麦灌浆期长，产量水平高。通过品种改良，适宜发展红粒中筋小麦。

小麦品质是品种遗传特性和外界环境条件共同作用的结果，而外界条件包括自然生态因子和人为栽培因子两个方面。大量研究结果和生产实践证明，在相同的自然生态区，甚至相邻地块，由于人为栽培措施的不同，也会造成小麦品质的差异，甚至超过地区生态条件的差异。因而，品质生态区划仅能起到宏观指导的作用，而且区域界线是一个渐变的过程，不能机械运用。同时，即使不属于强筋麦适宜区，但通过改善栽培措施，仍可生产出符合加工要求的强筋小麦。在适宜区，即使选用了优良的小麦品种，如果栽培措施不当，生产出的商品麦仍不能达标。因此，适应目前农业结构调整的需要，加快不同类型小麦的优质高产栽培技术研究，根据不同类型品种及不同适宜或次适宜地区生态有利和不利因子，研究制订多套不同类型小麦的优质、高产、高效的综合配套体系，强力推进我国小麦品质改善和产量提高已是当务之急。当然，从根本上讲，选择在强筋（或弱筋）小麦适宜区种植优质强筋（或弱筋）小麦品种，有利于降低生产成本、增加收益，具有较强的市场竞争力，也有助于推动小麦对外贸易发展，占领国际市场。

第二节　北方优质小麦新品种

一、河北省优质小麦新品种

（一）蓄麦 118

1. 特征特性

该品种属半冬性中熟品种，平均生育期 230.4 天，与对照衡 4399 相当。幼苗半匍匐，叶色深绿，分蘖力强。成株株型紧凑，株高 70.2 厘米。穗纺锤形，长芒，白壳，白粒，硬质，籽粒饱满。亩穗数 40.5 万，穗粒数 32.4 个，千粒重 41.3 克。熟相较好。抗倒性较好。抗寒性好。

品质：2019 年河北省农作物品种品质检测中心测定，粗蛋白质（干基）14.2%，湿面筋（14% 湿基）27.5%，吸水量 58.4 毫升 /100 克，形成时间 3.0 分钟，稳定时间 2.8 分钟，拉伸面积 53 平方厘米，最大拉伸阻力 356E.U.，容重 797 克 / 升。

抗病性：河北省农林科学院植物保护研究所抗病性鉴定结果，2016—2017 年度高抗条锈病，中感叶锈病，中感白粉病，高感赤霉病；2018—2019 年度高抗条锈病，高感叶锈病，高感白粉病，感病纹枯病，高感赤霉病。

2. 产量表现

2016—2017 年度河北德利邦小麦品种测试联合体冀中南水地组区域试验，平均亩产 552.1 千克，比对照衡 4399 增产 6.5%；2017—2018 年度同组区域试验，平均亩产 433.5 千克，比对照增产 4.3%。2017—2018 年度生产试验，平均亩产 430.7 千克，比对照增产 2.45%。

3. 栽培技术要点

适宜播种期 10 月 5 日 –10 日，亩播种量 11.5 ～ 12.5 千克，晚播适当加大播量。足墒播种，播后镇压。保证基本苗 20 ～ 24 万，播前深耕，亩施底肥 50 千克复合肥，起身拔节期结合浇水亩追施尿素 25 千克。浇好冻水，返青水，加强田间栽培管理，及时防治赤霉病、蚜虫等病虫害。

（二）华麦 007

1. 特征特性

该品种属半冬性中熟品种，平均生育期 238 天，比对照衡 4399 熟期晚1 天。幼苗半匍匐，叶色深绿，分蘖力强。成株株型较松散，株高 71.1 厘米。穗长方形，长芒，白壳，白粒，半硬质，籽粒饱满。亩穗数 46.6 万，穗粒数 36.4 个，千粒重 43.9 克。熟相好。抗倒性强。抗寒性好。

品质：2018 年河北省农作物品种品质检测中心测定，粗蛋白质（干基）12.7%，湿面筋（14% 湿基）27.8%，吸水量 64.3 毫升 /100 克，稳定时间 4.4分钟，容重 822 克 / 升。

抗病性：河北省农林科学院植物保护研究所抗病性鉴定结果，2016—2017 年度高抗条锈病，中感叶锈病，高抗白粉病，高感赤霉病；2017—2018 年度高抗条锈病，中感叶锈病，中抗白粉病，感病纹枯病，高感赤霉病。

2. 产量表现

2016—2017 年度河北汇优小麦测试联合体冀中南水地组区域试验，平均亩产 547.5 千克，比对照衡 4399 增产 3.1%；2017—2018 年度同组区域试验，平均亩产 456.6 千克，比对照增产 2.9%。2018—2019 年度生产试验，平均亩产 559.70 千克，比对照增产 2.2%。

3. 栽培技术要点

适宜播种期为 10 月 5 日—15 日，亩播种量 15 千克，晚播适当加大播量。足墒播种，播后镇压。亩施磷酸二铵 30 千克、尿素 10 ~ 20 千克做底肥，起身拔节期结合浇水亩追施尿素 25 千克。全生育期在起身拔节期和灌浆初期灌溉两次为宜，忌灌浆后期浇水。加强中后期小麦吸浆虫、蚜虫、赤霉病的综合防治，做到"一喷综防"。

（三）邯农 3698

1. 特征特性

该品种属半冬性中熟品种，平均生育期 238 天，比对照衡 4399 熟期晚1 天。幼苗半匍匐，叶色深绿，分蘖力强。成株株型较松散，株高 77.1 厘米。穗纺锤形，长芒，白壳，白粒，半硬质，籽粒饱满。亩穗数 47.6 万，穗粒数 34.8 个，千粒重 45.4 克。熟相好。抗倒性较强。抗寒性好。

品质：2017 年河北省农作物品种品质检测中心测定，粗蛋白质（干基）

13.2%，湿面筋（14%湿基）31.5%，吸水量64.2毫升/100克，稳定时间3.6分钟，容重813克/升。

抗病性：河北省农林科学院植物保护研究所抗病性鉴定结果，2016—2017年度高抗条锈病，高抗叶锈病，中抗白粉病，高感赤霉病；2017—2018年度高抗条锈病，中抗叶锈病，中抗白粉病，感纹枯病，高感赤霉病。

2. 产量表现

2016—2017年度河北汇优小麦测试联合体冀中南水地组区域试验，平均亩产550.6千克，比对照衡4399增产3.7%；2017—2018年度同组区域试验，平均亩产470.2千克，比对照增产5.9%。2018—2019年度生产试验，平均亩产569.6千克，比对照增产4.0%。

3. 栽培技术要点

适宜播种期为10月5日—15日，亩播种量15千克，晚播适当加大播量。足墒播种，播后镇压。亩施磷酸二铵30千克、尿素10～20千克做底肥，起身拔节期结合浇水亩追施尿素25千克。全生育期在起身拔节期和灌浆初期灌溉两次为宜，忌灌浆后期浇水。加强中后期小麦吸浆虫、蚜虫、赤霉病的综合防治，做到"一喷综防"。

（四）金农328

1. 特征特性

该品种属半冬性中熟品种，平均生育期238天，比对照衡4399熟期晚1天。幼苗半匍匐，叶色深绿色，分蘖力强。成株株型较紧凑，株高74.2厘米。穗纺锤形，长芒，白壳，白粒，半硬质，籽粒饱满。亩穗数47.1万，穗粒数35.5个，千粒重43.6克。熟相好。抗倒性强。抗寒性中等。

品质：2018年河北省农作物品种品质检测中心测定，粗蛋白质（干基）12.7%，湿面筋（14%湿基）27.0%，吸水量59.0毫升/100克，稳定时间4.6分钟，容重770克/升。

抗病性：河北省农林科学院植物保护研究所抗病性鉴定结果，2016—2017年度高抗条锈病，中感叶锈病，中抗白粉病，中感赤霉病；2017—2018年度近高抗条锈病，中感叶锈病，高抗白粉病，中感赤霉病。

2. 产量表现

2016—2017年度河北汇优小麦测试联合体冀中南水地组区域试验，平均亩产556.4千克，比对照衡4399增产4.8%；2017—2018年度同组区域试验，平均亩产 468.3 千克，比对照增产 5.5%。2018—2019 年度生产试验，平均亩产 576.0 千克，比对照增产 5.2%。

3. 栽培技术要点

适宜播种期为 10 月 5 日—15 日，亩播种量 15 千克，晚播适当加大播量。足墒播种，播后镇压。亩施磷酸二铵 30 千克、尿素 10 ～ 20 千克做底肥，起身拔节期结合浇水亩追施尿素 25 千克。全生育期在起身拔节期和灌浆初期灌溉两次为宜，忌灌浆后期浇水。加强中后期小麦吸浆虫、蚜虫的综合防治，做到"一喷综防"。

（五）龙堂一号

1. 特征特性

该品种属半冬性中熟品种，平均生育期 238 天，比对照衡 4399 熟期晚 1 天。幼苗半匍匐，叶色浓绿，分蘖力强。成株株型紧凑，株高 68.0 厘米。穗纺锤形，长芒，白壳，白粒，半硬质，籽粒较饱满。亩穗数 46.2 万，穗粒数 36.6 个，千粒重 42.5 克。熟相较好。抗倒性强。抗寒性好。

品质：2017 年河北省农作物品种品质检测中心测定，粗蛋白质（干基）14.0%，湿面筋（14% 湿基）33.0%，吸水量 62.2 毫升 /100 克，稳定时间 4.4 分钟，容重 799 克 / 升。

抗病性：河北省农林科学院植物保护研究所抗病性鉴定结果，2016—2017 年度高抗条锈病，中感叶锈病，中抗白粉病，高感赤霉病；2017—2018 年度近高抗条锈病，中感叶锈病，中感白粉病，中感纹枯病，中感赤霉病。

2. 产量表现

2016—2017 年度河北汇优小麦测试联合体冀中南水地组区域试验，平均亩产 551.8 千克，比对照衡 4399 增产 3.9%；2017—2018 年度同组区域试验，平均亩产 459.1 千克，比对照增产 3.4%。2018—2019 年度生产试验，平均亩产 585.1 千克，比对照增产 6.8%。

3. 栽培技术要点

适宜播种期为 10 月 5 日—15 日，亩播种量 15 千克，晚播适当加大播量。足墒播种，播后镇压。亩施磷酸二铵 30 千克、尿素 10 ～ 20 千克做底肥，起身拔节期结合浇水亩追施尿素 25 千克。全生育期在起身拔节期和灌浆初期灌溉两次为宜，忌灌浆后期浇水。加强中后期小麦吸浆虫、蚜虫、赤霉病的综合防治，做到"一喷综防"。

二、山西省优质小麦新品种

（一）太紫 6336

1. 特征特性

冬性，生育期 251 天，比对照冬黑 10 号晚熟 2 天。幼苗半直立，叶片宽短，叶色绿色，分蘖力较强。株高 74 厘米，株型较紧凑，茎秆弹性较好。茎秆紫色，旗叶半直立，穗层整齐，熟相好。穗纺锤形，穗长 7.1 厘米，长芒，白壳。护颖卵形，颖肩斜肩，颖嘴中弯，小穗密度中。粒卵圆形，粒紫色，粒角质。亩穗数 35.6 万，穗粒数 35.0 粒，千粒重 37.9 克。

抗病性：2017—2018 年度、2018—2019 年度山西农业科学院植物保护研究所抗病性鉴定，中感条锈病，中感叶锈病，中感白粉病。

品质：2017 年农业部谷物及制品质量监督检验测试中心（哈尔滨）品质检测，籽粒容重 802 克/升，粗蛋白（干基）15.98%，湿面筋 35.0%，稳定时间 3.3 分钟。

2. 产量表现

2017—2018 年度参加山西省中部晚熟冬麦区水地特殊类型品种区域试验，平均亩产 446.27 千克，比对照冬黑 10 号增产 11.6%；2018—2019 年度续试，平均亩产 437.4 千克，比冬黑 10 号增产对照 8.1%。两年区域试验平均亩产 441.8 千克，比对照增产 9.8%。2018—2019 年度参加生产试验，平均亩产 423.3 千克，比对照冬黑 10 号增产 9.0%。

3. 栽培技术要点

适宜播期 9 月下旬至 10 月上旬；亩基本苗 20 万～25 万；施足基肥；浇好越冬、返青、拔节和灌浆水，在返青至拔节期随水亩施尿素 10～15 千克；腊熟期适时收获。

（二）冬黑 1206

1. 特征特性

冬性，生育期 237 天，与对照晋麦 99 号熟期相当。幼苗半直立，叶片细长，叶绿色，芽鞘紫色，分蘖力较强。株高 82 厘米，株型半紧凑，茎秆弹性中等。茎叶蜡质，旗叶直立，穗层整齐，熟相好。穗长方形，穗长 7.1 厘米，长芒，白壳。护颖卵形，颖肩方肩，颖嘴中弯，小穗密度中。粒卵圆形，粒紫黑色，粒角质。亩穗数 27.5 万，穗粒数 36.0 粒，千粒重 38.9 克。

抗病性：2017—2018 年度、2018—2019 年度山西农业科学院植物保护研究所抗病性鉴定，中感条锈病，中感叶锈病，中感白粉病。

品质：2018 年、2019 年农业部谷物及制品质量监督检验测试中心（哈尔滨）品质检测，籽粒容重 790 克 / 升、830 克 / 升，蛋白质 16.38%、14.91%，湿面筋 35.6%、32.5%，稳定时间 1.2 分钟、1.2 分钟，锌含量 46.7 毫克 / 千克、23.9 毫克 / 千克，硒含量 0.067 毫克 / 千克、0.03 毫克 / 千克。

2. 产量表现

2017—2018 年度参加山西省南部中熟冬麦区旱地特殊类型品种区域试验，平均亩产 268.8 千克，比对照晋麦 99 号增产 3.2%；2018—2019 年度续试，平均亩产 283 千克，比晋麦 99 号增产 10.7%。两年区域试验平均亩产 275.9 千克，比对照增产 7.0%。

3. 栽培技术要点

比普通小麦播种晚 3 ～ 5 天，山区旱地为 9 月下旬，丘陵区旱地为 10 月上旬，平川旱地为 10 月上中旬，地膜覆盖比露地晚播 5 ～ 7 天；亩基本苗为 15 万；施肥应适当增加磷、钾肥，配施微肥，控制施氮量；后期结合防虫治病进行一喷三防。

（三）晋麦 107 号

1. 特征特性

冬性，生育期 249 天，比对照长 6878 早熟 1 天。幼苗半匍匐，叶片窄长，叶色浓绿，分蘖力较强。株高 77 厘米，株型紧凑，茎秆弹性较好。茎叶有蜡质，旗叶下披。穗纺锤形，平均穗长 6.1 厘米，长芒、白壳。粒卵圆形，白粒，粒角质。亩穗数 36.2 万，穗粒数 27.0 粒，千粒重 35.6 克。

抗病性：2017—2018 年度、2018—2019 年度山西农业科学院植物保护研究所抗病性鉴定，中感条锈病，中感叶锈病，高感白粉病。

品质：2018 年、2019 年农业部谷物及制品质量监督检验测试中心（哈尔滨）品质检测，籽粒容重 804 克 / 升、795 克 / 升，粗蛋白（干基）13.82%、15.43%，湿面筋 31.3%、37.0%，稳定时间 1.0 分钟、1.9 分钟。

2. 产量表现

2017—2018 年度参加山西省中部晚熟冬麦区旱地组品种区域试验，平均亩产 319.2 千克，比对照长 6878 增产 6.1%；2018—2019 年度续试，平均亩产 290.8 千克，比长 6878 增产 9.4%。两年区域试验平均亩产 305.0 千克，比对照增产 7.7%。2018—2019 年度参加生产试验，平均亩产 278.3 千克，比对照长 6878 增产 8.6%。

3. 栽培技术要点

适宜播期 9 月下旬至 10 月上旬；亩基本苗 20 万 ~ 25 万；一次性施足底肥，一般每亩施农家肥 1000 千克，磷酸二铵 35 千克；及时进行一喷三防。

（四）晋太 1515

1. 特征特性

冬性，生育期 256 天，与对照长 6878 熟期相当。幼苗直立，叶片细长，叶色深绿色，分蘖力强。株高 83 厘米，株型紧凑。茎叶无蜡质，旗叶直立，穗层整齐，熟相好。穗纺锤形，平均穗长 7.5 厘米，长芒，白壳。护颖卵形，颖肩方肩，颖嘴直，小穗密度中。粒椭圆形，白粒，粒角质。亩穗数 36.6 万，穗粒数 32.2 粒，千粒重 34.9 克。

抗病性：2017—2018 年度、2018—2019 年度山西农业科学院植物保护研究所抗病性鉴定，中感条锈病，中感叶锈病，中感白粉病。

品质：2017 年、2018 年农业部谷物及制品质量监督检验测试中心（哈尔滨）品质检测，籽粒容重 794 克 / 升、814 克 / 升，粗蛋白（干基）14.68%、14.88%，湿面筋 32.0%、27.1%，稳定时间 1.3 分钟、0.8 分钟。

2. 产量表现

2016—2017 年度参加山西省中部晚熟冬麦区旱地组品种区域试验，平均亩产 375.2 千克，比对照长 6878 增产 3.7%；2017—2018 年度续试，平均亩产 314.3 千克，比长 6878 增产 4.5%。两年区域试验平均亩产 344.8 千克，比对照增产 4.1%。2018—2019 年度参加生产试验，平均亩产 272.0 千克，比对照长 6878 增产 6.1%。

3. 栽培技术要点

适宜播期 9 月下旬至 10 月上旬；亩基本苗 20 万 ~ 25 万；初冬碾压和返青前后耙耱；小麦生育后期开展一喷三防。

（五）太 714

1. 特征特性

冬性，生育期 255 天，比对照长 6878 早熟 1 天。幼苗匍匐，叶片细长，叶色绿色，分蘖力较强。株高 87 厘米，株型紧凑，茎秆弹性中。茎叶无蜡质，旗叶直立，穗层整齐，熟相好。穗长方形，穗长 6.5 厘米，小穗密度密，长芒，白壳。护颖卵形，颖肩方肩，颖嘴中弯。粒椭圆形，红粒，粒角质，饱满度较好。亩穗数 36.4 万，穗粒数 33.3 粒，千粒重 35.2 克。

抗病性：2016—2017 年度、2017—2018 年度山西农业科学院植物保护研究所抗病性鉴定，中感条锈病，中感叶锈病，中感白粉病。

品质：2017 年、2018 年农业部谷物及制品质量监督检验测试中心（哈尔滨）品质检测，容重 782 克/升、792 克/升，粗蛋白（干基）15.95%、15.79%，湿面筋 32.5%、32.0%，稳定时间 9.5 分钟、4.7 分钟。

2. 产量表现

2016—2017 年度参加山西省中部晚熟冬麦区旱地组品种区域试验，平均亩产 398.9 千克，比对照长 6878 增产 10.3%；2017—2018 年度续试，平均亩产 324.4 千克，比长 6878 增产 7.8%。两年区域试验平均亩产 349.9 千克，比对照增产 6.2%。2017—2018 年度参加生产试验，平均亩产 308.2 千克，比对照长 6878 增产 7.3%。

3. 栽培技术要点

适宜播期 9 月下旬至 10 月上旬；亩基本苗 20 万～25 万；注意防治病虫害。

（六）长 6388

1. 特征特性

冬性，生育期 254 天，比对照长 6878 早熟 2 天。幼苗半匍匐，叶片细长，叶色青绿，分蘖力强。株高 74 厘米，株型半紧凑，茎秆弹性较好。茎叶无蜡质，旗叶下披，穗层整齐，熟相好。穗纺锤形，穗长 7.3 厘米，直芒，白壳。护颖卵圆形，颖肩丘肩，颖嘴中弯，小穗密度中。粒卵圆形，白粒，粒角质。亩穗数 38.2 万，穗粒数 31.0 粒，千粒重 38.2 克。

抗病性：2016—2017 年度、2017—2018 年度山西农业科学院植物保护研究所抗病性鉴定，中感条锈病，中感叶锈病，中感白粉病。

品质：2017 年、2018 年农业部谷物及制品质量监督检验测试中心（哈尔滨）品质检测，籽粒容重 780 克/升、770 克/升，粗蛋白（干基）14.22%、16.13%，湿面筋 30.4%、31.8%，稳定时间 1.3 分钟、0.8 分钟。

2. 产量表现

2016—2017 年度参加山西省中部晚熟冬麦区旱地组品种区域试验，平均亩产 408.5 千克，比对照长 6878 增产 12.9%；2017—2018 年度续试，平均亩产 321.1 千克，比长 6878 增产 6.7%。两年区域试验平均亩产 364.8 千克，比对照增产 9.8%。2017—2018 年度参加生产试验，平均亩产 301.7 千克，比对照长 6878 增产 5.1%。

3. 栽培技术要点

适宜播期 9 月下旬；亩基本苗 22 万；施足底肥，增施有机肥，培育冬前壮苗；注意防治叶锈病和白粉病。

三、山东省优质小麦新品种

（一）华麦 188

1. 特征特性

半冬性，全生育期 233.4 天，比对照济麦 22 稍早。幼苗半匍匐，叶片细长，叶色黄绿，分蘖力强。株高 74 厘米，株型较松散，抗倒性中等，抗寒性较好。整齐度好，穗层较整齐，熟相好。穗形纺锤形，长芒，白粒，籽粒角质，饱满度好。亩穗数 44.7 万穗，穗粒数 34.8 粒，千粒重 41.7 克。

抗病性鉴定：中感纹枯病，高感赤霉病，中感白粉病，慢条锈病，高感叶锈病。

两年品质检测：籽粒容重 835 克/升、787 克/升，蛋白质含量 15.9%、14.18%，湿面筋含量 36.7%、34.5%，稳定时间 3.3 分钟、4.0 分钟，吸水率 61.4%、62.7%，

2. 产量表现

2016—2017 年度参加"华麦"黄淮冬麦区北片水地组小麦试验联合体区域试验，平均亩产 580.52 千克，比对照济麦 22 增产 4.80%；2017—2018 年续试，平均亩产 499.26 千克，比对照济麦 22 增产 3.84%；2018—2019 年生产试验，平均亩产 546.81 千克，比对照济麦 22 增产 6.43%。

3. 栽培技术要点

适宜播种期 10 月 5—15 日，亩基本苗 18 万左右，高肥水田适当降低播种量，后期控制肥水，及时防治麦蚜、叶锈病、赤霉病。

（二）山农 37

1. 特征特性

半冬性，全生育期 235 天，与对照济麦 22 相当。幼苗半匍匐，叶片细

长，叶色深绿，分蘖力强。株高 78.5 厘米，株型较紧凑，抗倒性较好，抗寒性较好。整齐度好，穗层整齐，熟相好。穗长方形，长芒，白粒，籽粒角质，饱满度好。亩穗数 36.4 万穗，穗粒数 41 粒，千粒重 41.8 克。

抗病性鉴定：高感纹枯病，高感赤霉病，中感白粉病，高感条锈病，高感叶锈病。

区试两年品质检测结果：籽粒容重 797 克/升、783 克/升，蛋白质含量 13.07%、13.54%，湿面筋含量 27.3%、27.8%，稳定时间 6.5 分钟、6.0 分钟，吸水率 56.1%、57%。

2. 产量表现

2016—2017 年度参加中作小麦联合体黄淮冬麦区北片水地组区域试验，平均亩产 604.3 千克，比对照济麦 22 增产 4.15%；2017—2018 年续试，平均亩产 508.9 千克，比对照济麦 22 增产 3.01%；2018—2019 年生产试验，平均亩产 597.9 千克，比对照济麦 22 增产 4.85%。

3. 栽培技术要点

适宜播种期 10 月 5—20 日，每亩适宜基本苗 20 万左右，晚播需适当加大播种量。春季于拔节期加强水肥管理，促大蘖成穗；开花期适时浇水，保花增粒，注意及时防治条锈病、叶锈病、纹枯病、赤霉病和蚜虫。

（三）粮圣 105

1. 特征特性

半冬性，全生育期 233.6 天，比对照济麦 22 稍早。幼苗半匍匐，叶片窄，叶色深绿，分蘖力强。株高 81.7 厘米，株型较紧凑，抗倒性较好，抗寒性好。整齐度好，穗层整齐，熟相好。穗形纺锤形，长芒，白粒，籽粒角质，饱满度好。亩穗数 43.7 万穗，穗粒数 34.5 粒，千粒重 41.3 克。

抗病性鉴定：中感纹枯病，高感赤霉病，中感白粉病，高感条锈病，高感叶锈病。

两年品质检测结果：籽粒容重 804 克/升、787 克/升，蛋白质含量 13.52%、14.07%，湿面筋含量 31.5%、34.3%，稳定时间 3.5 分钟、2.8 分钟，吸水率 57.1%、62.4%。

2. 产量表现

2016—2017 年度参加众农缘小麦联合体黄淮冬麦区北片水地组区域试验，平均亩产 593.2 千克，比对照济麦 22 增产 3.04%；2017—2018 年续试，平均亩产 470.5 千克，比对照济麦 22 增产 4.18%；2018—2019 年生产试验，平均亩产 559.2 千克，比对照济麦 22 增产 3.53%。

3. 栽培技术要点

适宜播种期 10 月 5 日—10 日，亩播量 10 千克，亩基本苗 15 万～18 万，高肥地块适当降低播种量。施足底肥，足墒播种，浇好冻水，适当推迟起身拔节水，结合浇起身拔节水每亩追施尿素 15～20 千克，适时浇好孕穗水、灌浆水。及时防治叶锈病、条锈病、蚜虫、赤霉病等病虫害。

（四）华麦 158

1. 特征特性

半冬性，全生育期 233.7 天，与对照济麦 22 相当。幼苗半匍匐，叶片细长，叶色深绿，分蘖力强。株高 71.2 厘米，株型较松散，抗倒性较好。抗寒性好。整齐度好，穗层整齐，熟相好。穗形长方形，长芒，白粒，籽粒角质，饱满度好。亩穗数 41.2 万穗，穗粒数 35.6 粒，千粒重 39.9 克。

抗病性鉴定：高感纹枯病，高感赤霉病，中感白粉病，高感条锈病，高感叶锈病。

两年品质检测结果：籽粒容重 817 克/升、782 克/升，蛋白质含量 15.87%、14.84%，湿面筋含量 37.6%、34.7%，稳定时间 7.4 分钟、4.1 分钟，吸水率 57.5%、59.6%，

2. 产量表现

2016—2017 年度参加"华麦"黄淮冬麦区北片水地组小麦试验联合体区域试验，平均亩产 574.0 千克，比对照济麦 22 增产 3.86%；2017—2018 年续试，平均亩产 498.95 千克，比对照济麦 22 增产 3.40%；2018—2019 年生产试验，平均亩产 540.71 千克，比对照济麦 22 增产 5.17%。

3. 栽培技术要点

适宜播种期 10 月 5 日—10 月 20 日，每亩适宜基本苗 15 万～18 万。注意及时防治蚜虫、叶锈病、赤霉病等病虫害。

四、河南省优质小麦新品种

（一）郑品麦 27 号

1. 特征特性

半冬性品种，全生育期 218.8～230.5 天，平均熟期比对照品种周麦

18 晚熟 0.4 天。幼苗直立，叶色浅绿，苗势壮，分蘖力较强。春季起身拔节早，两极分化快，抽穗早。株高 74.0～77.6 厘米，株型半紧凑，抗倒性中等。旗叶上举，穗下节较长，穗层整齐，熟相好。穗纺锤形，长芒，白壳，白粒，籽粒粉质，饱满度较好。亩穗数 37.0 万～40.6 万，穗粒数 33.2～36.7 粒，千粒重 40.6～43.7 克。

2. 产量表现

2017—2018 年度河南省小麦丰豫联合体冬水组区试，15 点汇总，增产点率 66.7%，平均亩产 433.3 千克，比对照品种周麦 18 增产 7.0%；2018—2019 年度续试，16 点汇总，增产点率 68.8%，平均亩产 582.7 千克，比对照品种周麦 18 增产 2.5%；2018—2019 年度生产试验，16 点汇总，增产点率 62.5%，平均亩产 593.5 千克，比对照品种周麦 18 增产 1.2%。

3. 栽培技术要点

适宜播种期 10 月上中旬，每亩适宜基本苗 16 万～20 万。注意防治蚜虫、赤霉病、叶锈病和白粉病等病虫害，注意预防倒春寒。

（二）鹤麦 601

1. 特征特性

半冬性品种，全生育期 219.1～230.5 天，平均熟期比对照品种周麦 18 早熟 0.2 天。幼苗半匍匐，叶色深绿，冬季抗寒性较好，分蘖力中等。春季起身拔节早，两极分化较快。株高 77.0～82.5 厘米，株型偏紧凑，抗倒性一般。旗叶上举，穗下节较长，熟相好。穗长方形，长芒，白粒，籽粒半角质，饱满度较好。亩穗数 36.8 万～42.2 万，穗粒数 32.0～35.5 粒，千粒重 44.2～48.6 克。

2. 产量表现

2016—2017 年度河南省小麦产业技术创新战略联盟品种试验联合体冬水组区试，11 点汇总，增产点率 90.9%，平均亩产 538.0 千克，比对照品种周麦 18 增产 4.0%；2017—2018 年度续试，14 点汇总，增产点率 78.6%，平均亩产 435.2 千克，比对照品种周麦 18 增产 4.6%；2018—2019 年度生产试验，14 点汇总，增产点率 100.0%，平均亩产 584.9 千克，比对照品种周麦 18 增产 4.3%。

3. 栽培技术要点

适宜播种期 10 月上中旬，每亩适宜基本苗 16 万～18 万。注意防治蚜虫、赤霉病、叶锈病、白粉病和纹枯病等病虫害，注意预防倒春寒，高水肥地块种植注意防止倒伏。

（三）百农5822

1. 特征特性

半冬性品种，全生育期218.6～230.6天，平均熟期比对照品种周麦18早熟0.4天。幼苗半匍匐，叶色深绿，苗势壮，分蘖力较强。春季起身拔节迟，两极分化慢，耐倒春寒能力较差。株高72.0～79.8厘米，株型偏紧凑，抗倒性一般。旗叶窄，穗下节中等，穗层整齐，熟相较好。穗纺锤形，短芒，白壳，白粒，籽粒半角质，饱满度较好。亩穗数41.1万～48.5万，穗粒数31.1～32.2粒，千粒重43.2～49.1克。

2. 产量表现

2016—2017年度河南省小麦产业技术创新战略联盟新品种试验联合体冬水组区试，11点汇总，增产点率72.7%，平均亩产525.6千克，比对照品种周麦18增产1.7%；2017—2018年度续试，14点汇总，增产点率78.6%，平均亩产434.1千克，比对照品种周麦18增产4.3%；2018—2019年度生产试验，14点汇总，增产点率100.0%，平均亩产584.0千克，比对照品种周麦18增产4.2%。

3. 栽培技术要点

适宜播种期10月上中旬，每亩适宜基本苗15万～18万。注意防治蚜虫、赤霉病、叶锈病、白粉病和纹枯病等病虫害，注意预防倒春寒，高水肥地块种植注意防止倒伏。

（四）天宁38号

1. 特征特性

弱春性偏半冬品种，全生育期214.1～227.8天，平均熟期比对照品种偃展4110早熟0.2天。幼苗半直立，叶色深绿，苗势壮，分蘖力较强。春季起身拔节早，两极分化快，抽穗早，耐倒春寒能力一般。株高71.3～77.6厘米，株型紧凑，抗倒性一般。旗叶大，穗下节短，穗层较整齐，熟相好。穗纺锤形，长芒，白壳，白粒，籽粒角质，饱满度较好。亩穗数41.0万～42.3万，穗粒数30.8～33.2粒，千粒重40.3～45.0克。

2. 产量表现

2017—2018年度河南中州小麦新品种试验联合体春水组区试，11点汇总，增产点率81.8%，平均亩产421.8千克，比对照品种偃展4110增产4.9%；2018—2019年度续试，13点汇总，增产点率76.9%，平均亩产595.7千克，比对照品种偃展4110增产4.0%；2018—2019年度生产试验，15点汇总，增产点率86.7%，平均亩产579.6千克，比对照品种偃展4110增产5.3%。

3. 栽培技术要点

适宜播种期10月中下旬，每亩适宜基本苗18万～22万。注意防治蚜虫、白粉病、条锈病、叶锈病、纹枯病和赤霉病等病虫害，注意预防倒春寒，高水肥地块种植注意防止倒伏。

（五）鼎研161

1. 特征特性

弱春性品种，全生育期215.8～230.0天，平均熟期比对照品种偃展4110早熟0.5天。幼苗半直立，叶色深绿，苗势壮，分蘖力中等，成穗率较高。春季起身拔节早，抽穗早。株高68.0～69.5厘米，株型松紧适中，抗倒性较好。旗叶短小上冲，穗下节短，穗层整齐，熟相好。穗纺锤形，长芒，白壳，白粒，籽粒半角质，饱满度好。亩穗数42.3万～46.6万，穗粒数32.2～35.3粒，千粒重41.0～43.6克。

2. 产量表现

2017—2018年度河南泽熙农作物联合体春水组区试，14点汇总，增产点率92.9%，平均亩产430.2千克，比对照品种偃展4110增产14.3%；2018—2019年度续试，15点汇总，增产点率100.0%，平均亩产606.7千克，比对照品种偃展4110增产7.9%；2018—2019年度生产试验，13点汇总，增产点率92.3%，平均亩产590.5千克，比对照品种偃展4110增产6.1%。

3. 栽培技术要点

适宜播种期10月中下旬，每亩适宜基本苗15万～25万。注意防治蚜虫、叶锈病、赤霉病和纹枯病等病虫害，注意预防倒春寒。

第三节　北方优质小麦育种关键技术

一、优质小麦高效栽培关键技术

黄淮麦区是我国小麦的集中产区。实现小麦优势产区的持续高产和优质高效是确保我国粮食生产的重要环节。本节主要阐述黄淮麦区冬小麦高产、高效关键栽培技术。

（一）培育壮苗

实现小麦壮苗的意义在于，第一，为多成穗奠定基础，冬前形成壮苗，根系发达，分蘖苗壮，制造和储藏养分多，不但利于安全越冬，而且成穗率高；第二，壮苗的分蘖按规律发生，不会有缺位现象，早发的分蘖，幼穗发蘖早，经历时间长，形成的小穗数多，为增加穗粒数提供了条件；第三，冬前形成壮苗，春季小麦拔节后茎秆粗壮，叶片挺举，穗层整齐，苗脚干净利落，不仅有利于防止倒伏，还能改善中、后期透光条件，提高光合效率，增加穗粒重。当然，壮苗的标准因土壤肥力、产量水平和品种类型而不同，只有采取相应的栽培技术措施进行调控，才能培育壮苗。

1. 耕作整地

对一年两作的麦田，前茬作物收后立即耕地，做到随收、随耕、随耙。在保证质量的前提下，尽量简化耕作整地程序，以争取适时播种，保证苗全、苗匀、苗壮。不同茬口、不同土质的耕作整地工作，必须达到深、透、细、平、实、足的要求，即深耕深翻，加深耕层，耕透耙透，不漏耕漏耙，耕层土壤上松下实，底墒充足。

（1）深耕深翻。深耕能够破除犁底层，加深耕层，改善土壤理化性状，降低容重，增加孔隙度，使水肥库容增加，促进土壤养分分解，从而提高土壤肥力。深耕还能减少杂草和病虫危害，扩大根系伸展范围，促进小麦根系生长发育，防御后期早衰和倒伏。对于土层深厚的水浇麦田，深耕在于打破犁底层；对于土层较薄的山丘地，通过深耕可以加深活土层。由于深耕易打乱土层，使当季土壤肥力降低，耕层失墒过快；土壤过松，影响麦苗生长；在干旱年份播前深耕易影响苗全、苗壮，并且费工费时和延误播期；深耕能源消耗较多，生产上常出现深耕地当季减产的实例，所以深耕必须因地制宜，最好采用大型拖拉机或小拖带双弹犁进行深耕，以确保耕翻的深度达到要求。深耕后效一般可维持 2～3 年，可以每隔 2～3 年深耕一次，这样既可防止犁底层形成，又能节约成本。水稻茬麦田插稻前大多进行了深耕，一般采用旋耕即可，这样做既省工，又利于加快整地进度，实现抢时播种。深耕要结合增施肥料，肥料多时，应尽量分层施肥，在深耕前铺施一部分浅耕翻入耕作层；若肥料少，在深耕后铺肥，再浅耕掩肥。深耕的适宜深度为 25 厘米左右。

（2）耙耢、镇压与造墒。耙耢可使土壤细碎，消灭坷垃，上松下实。目前，大部分麦田，细耙是最薄弱的环节，大拖拉机深耕后，由于缺乏深耙机具，往往用旋耕耙作业，造成表层土碎发虚，而下部坷垃打不碎，耕层空，上虚而下不实，严重影响播种均匀度和幼苗生长发育，尤其是遇到旱年，不良作用尤为明显。耙地次数以耙碎耙实、无明暗坷垃为原则，播种前遇雨，要适时浅耙轻耙，以利保墒和播种。

对耕作较晚、墒情较差、土壤过于疏松的地块，播种前后可进行镇压，以沉实土壤，保墒出苗。但土壤过湿、涝洼及盐碱地不宜镇压。

不同耕作措施必须保证底墒充足，并使表墒适宜，一般要保证土壤水分占田间最大持水量的 60%～70%。黏土地土壤含水量要达到 20%～22%，壤土地 18%～20%，沙壤土地 16%～20%。因此，除千方百计通过耕作措施蓄墒保墒外，在干旱年份播种前土壤底墒不足时，要蓄水造墒，可在整地前灌水造墒，或整地作畦，再灌水造墒，待墒情适宜时耖锄耙地，然后播种，有些田块可以在前茬作物收获前饶水造墒，也可整地后串沟。对于下湿地要注意排水放墒，防止产生渍害，烂籽烂苗。

（3）整地作畦。水浇麦田要求地面平整，以充分提高灌水效率，并保证播种深浅一致，出苗整齐。为此要坚持整平土地，作到耕地前大整，耕地、作畦后小整。所谓地平，就是地面平整，既有利于机械化耕作，提高播种质量，又有利于灌水均匀，达到不冲、不淤、不积水、不漏浇的要求。畦子规格各地差异较大，原则上，畦长一般不超过 50 米，畦宽不超过 10 米。另外要考虑到种植方式与播种机配套。

2. 施肥技术

增施肥料、培肥地力，充分满足小麦各个时期对养分的需要，是实现小麦优质、高产的根本途径。我国大部分高产麦田的养分状况为耕层有机质 1.3% 以上，全氮 0.07% 以上，水解氮 40 ～ 50 毫克 / 千克，速效磷 25 毫克 / 千克左右，速效钾 100 毫克 / 千克左右。但多数麦田，尤其是中产以下麦田，土壤有机质不足，缺氮、少磷，部分地区缺钾，缺微量元素的面积和程度呈不断加重趋势，而在施肥中，氮、磷比例或氮、磷、钾比例却严重失调，高产麦田施氮肥过多，技术不当也是突出问题。施肥技术在优质小麦高产栽培系统中一直是重要组成部分，土壤有其自身的供肥特性，与小麦的生长发育要求不太一致，即使是较高肥力的土壤，也应借助于施肥措施调节，平衡土壤与小麦的养分供求关系。小麦施肥应坚持提高产量、改善品质、节约成本三大目标，做到：第一，有机肥为主、化肥为辅。有机肥养分全，肥效稳而持久，对提高产量、改善品质、培肥地力、提高稳产性和降低生产成本有显著的作用，并且可以提高小麦生育期间对外界不良条件的缓冲能力。第二，底肥为主、追肥为辅。小麦从出苗到返青以前，需氮量约占总需氮量的 1/3，此期幼苗对氮、磷营养反应敏感，底肥供应充足对培育出冬前壮苗意义重大。第三，氮、磷、钾合理配比。

（1）有机肥的施用。增施有机肥可明显增加土壤有机质含量，提高土壤肥力。一般增施有机肥与其他肥料结合为好，这样可以改善土壤物理性状，调节其他养分含量。高产麦田的有机肥用量应占小麦总施肥量的 60% 以上。一般每亩施有机肥 4000 ～ 5000 千克以上，而中产麦田有机肥施用量为 2000 ～ 3000 千克。

目前，在有机肥肥源缺乏的情况下，秸秆还田是增施有机肥最有效的途径。秸秆还田有多种形式：小麦高留茬；麦秸覆盖还田；玉米秸、小麦秸机械粉碎还田等。

在运用以上三种秸秆还田技术时，必须配套采用以下措施：①对秸秆还田地块补施一定量的氮肥，防止出现微生物与小麦争氮的现象。一般补施纯氮的数量为秸秆还田量（干重）的 1% ～ 1.3%，如还田秸秆 200 千克，应补施纯氮 2 ～ 2.6 千克，折合尿素 5 ～ 6 千克。②翻压秸秆的田块要保持充足的水分，以利于土壤微生物的活动。例如，在玉米收获前 10 天一直无雨，应先浇水，收获后翻压秸秆；如果翻压后过于干，也可翻后灌水，土壤含水量应维持在田间最大持水量的70%。③搞好秸秆直接还田的麦田病虫害防治，对于病虫害严重的秸秆不宜直接还田，应将其高温堆沤后再使用。

（2）氮、磷、钾的施用。目前确定适宜施肥量有两种方法，一种是测土配方平衡施肥，即根据小麦产量、需肥规律、土壤供肥性能与肥料效应，在施农家肥的基础上，提出氮、磷、钾和微量元素的适宜用量和比例，以及相应的施肥技术；另一种是根据肥料报酬递减率通过施肥量田间试验，运用肥料效应方程式算出适宜施肥量。生产上多采用第一种方法。

小麦一生中吸收的氮、磷、钾总量，因气候、品种和产量水平不同而有所不同。根据全国多数高产单位的研究结果，每生产100千克小麦籽粒，约需吸收纯氮3千克，五氧化二磷1.5千克，氧化钾2～4千克。小麦所吸收的养分，除来自当季施入的肥料外，有相当一部分是由土壤中储存的养分供给的。当季施入的肥料，有一部分被土壤固定，一部分被淋溶或挥发，被利用的仅仅是其中的一部分。从理论上讲：

$$当季施肥总量=\frac{计划施肥量-土壤供肥量}{肥料利用率}$$

土壤的供肥量可根据20厘米耕层内土壤养分含量的数据来计算，但取得这些数据需经过化验分析，简便的办法是做不施肥的空白试验，根据所收获的产量推算出供肥量。例如，当前我国一般亩产400千克麦田的基础地力为250千克左右，肥料的利用率因种类不同差异很大。尿素、硫铵一般为50%，碳铵为40%，过磷酸钙为20%，氯化钾为60%左右，有机肥仅15%左右。

拟在250千克空白地力水平获得400千克的产量，每亩施用的纯氮量计算如下：

①每100千克籽粒需纯氮3千克，已知这类土壤的地力为亩产250千克，所以，所需补充的纯氮量为：（400-250）×3=4.5（千克）

②施用的氮素肥料利用率以40%计；

③每亩需纯氮11.25千克。

由此可知，若每亩施用一定量的有机肥，再施用10～12千克纯氮，配一定量的磷、钾肥，就可获得每亩400～500千克的产量。在不同的地力水平下，施氮的增产效果有所不同。产量水平越低，施氮的增产效果越显著，随着产量水平的提高，增产效果逐渐降低。在优质小麦高产栽培中，随着施氮量的增加（一定范围内），小麦产量提高，品质改善，但氮肥对产量提高和品质改善的作用因土壤基础地力不同而存在差别，地力水平较低的地块，施氮的增产效果显著，提高籽粒蛋白质含量和加工品质不很明显；在接近最高产量的高肥地，氮肥对提高籽粒产量的作用较小，而对提高籽粒蛋白质含量和改善品质作用较为明显。当然，施氮量超过一定限度后，氮肥利用不经济，效益降低，甚至导致小麦品质下降。因此，在亩产 500 千克以上的地力条件下，每亩施纯氮 14 ～ 16 千克，即可达到优质高产高效的效果。

磷肥的施用试验证明，在施氮量较少、产量水平较低的地块，磷肥的增产效果不明显，随施氮量增加和产量水平的不断提高，一般大田氮、磷比例失调，磷肥的增产效果越来越明显，甚至超过氮肥的增产效果。另外，磷肥增产效果与土壤速效磷含量有密切关系。在土壤速效磷含量小于 30 毫克 / 千克的情况下，土壤速效磷含量越低，施磷的增产效果越明显。但是，大量施磷在使产量提高的同时，容易导致小麦籽粒内氮素被稀释，导致籽粒蛋白质含量降低。因此，就亩产 500 千克以上的地块而言，每亩适宜施磷量为 P_2O_5 7 ～ 10 千克左右。

近年来，随着作物产量的不断提高，作物带走的土壤钾越来越多，只靠施有机肥，已不能满足小麦优质高产对钾素的需求，尤其在大部分麦田土壤钾素含量有逐渐降低趋势的情况下。一般认为，土壤速效钾含量低于 50 毫克 / 千克为严重缺钾，50 ～ 70 毫克 / 千克为一般性缺钾。在土壤速效钾含量小于 100 毫克 / 千克的地块，补充一定量的钾肥，不但可以提高小麦产量，而且能够改善籽粒品质。一般在亩产 500 千克的地力条件下，钾肥的适宜用量为每亩 K_2O 7.5 千克左右。

氮肥的施用方法主要有基肥、种肥和追肥。生产实践证明，基肥和种肥是壮苗肥，可有效增加亩穗数和穗粒数，其适宜施用量幅度较大，对产量形成利多弊少。在分期追肥中，拔节肥是协调小麦高产和优质的关键肥，合理运用基肥和拔节肥，可以协调壮苗与防止倒伏贪青的矛盾，并促使产量增加和品质改善同步增长。因此，在目前小麦优质高产栽培中，应把施足基肥和重施拔节肥相结合作为氮肥运筹的基本形式。适宜氮肥基追比例为：底施 50%，拔节期追施 50%。易挥发的氮素化肥——碳铵用作基施，尿素等较稳定氮肥用作追施较为适宜。

磷肥多用作基施，采用地面撒施翻耕。最新研究发现，科学的磷肥施用方法是 70% 磷肥于耕地前均匀撒施于地面，耕翻入土，30% 的磷肥于耕后撒于垡头、耙平，或作好畦后，用化肥耧串施于畦中。但土壤缺磷，或基肥未施足磷肥的麦田，开沟追施也有增产效果。

钾肥的施用方法目前一般作基肥，于耕地前撒施于地表面，耕地翻入地下。

由于种肥集中在种子附近，对促根增蘖、培育壮苗有明显作用，特别是在土壤瘠薄、基肥不足及误期晚播的情况下，增产效果尤为显著。在选用种肥时，必须尽量选用对种子或幼芽副作用小的速效肥料。在现有氮素化肥中，硫酸铵吸湿性好，易于溶解，适量施用，对种子萌发和幼苗生长无不良影响，适合作小麦种肥。尿素含氮量高，浓度大，而且含有缩二脲，影响种子萌发生长，如需做小麦种肥，用量不宜过大，最好用耧先施种肥，再播种，尽量避免与种子接触。碳酸氢铵、硝酸铵吸湿性很强，极易吸水溶化，易烧伤种子和幼芽或影响种子萌发和幼苗生长。过磷酸钙易于溶解，在土壤中移动性小，钙、镁、磷肥无腐蚀性，都可作为种肥。磷酸二铵含氮、磷多，做种肥效果最好。使用硫酸铵和磷酸二铵作种肥，一般可按种子量的 20% 左右施用，在机播条件下，如用氮、磷化肥作种肥，可在播种机上加上种肥箱，以便同时下种和下肥。

微量元素也是小麦生长发育必需的营养元素，小麦缺少微量元素，即使土壤中氮、磷、钾充足，也会生长不良，不仅影响产量，还影响品质。小麦常用的微量元素为锌、硼、锰等，而这些元素在我国大部分麦田处于较低的水平，需要补施。据研究，土壤中有效硫量低于 16 毫克 / 千克时，小麦就有缺硫的可能。土壤有效锌含量 0.6 毫克 / 千克为小麦缺锌的临界指标。土壤易还原锰为 100 毫克 / 千克，可作为缺锰的临界指标。土壤有效钼的临界指标为 0.15～0.2 毫克 / 千克。因此，在进行小麦优质高产栽培时，根据土壤中各种微量元素的有效含量，一般在缺乏上述元素的土壤中，每亩施硫酸锌 1 千克、硼砂 0.5 千克、硫酸锰 1 千克、钼酸铵 0.5 千克，这些微量元素可以作基肥或种肥施用，也可以进行叶面喷施。缺硫的土壤，氮肥应选用硫酸铵，磷肥应选用过磷酸钙，在补充氮、磷的同时也补充了硫素。

3. 播种技术

（1）选好品种。选好品种对实现小麦优质高产至关重要。要坚持以下原则：第一，根据当地土壤、气候和生产条件，因地制宜，选择良种，做到品种与地力相适应。第二，优质与高产并重。尽可能选择既有高产潜力，又品质优良的品种。第三，区域布局。发展优质小麦生产，最终要分品种收贮和销售，所以，在一定区域内选用品种时一定要考虑连片种植，如一村一品，以便分品种统一收获，统一购销，防止混杂。最好选用经过精选的合格种子。

另外，小麦播种前，采取物理、化学的办法处理种子或进行浸种催芽，有促使种子早发、快发、增根、增蘖等作用。较常用的方法有播前晒种、浸种催芽、植物激素和微量元素浸种或拌种。晒种的办法一般在阳光较强的情况下，将种子摊成 3 厘米厚，晒 1 ~ 2 天即可。催芽时，可先将种子浸泡在 50℃ 温水中 10 ~ 15 分钟，捞出后堆放，盖上湿麻袋或湿草袋，半天后翻倒一次。种子萌动前，堆内温度保持在 30℃ 左右，萌动后保持在 20℃ 左右，适宜温度的控制可通过喷洒冷温水来调节。经一昼夜后，等露白萌发，即可播种。

（2）适期播种。播期早晚是能否培育壮苗的关键。播种过早，苗期温度过高，麦苗容易徒长，冬前群体发展难以控制，土壤养分早期消耗过度，易形成先旺后弱的"老弱苗"，春性较强的品种冬季还易遭受冻害。播种过晚，冬前生长积温不够，苗龄太小，冬前营养生长量不够，形成晚茬弱苗，分蘖不足，根系不发达，抗逆性差而难以高产。适期播种的小麦，麦苗健壮，较过早和过晚播种的小麦增产 5% ~ 20%，同时可节约肥料 20% 以上。

确定适宜播期原则上要考虑：①地理位置及地势。一般纬度和海拔越高，气温越低，播期应提早一些，反之则应晚一些。②品种特性。在同一纬度、海拔高度和相同的生产条件下，春性品种应适当晚播，冬性品种应适当早播。③当地土、肥、水条件。一般小麦高产田，肥水供应能力较强，土壤中固、液、气三相比协调较好，麦苗生长发育较快，播期不宜过早，以防冬前旺长。肥水供应能力差的瘠薄地，麦苗生长发育慢，可适当提早播种，以利培育冬前壮苗。黏土地质地较紧，通透性差，幼苗发育慢，与沙土地相比，也应适当早播。旱地底墒差，幼苗生长慢，与水浇地相比也应早播。更重要的是冬前积温，因为冬前苗情的好坏，与冬前积温有密切关系。根据河南省多年的生产实践经验，壮苗的主要标志之一是主茎叶片数：春性品种一般是 6 叶 1 心，半冬性品种是 7 叶 1 心。一般在麦苗出土以后，主茎每生长 1 片叶子所需积温，依品种特性、气温高低、播期早晚有所不同，按每长 1 片叶子平均需 75℃，播种至出苗按 100℃计算，弱春性品种需 625℃，半冬性品种需 700℃。因此，从当地多年的气象资料中，找出昼夜平均温度降到 0℃的日期，由后向前推算，将逐日昼夜平均温度高于 0℃以上的温度累加起来，直到总和达到或接近所要求的积温指标那一天，可作为理论上的最适播期，这一日的前后 3 天左右，可作为这个地区某类品种的适宜播期范围。但是，生产实践中所遇到的天气，年际间有所不同，常会出现秋暖年、秋冷年和正常年，因此，在确定了理论上的适宜播期以后，还要根据当年的气象预报适当加以调整。

（3）适宜播量。适宜播量应根据当地土壤肥力、品种特性、种子质量以及栽培技术等因素而定。若采用分蘖成穗率高得多穗型品种，基本苗宜少；若是分蘖成穗率低的大穗型品种，播种量要适当加大；播种较早的，播种量要适当减少，反之可适当加大；肥力基础高、水肥充足的麦田，基本苗宜少；地力瘠薄、水肥条件较差的麦田，应以主茎成穗为主，基本苗宜密。

播量的确定，可根据"以田定产，以产定种，以种定穗，以穗定苗，以苗定播量"进行。以田定产和以产定种就是根据土壤肥力高低和常年产量水平以及栽培技术提出产量指标，再根据产量指标，确定适宜的品种。以种定穗是根据不同品种和产量指标，定出单位面积成穗数；以穗定苗就是根据单株成穗数而定出合理的基本苗数。例如，在高产条件下，大穗型品种单株成穗在 2.2 万～ 2.5 万，多穗型品种在 3.5 万～ 4 万之间，若预定每亩成穗 45 万，多穗型品种亩基本苗就必须在 11 万～ 13 万。综合各地多年来的高产实践，亩产 500 千克的高产地块，在适宜播期内，多穗型品种亩基本苗在 12 万左右为宜，大穗型品种亩基本苗在 14 万～ 16 万为宜。

在基本苗确定以后，根据品种种子大小、发芽率、田间出苗率等，就可计算出单位面积的适宜播种量：

$$每亩播种量（千克）=\frac{每亩计划基本苗数×千粒重（克）}{1000×发芽率×田间出苗率×1000}$$

（4）选用适宜的配置方式，提高播种质量。根据品种生长发育特性，可选择适宜的配置方式。如果选用分蘖成穗率低的大穗型品种，可采用窄行距条播，行距一般在16厘米左右；若是分蘖成穗率高得多穗型品种，可采用宽窄行条播，宽行30厘米，窄行20厘米（简称20×30）或者窄行17厘米，宽行30厘米（简称17×30），以利群体发展，改善通风透光条件。

小麦播种质量的要求是播深适宜，落种均匀。适宜的播种深度以3～4厘米为宜。播种过浅时，播种层土壤宜在种子发芽出苗过程中严重失墒而落干，出现缺苗断垄现象，同时小麦分蘖节离地面过近，抗冻能力弱，不利于麦苗安全越冬。播种过深，出苗率低，更为严重的是出苗时间长，地中茎伸长过长，出苗过程消耗种子中大量的营养物质，麦苗生长细弱，抗冻能力弱。

建议在产量水平较高的地区，推广使用山东省莱芜市精密播种机厂生产的2BJM型锥盘式精密播种机。该播种机是中国农机研究院主持研制的新技术产品，结构合理，操作简便，既能进行每亩3～6千克的精播，又能进行每亩7～18千克的条播，其核心部件精密排种器采用整体锥面型孔盘、限量刮种器和柱塞式镶嵌胶轮投种器，巧妙地组成一器三行，较好地解决了窄行距精播机总体配置拥挤和通过性能差的难题。经国家小麦工程技术研究中心在河南省不同生态区引进示范，该技术产品排种均匀，粒距合理，播深易调，节本省种，配合施肥整地，基本解决了小麦高产栽培中苗齐、苗匀、苗壮的问题。

（二）创建优质群体结构

麦田的群体动态结构包括两方面内容，一是数量方面的，包括苗、蘖、穗的多少和叶面积的大小，以及干物质积累情况；二是质量方面的，包括群体的分布、长相和个体各种器官的整齐度。不同生育时期的群体和个体动态指标与小麦产量及其构成因素有密切联系，因为在目前小麦生产中还存在不少矛盾，如在高产条件下高产与倒伏、高产与穗多粒秕、高产与优质的矛盾，在旱作和中等肥力条件下，穗粒重不稳的矛盾，本质上都是群体与个体的矛盾。解决矛盾的根本途径是，通过正确运用肥水、密度等措施，建立合理的群体结构，改善光合性能，保证良好的营养条件，促进小麦健壮生长发育，最终实现高产与优质的目标。

1.群体结构的内容与指标

（1）基本苗。每亩基本苗是调节群体发展的起点，也是调节合理群体结构的基础，如前所述，它随自然条件、生产水平、品种特性、播种期和栽培方式而有很大变化。

（2）分蘖数。每亩蘖数是指主茎和分蘖的总数，它反映了从分蘖到抽穗阶段麦田的群体变化情况，是生产中采取促进或控制措施的主要依据。

①冬前分蘖数，即在小麦越冬前停止分蘖时每亩分蘖的总数。适时播种、墒情较好的麦田，冬前分蘖数占总蘖数的 60%～70%。在群体分蘖发展动态中，以冬前分蘖数最为重要。因为冬前分蘖生长早，叶面积大，根系发达，故成穗率高，穗部性状也好。冬前分蘖过少，即使翌年积极促进春季分蘖成穗，也难以达到计划穗数或者下落穗多，穗头小，每穗粒数少，粒重低；如果冬前分蘖过多，势必造成翌春群体过大，株内行间遮光郁蔽，个体发育状况低劣，且招致倒伏的危险。

②春季最高总蘖数，即小麦起身期的每亩总蘖数。一般春季分蘖占总蘖数的 30% 左右。如果冬前播种晚，春季分蘖较多，春季分蘖生长时间短，营养器官生长较差，成穗很低，穗部性状也差，而且春季分蘖多势必恶化拔节期田间的光照条件，使茎秆软弱，易招致倒伏的危险。所以，高产栽培的原则是冬前分蘖够数而不过头，尽量减少春季分蘖的滋生。但是春季分蘖过少，说明麦田脱肥缺水，预示有转弱的趋势。一般高产田春季分蘖增长率控制在总蘖数的 20%，春季最高总蘖数为计划穗数的 2 倍左右为宜。

（3）每亩穗数。亩穗数是群体发展的最终表现，它既反映抽穗后群体的大小，又是产量的构成因素，所以，亩穗数是衡量合理群体结构的一项重要指标。在生产中，每亩穗数主要是依品种特性和地力水平而定的。一般在低产变高产阶段，要求随着地力水平的提高逐渐增加亩穗数；中产变高产阶段，要求在达到适宜亩穗数的基础上提高穗粒重。在河南省的生态条件下，大穗型品种周麦 16，要求亩成穗数 38 万左右，多穗型品种豫麦 49，要求亩成穗数 45 万左右。在一般情况下，随穗数的增加，每穗粒数减少，亩粒数虽然接近，但粒重会受到影响。

（4）叶面积指数。叶面积指数是衡量小麦群体大小的重要指标之一。不同品种以及同一品种在不同的土壤肥力条件下，各有其适宜的叶面积指数。叶面积指数过大或过小，均易导致产量下降。随着土壤肥力的提高，最适叶面积指数在提高，尤其是近年来，随着理想株型小麦品种的选育成功，如选育出的具竖叶型或半竖叶型品种，叶片短宽挺举，与茎秆夹角较小，小麦各生育时期最适叶面积指数也在提高。据河南农业大学、国家小麦工程技术研究中心研究，在当前亩产 500 千克以上的条件大穗型品种周麦

16 为半竖叶型品种，各生育时期叶面积指数为越冬期 2 ~ 3，返青期 42，起身期 5.4，孕穗期 7 ~ 8，灌浆中期为 4 ~ 5；多穗型小麦品种豫麦 49 为竖叶型品种，叶面积指数在越冬前为 1.2 ~ 1.3，返青期为 2.5 ~ 3，起身期为 4.8 ~ 5.4，最大叶面积指数在孕穗期为 8.5 左右，灌浆中期仍能维持较大的绿叶面积，花后 15 天叶面积指数不少于 5.0，花后 25 天维持在 1.8 左右。

（5）群体质量。个体在不同生育时期的健壮度和整齐度标志着群体质量。整齐度可以用个体数量（分蘖数、叶面积、株高和干物质重量等）的变异系数或其倒数表示。个体在各生育时期的各种数量性状的变异系数较小时，单穗生产力大，群体产量高。在同一群体内，前、中期的单株分蘖数、次生根数、叶面积等的整齐度，均与单株干重的整齐度呈显著或极显著的正相关，可将这些指标归结为单株干重的整齐度，前、中期各种指标的变异系数不应高于 20%。抽穗持续时间的长短和每天抽穗的数量在整个群体中所占比值，是群体从出苗到抽穗各种整齐度指标的综合反映。抽穗愈晚，穗部性状愈差，单穗生产力愈低。

2. 群体结构的调节

（1）合理施肥，为群体合理发展奠定基础。基肥和种肥是培育壮苗的高效肥，但由于地力及施肥量不足等原因，仍有不少田块难以形成足够的冬前总蘖数；而高肥地施肥量过多，尤其氮肥施肥量过大，则难摆脱冬前群体过度发展，拔节期群体结构恶化，贪青而降低粒重。通过调节基肥和种肥施用量可有效地调节群体发展。

（2）确定适宜的群体发展起点。群体发展以基本苗为起点，在合理确定基本苗数的基础上，选择适宜的播种期显得格外重要。生产实践证明，在高肥水条件下，播种期过早，即使减少播种量也难以控制群体发展。显然，适当延迟播种期是高肥地小麦控制冬前适宜群体的最简单有效的措施。

（3）利用群体结构好的品种。在高肥条件下，应选择分蘖力适宜，春生分蘖少，分蘖两极分化快，成穗率高，叶片直立，大小适中，对肥料敏感性差，矮秆抗倒，后期叶片落黄好的中、大穗型品种。在中、低肥条件下，应选用分蘖力较强或适中，植株稍高，叶片窄长，根系发达的品种，以利于扩大群体，充分利用地力。

（4）因苗管理，使群体向预定目标发展。在不同的生态条件下，或者在同一生态条件下的不同地块，由于种种原因，其群体、个体生育状况会发生各种不同的变化，或多或少地偏离预定的轨道，必须根据天、地、苗情变化，对群体结构及其变化方向进行预测，及时进行有效促控，使群体、个体沿预定轨道发展。

下面以河南省高产田小麦为例，简述田间管理群体调控的主要技术措施：

一是冬前阶段。越冬前主茎叶龄达到 7 叶左右，群体亩茎蘖数 70 万～80 万，单株分蘖 7 个左右，次生根 10 条左右，半冬性小麦品种幼穗分化达单棱末或二棱初期，弱春性品种达二棱中期。叶面积指数 2 左右，亩生产量 85 千克左右。苗色深绿不脱肥，植株健壮无病虫。越冬期间每增加 1 片叶，其他指标相应增加。此期田间管理的主要措施：查苗补种，疏密移栽。种子出苗后，如发现有断垄，要及早浸种补种，若在三叶期后发现有断垄现象，应在同一地块稠苗处挖一些苗补栽，对疙瘩苗要进行疏苗，去弱留壮。科学灌水。为了实现小麦高产优质的目标，在小麦播种底墒充足，达到冬前壮苗的前提下，冬前一般不浇水。如遇到以下情况可浇水：第一，播种期干旱，底墒不好，但有一定底墒，或喷灌出苗，在这种情况下，为保证壮苗，实现安全越冬，可在小麦分蘖期浇水。第二，小麦播种时天气比较干旱，施底肥不足，冬前群体、个体达不到壮苗标准，如亩群体在 50 万以下，可结合追施氮肥浇一次水；浇封冻水是小麦高产的一项传统经验，可减轻麦苗越冬冻害，防御春季干旱。冬灌时间应掌握在日均温降至 5℃左右时进行，但应避免大水漫灌，晚播弱苗和旺长麦田最好不浇。冬灌后及时划锄，破除板结，松土保墒，群体头数超过指标的麦田要进行深中耕或镇压，并及时中耕锄草保墒。

二是春管阶段。适宜亩最高茎蘖数 80 万～90 万，叶面积指数起身期 3 ～ 4，最大叶面积指数 7 ～ 8，拔节期平均单株分蘖 8 个左右，其中大分蘖应占 60%～70%；茎秆第一、第二节间健壮，无病虫感染，不倒伏。此期麦田管理的主要措施：对于壮苗麦田，返青期不追肥灌水，只进行中耕，松土保墒，提高地温，以促进稳健生长，至拔节期结合浇水，追施总氮量的 30% 或 50%；对起身期群体头数超过预定指标，叶色浓绿的麦田，应采取镇压、深中耕等措施，抑制生长；旺长麦田，返青期严禁施肥浇水；对于返青期亩群体在 50 万以下的弱苗麦田，应在返青期肥、水共用，争取有较充足的头数，施肥灌水后及时中耕，松土增温，促进生长；根据病虫预报，及时防治纹枯病、白粉病和树虫等；孕穗期土壤水分不足时及时灌水，对叶色变淡麦田可喷尿素溶液。

（三）保根护叶防早衰

小麦从抽穗到成熟要经历抽穗、开花、受精、籽粒形成与灌浆等生长发育过程，由于各地生态条件不同，经历时间长短不同，在河南省一般为40天左右。虽然小麦生育后期经历天数只占全生育期的1/6左右，但直接影响到产量的高低和品质的好坏。此期对穗粒数影响较大，是决定粒重的关键时期。后期管理的主要任务是争取较多的穗粒数，促进正常成熟和增加粒重，提高籽粒产量和品质。而此阶段常有高温、干旱、风、雨、雹等灾害性天气，导致小麦倒伏、青干，影响正常落黄成熟，使粒重下降，而且还常发生白粉病、赤霉病、蚜虫、吸浆虫等危害，影响产量和品质。研究表明，小麦籽粒中积累的干物质大约有三分之二以上来自开花以后的光合产物，由开花前储存在茎、叶、鞘中的物质运转来的不到三分之一。在河南省的生态条件下，年际间同一品种在相近条件下，因生长后期条件适宜与否，每穗粒数相差 1 ～ 3 粒，千粒重浮动 10% ～ 30%，产量浮动 20% ～ 30%。除自然因素外，小麦早衰对产量也有很大影响。

小麦生育后期的营养体衰是限制籽粒增产的重要因素。近年来我国高产麦田产量难以有突破性提高，除品种因素外，重要原因是没有协调好生育后期生长发育与衰老的矛盾。因此，在小麦生育后期的主要任务是采取措施对小麦衰老进行有效调控，防止早衰，使其正常衰老。

延缓小麦衰老主要是通过延长小麦开花至成熟阶段的时间来实现的。我国小麦生产实践证明，在黄淮冬麦区，小麦成熟阶段处于气温日益升高的条件下，而且常常发生干热风，延长生育期易造成小麦高温逼熟、青枯死亡；同时下茬秋作物也急需腾茬。所以，延缓衰老的途径是延长缓衰期，推迟速衰期，保持较长的光合速率高值持续期，提高此期的籽粒灌浆速率，提高粒重。

1.科学补肥

小麦生长后期贪青主要是由于生长前期氮肥过多造成的，根本解决途径是控制拔节以前的氮肥施用量。在此基础上，对于缺肥可能导致早衰的麦田，可以在孕穗期通过施孕穗肥加以适当调节。生长后期不缺肥的麦田，不必增施氮肥，但对地力较差、生长前期未施足氮肥的麦田，抽穗前后叶片已趋脱肥发黄，可结合抽穗扬花水追施少量氮肥，如亩施不超过 5 千克的尿素。研究表明，这样的麦田施少量氮肥，绿叶功能期可延长 1～2 天，千粒重可增加 2 克左右。同时，开花肥是提高籽粒蛋白质含量的高效肥，为改善品质，在保证氮素营养不过头的前提下，可在开花期酌情施肥。对碳、氮比例失调、可能贪青的麦田，可在开花灌浆期采用叶面喷洒 0.3% 的磷酸二氢钾或生长激素、抗旱剂等加以调节。

对于强筋优质小麦品种而言，除开花期和灌浆期叶面喷氮外，喷洒丰优素既可增加粒重，也可以改善品质。具体做法是，在扬花后 5～10 天喷洒，每亩用 20 毫升丰优素加水 30 千克。

2. 合理灌水

小麦抽穗灌浆期需水较多，耗水量可占全生育期总耗水量的三分之二，需要通过浇水满足供应。干旱不仅影响粒重，抽穗扬花期干旱还会显著影响粒数。但成熟前土壤水分过多会影响根系活力，甚至引起根系早衰，在氮素营养过剩的情况下，还会加重贪青晚熟趋势，降低粒重。根据高产实践经验，在土壤保水性能好的高产麦田，一般在浇足孕穗水的基础上，浇一次灌浆水即可。若孕穗水未浇，或因土壤保水性能差、天气干旱等，抽穗时土壤过干，可增加一次抽穗扬花水。对于强筋小麦品种而言，进入乳熟期以后，就应适当控水，原则上在开花后 10 天左右浇灌浆水，以后不再浇水。

3. 防止倒伏

小麦倒伏后，叶片茎秆 2 相重叠，影响光合作用正常进行，植株输导组织遭到损伤，养分和水分运转受阻，正常代谢活动受到破坏，千粒重明显下降。下部叶片和部分单基因得不到光照甚至引起死亡，影响穗数。一般小麦抽穗前后倒伏减产 30%～40%，灌浆期倒伏减产 10%～30%。防止倒伏的根本途径是调整施肥技术与控制群体，但后期倒伏与浇水有关。所以，小麦抽穗后浇水，一定要控制灌水次数，且不能过晚。灌水时应选择无风天气和掌握水量，浇后不使地面积水。

4. 防治病虫害

小麦生长后期年年均有多种病虫害发生，造成叶片及养分损失，大幅度降低粒重，导致小麦籽粒品质变差。对于强筋小麦品种而言，由于小麦植株体内可溶性糖及可溶性氮化物较多，尤其容易受到蚜虫、红蜘蛛等危害，影响小麦品质和产量。因此，必须切实搞好病虫害的综合防治。

5.适时收获

收获时期对小麦产量和品质影响很大。收获过早，千粒重降低，并且籽粒品质差；收获过晚，易掉穗落粒，影响产量。优质高产麦田要求在蜡熟末期收获小麦，避免过早收获。蜡熟末期小麦的长相为植株茎秆全部黄色，叶片枯黄，茎秆尚有弹性，籽粒颜色接近本品种固有的光泽，籽粒较为坚硬。

第五章

中国北方高产小麦育种技术及培育体系

第一节　北方高产小麦抗倒伏性能培育研究

一、北方小麦倒伏基本概述

倒伏可使小麦减产30%～40%。倒伏后小麦植株相互挤压、遮蔽，且往往伴随小麦白粉病的发生，使叶片功能受损，严重影响光合作用及有机物的积累、运输，导致小麦有效穗数减少、不孕小穗增加、千粒重降低。小麦倒伏也给机械收获带来不便，加大生产成本。

（一）小麦倒伏原因

1. 品种不抗倒

高干、大穗、抗倒性差的品种易倒。肥水相对较高的田块选用高干型品种易倒。

2. 根系不发达

一是连年旋耕导致耕层变浅，土壤结构不良，保肥保水性变差，小麦根系下扎浅，次生根数量少而弱，不能支持后期的地上部重量而倒。二是整地质量差，农机手操作粗放，小麦播种过浅，分蘖节暴露地表，致使次生根系下扎浅，根系生长不良，不能支持植株而倒。

3. 密度过大

大部分复种麦田采用人工撒种，亩播量高达15 kg左右，正茬麦田亩播量也在12.5 kg附近，麦田群体偏大，叶片相互遮阴，通风透光性差，植株营养不良，基部茎筒拉长，茎壁变薄，缺乏弹性，不能支持上部重量而倒。

4. 施肥不当

有机肥、氮磷钾化肥配比不合理，氮肥"一炮轰"，施用量过大，遇冬季高温，春季生长过旺，致使麦田群体加大，基部节间细弱而倒。

5. 大风、降雨及大水漫灌易引起倒伏

大风、降雨，特别是伴随着大风的降雨，致使穗部重量加大而倒。拔节前期大水漫灌，加快了基部茎节的生长，茎节过长，后期遇降雨、大风易倒。

（二）预防措施

1. 选用抗倒伏品种

肥水相对高的田块，选用茎秆相对较粗的矮秆、半矮秆品种。例如，渭北旱地选用晋麦47、长旱58等，补充灌区选择晋麦54、长6359等，灌区选择小偃系列品种、西农88等。严禁水地应用旱地品种。

2. 精耕细作

深耕蓄墒、浅耕保墒，隔年轮耕，达到伏雨秋用，秋雨春用。前茬作物收获后及时早耕，深度20～25厘米，以利接纳较多雨水。要做到随耕随耱，以减少失墒，为高质量播种及小麦根系的健壮生长创造条件。

3. 施足基肥，配方施肥

在亩施优质有机肥1500～2000千克以上的基础上，配方施足氮磷化肥，以培肥地力。一般亩施纯氮8～10kg，磷（P_2O_5）6～8 kg，钾（K_2O）5 kg。

4. 合理密植

根据气候变化，应适期晚播。旱地于9月下旬秋分前后播种，亩播量9～10 kg；水地于十月上旬播种，亩播量10～11 kg；复种田亩播量12.5 kg左右。

5. 人工镇压

越冬期镇压，可以控制地上部生长，防止麦苗旺长。返青期到起身前镇压，能控制无效分蘖，合理麦田群体，同时抑制近地面茎节生长，使其缩短加粗、韧性增强，进而具有很强的抗倒性能。

6. 合理灌溉

对于冬前群体偏大，有旺长局势的麦田、底肥充足的晚播麦田，越冬期、返青期均应控制肥水，以防旺长。另外生育后期，严防大水漫灌，不在刮大风时灌溉。

（三）补救措施

小麦灌浆期前期倒伏，头较轻，一般可不同程度恢复直立，但灌浆期后期倒伏，仅穗下部茎抬起头。倒伏往往伴随病害的严重发生，如叶锈病、白粉病，要结合"三喷一防"做好补救，将倒伏引起的减产损失降到最低。

二、北方高产小麦抗倒伏性能培育方法

20世纪90年代，由于全国小麦单产水平的提高，随之而来的是小麦

群体水平不断增大，产生了一系列影响小麦高产稳产的新问题。就黄淮麦区而言，主要表现为品种抗倒伏能力差，倒伏现象时常发生；冻害与倒春寒频发，品种抗冻耐寒性不够；品种的综合抗病性不强等突出问题。同时，随着小麦机械化收割的迅速普及，对小麦的抗倒伏、易脱粒提出了更高的要求。虽然通过控制播种密度、调控肥水运筹等管理措施及利用植物生长调节剂等来降低小麦植株高度、缩短基部节间长度、增加基部节间健壮程度等方式可以提高小麦的抗倒伏性，减少倒伏的发生，但培育和选用高产抗倒伏小麦品种是减少小麦倒伏发生的最简单有效的方式。只有培育出高产稳产、综合性状突出的小麦品种，才能满足农民对优良品种的需求，促进河南及全国小麦单产与总产水平的同步提高，实现河南乃至黄淮南部麦区大面积普遍增产。近些年来，在国家科技支撑计划项目（2011BAD07B02）、国家重点基础研究发展计划项目（2012CB114300）、河南省重点科技攻关计划（重点）项目、河南省重大科技专项、河南省成果转化项目等的资助下，育成了以矮抗58为代表的系列小麦新品种，对抗倒伏新品种选育理论及评价方法进行了较长期的研究与实践。小麦品种矮抗58以高产、优质、抗病、抗倒伏良好的综合生产性状受到广大农民朋友的欢迎。本节以高产抗倒伏小麦矮抗58为例，介绍高产抗倒伏品种的基本选育过程。

（一）育种目标及亲本选配方案

1. 育种目标

20世纪90年代至21世纪初，我国小麦平均产量为3851.3 kg/hm²，植株普遍较高，平均株高为80～90 cm，生产中倒伏风险较大。育种工作者希望通过矮化育种降低植株高度，提高小麦的抗倒伏能力，进而实现高产稳产。但植株过度矮化也会产生一定的副作用，如部分矮秆品种由于根系问题，灌浆后期容易出现早衰现象，抵御高温、干旱的能力下降，千粒重降低；大多数矮化品种为弱冬性、大穗亲本资源的血统，抗寒性较弱，且品种的分蘖成穗能力较弱等。因此，在抗倒伏育种中不能一味追求矮化，选育抗倒伏品种的同时必须解决高产、优质、抗寒及防止早衰等方面的问题。在矮抗58品种的选育初期，研究人员根据当时的小麦生产实际水平制定了矮秆抗倒伏、穗多高产、抗寒广适的基本育种目标，以期选育出半冬性、小叶多穗、中早熟、大田产量为8 250～9 000 kg/hm²、高水肥条件下具有

10 500 kg/hm² 的产量潜力、8 级大风不倒伏、越冬期 –16℃无冻害并具备良好抗病性的小麦品种。结合黄淮麦区的生态特点和品种需求，制定了配套的小麦高产育种策略。

（1）丰产性：育种目标较当地主推品种增产 8% 以上，较区试对照品种增产 5% 以上。

（2）稳产性：在不同生态区域、不同年际间，小麦产量相对稳定，受环境条件的影响不大。

（3）在黄淮麦区多地推广，生产应用广泛。

（4）抗病性：对黄淮麦区流行的主要病害具有不同程度的抗性，如白粉病、条锈病、赤霉病及目前发病率较高的茎腐病和纹枯病等。

（5）广适性：适应黄淮麦区多地的生态环境，抗耐性强，对环境的稳定指标不敏感。

2. 亲本选配方案

选择优良亲本是获得目标品种的关键。在抗倒伏育种中，杂交亲本不但要携带抗倒伏基因，而且需聚合较多的优异性状。矮抗 58 亲本选配的策略为增穗、壮秆、强根、优化品质和聚合抗性。研究人员从种质资源库选择优良亲本资源，摸清了解亲本遗传背景，最终从 1289 份亲本材料中研究筛选出最佳组配亲本——温麦 6 号、郑州 8960、周麦 11 号。

温麦 6 号属半冬性中熟品种，苗期生长健壮，耐寒性好，分蘖成穗率高，一般为 675 万穗 /hm² 左右，以穗多为高产优势。优点：株型紧凑，半矮秆，抗倒伏性好；幼穗分化前期慢，后期快；后期叶面积指数大，具有良好的光合产物积累性能；灌浆高峰出现早，日增长量大，粒重稳定。不足：旗叶干尖，感纹枯病和条锈病。

郑州 8960 属半冬性，中秆多穗，抗条锈病、白粉病和纹枯病。该材料继承了其亲本郑州 891 的高抗条锈病、郑州 831 的高抗白粉病的优良性状，对寒、旱等自然灾害有很好的综合抗逆力，稳产性好，但晚熟，产量潜力不高。

周麦 11 号属春性，冬前生长稳健，具有高光效的叶部性状。灌浆中、后期根系活力好；功能叶持续时间长，叶绿素含量高且下降速度慢，叶片内可溶性糖含量高、转化快，有利于饱满籽粒的快速形成。周麦 11 号高抗条锈、叶锈白粉病，垂直根系发达，但成穗较少，苗期抗寒性较差。

3. 选育标准

在组配的杂交后代中选择目标性状优良的新品系，筛选的新品系应符合以下标准。

（1）实现高产稳产。半冬性，小叶多穗，中早熟，大田产量为 8 250 ～ 9 000 kg/hm²，高水肥条件下具有 10 500 kg/hm² 的产量潜力。

（2）解决高产大群体易倒伏的技术难题。抗倒伏品种具有茎秆组织结构紧实、壁厚、外壁细胞层数多等优良性状。株高适中，在群体增加的同时，仍能通过坚韧的茎秆提高植株抗倒伏能力，从而解决大群体易倒伏的难题。

（3）解决小麦矮秆品种易早衰的技术难题。对稳定品系分别采用根系观测箱、观察墙、根系走廊手段全程动态跟踪，实现地上、地下部性状的同步选择。选择根系横向分布较多、较长，生育后期颜色浅、支根多、根系发达的品种（系）降低生育后期的根倒伏概率。应用酸碱适应性鉴定技术对根系活力连续定向选择，增强其对不同土壤酸碱性环境的适应能力，保持生育后期较强的根系活力，解决矮秆易早衰的难题。

（二）选育过程

1996—1997 年，配置温麦 6 号 / 郑州 8960 的单交组合；种植单交 F1 以周麦 11 号为母本，以单交 F1 为父本进行复交，获得复交 F1。

1997—1998 年，种植复交 F1，并从复交 F1 开始全面选择，获得高产抗倒伏优良组合。

1998—2001 年，对复交分离世代群体实行分层次逆境选择，包括早播选择抗寒性和纹枯病的避病性；拔节期大肥大水，结合茎秆抗倒伏强度测定，选择抗倒伏性；创造田间高湿环境，鉴定人工推力条件下茎秆的承重能力。对产量结构进行均数平衡选择，选择公顷穗数、穗粒数和千粒重同时大于等于群体平均数的单株或品系（表 5-1）。

表5-1 矮抗58及其姊妹系与亲本的主要农艺性状

品种（系）	株高 /cm	穗长 /cm	小穗数 /个	不孕小穗 /个	穗粒数 /（粒/穗）	千粒重 /g	单株穗数 /（穗/株）
矮抗 58	64.63D	9.28D	21.26A	1.29B	54.78A	45.70B	6.70B
百农丰收 60	64.89D	8.91E	20.30B	1.52B	50.96A	45.25B	6.52B
百农 4330	51.82E	10.38B	21.15A	2.00A	48.33A	39.32C	5.63B
温麦 6 号	73.11C	9.97C	21.26A	2.11A	51.41A	44.37B	7.26B
周麦 11 号	76.11B	10.51B	21.78A	1.52B	54.00A	51.17A	7.26B
郑州 8960	82.52A	10.97A	20.22B	0.07C	50.02A	50.58A	10.22A

注：表中数据为 3 次重复的平均值，每性状数据后不同大写字母表示品种（系）间有极显著差异（$P<0.001$）。

2001—2002 年的 F5，按品系种植，并采用 pH 值 4.0 ～ 9.0 的水培处理法，筛选对酸碱环境适应能力强的兼性根系。观察幼穗发育规律，选择与黄淮麦区生态条件相吻合的优异品系。于灌浆期测定光合速率和植株抗倒伏性能，选择耐早衰、抗倒伏类型，最后筛选出代号为 5245–5248 的新品系，其系谱号为 97（11）045-2-2，综合性状表现优良、遗传稳定、抗倒伏能力强，命名为矮抗 58。

矮抗 58 的抗倒伏性鉴定利用了小麦数字化试验风洞和便携式小麦抗倒伏强度电子测定仪专利技术，从个体和群体两个水平对抗倒伏性进行了双重鉴定与定向选择。传统抗倒伏研究多采用田间取样后带回实验室检测的方法，费时费力，且对试验的整体性有一定的破坏性。采用便携式小麦抗倒伏强度电子测定仪对选育的新品系进行测定，方便快捷，可及时评价小麦单茎和群体的抗倒伏性能。单茎、群体抗倒伏强度与株高和重心高度呈显著或极显著负相关关系，这与普通方法测定的倒伏指数所反映的结果一致，从而证明用仪器便捷地测定小麦茎秆抗倒伏强度是可行的。

一般认为茎秆粗壮、株高较低、根系发达的小麦抗倒伏性较强，但小麦自身的生物学特征受环境条件的影响而有较大差异，特别是水肥措施对茎秆特性的影响较大，进而影响小麦的抗倒伏性能。杂交后代在 F2 代以后即可运用肥水运筹法调控小麦群体的大小和植株的形态特征，进行抗倒伏性鉴定。肥水调控的关键时期在返青起身期，此期小麦茎节开始伸长，即将进入生长高峰期，此时若肥水过大，则可能出现茎节过度伸长导致茎节细弱，增加春生分蘖数、延迟两极分化期，从而导致群体过大，影响个体发育。因此，返青起身期大水大肥是诱导小麦后期倒伏的重要方法，氮肥施用量为普通施肥量的 2 倍，灌水采用田间大水漫灌，肥料随水撒施。

筛选出来的抗倒伏性较强的高代品系，开花后在数字化风洞实验室检测群体的抗倒伏性能。将培育出的新品系按照大田的行距和播量播种于塑料箱内，生育期水肥及病虫害防治管理同一般高产田，开花后移至数字化风洞实验室，通过模拟自然界大风，评估新品系的抗倒伏性能。

（三）矮抗 58 选育的主要成效

矮抗 58 属半冬性中熟小麦品种。幼苗匍匐，冬季叶色淡绿，叶短上冲，分蘖力强。春季生长稳健，蘖多秆壮，叶色浓绿。株型半松散，叶片半披，株高 70 ～ 75 cm。穗纺锤形、长芒、白壳、白粒，籽粒短卵形、半角质、黑胚率低，商品性好。后期叶功能好，根系活力强，耐高温。耐阴雨。耐湿害，抗干热风，籽粒灌浆充分，成熟落黄好。

1. 育成矮秆高产多抗广适小麦新品种

（1）品种高产稳产。矮抗 58 生产种植，每公顷穗数一般在 675 万穗以上；最大叶面积指数 11.59；最大光合速率（31.72 ± 0.62）μ mol/（m2·s）；收获指数 0.502。产量在 8250 ～ 9750 kg/hm²，连续两年参加国家区试，比对照温麦 6 号分别增产 5.36% 和 7.66%。国家生产试验，产量居参试品种首位，14 个试点均增产。

连续 3 年 52 个万亩（1 亩 ≈ 666.7m²，后文同）生产示范方平均产量超 9000 kg/hm²（9112.5 kg/hm²）。小面积高产攻关（长垣县 7.2 亩）创黄淮麦区同时期同面积高产纪录（11823 kg/hm²）；3 万亩连片平均产量为 9174kg/hm²，创国内同等面积高产纪录。

自 2005 年审定以来，矮抗 58 在河南、安徽、江苏、山东和陕西等省推广，实现了大面积均衡增产，促进了黄淮麦区小麦品种的更新换代，实现了大面积均衡增产。截至 2013 年，累计种植 1.86 亿亩。

（2）品种矮秆抗倒伏。小麦矮秆基因专指 Rht（reduced height）基因，Rht 基因是降低株高的主效矮秆基因，是小麦生产和矮化育种过程中利用最为广泛的基因，是矮化育种对象的主要供体。Rht 基因具有降低小麦植株高度、增强小麦抗倒伏能力，甚至增加小麦粮食收获指数的功能，但不同的 Rht 基因具有不同的特征，对小麦植株生长的影响也各不相同。降秆效应最强的是显性遗传的 Rht 基因，降秆效应较强的为对赤霉素敏感的 Rht 基因，降秆效应最弱的是隐性遗传并对赤霉素不敏感的 Rht 基因。研究人员利用赤霉素反应和分子标记检测了矮抗 58 及其亲本周麦 11 号、温麦 6 号、郑州 8960 的矮秆基因。郑州 8960 为赤霉素敏感型，携带 Rht8-B1b 基因，其他 3 个品种对赤霉素不敏感；而周麦 11 号和温麦 6 号分别携带 Rh8-BIb 和 Rht8-D1b 基因（表 5-2）。

表5-2 矮抗58及其亲本矮秆基因的分子检测及GA3检测结果

品种	Rht8-B1b		Rht8-D1b		Rht8	GA3
	Mu	Wt	Mu	Wt	192bp	
矮抗 58	-	+	+	-	-	I
周麦 11 号	+	-	-	+	-	I
温麦 6 号	-	+	+	-	-	I
郑州 8960	-	+	+	-	-	S

注："+"表示有扩增产物，"-"表示无扩增产物；"I"表示对赤霉素不敏感，"S"表示对赤霉素敏感；"Mu"表示突变型，"Wt"表示野生型。

矮抗 58 基部节间短粗，秆壁较厚，倒伏指数小，抗倒伏性强，在同期审定的品种中抗倒伏性表现最为突出，实现了高产稳产。经环境扫描电镜分析，矮抗 58 基部茎节壁厚、外壁细胞层数多，抗倒伏性强。

矮抗 58 茎秆坚韧，弹性好，抗倒伏性强。自培育以来，先后经受过多次大风、大雨的考验，2004 年 5 月，在新乡、漯河进行品种示范，示范点雨后大风，其他品种均有倒伏发生，只有矮抗 58 没有发生倒伏现象。2005 年 5 月底，在陕西泾阳刮起了 8 级大风，矮抗 58 仍然没有倒伏，实收产量 9000 kg/hm²。经田间实际测定，矮抗 58 开花期至成熟期群体最大抗倒伏强度为 37.40～64.83 N/m，最大抗倒伏风速 18.09～23.82 m/s（阵风 8～9 级），与大田抗倒伏情况基本一致，抗倒伏能力显著大于对照小麦品种，自大规模投入生产以来没有发生大面积倒伏现象。

（3）耐低温、耐旱能力强。2006—2012 年河南安阳出现 – 15.5C 的极端低温，矮抗 58 未受冻害。生产应用至今均表现出越冬安全、拔节安全、孕穗安全。

越冬期根深达 2.4 m 以上，较对照品种根深增加 30 ～ 40 cm。2008 — 2009 年和 2010—2011 年，黄淮麦区遭遇了大范围严重的冬春连旱和长期低温，在此不利环境条件下，矮抗 58 仍然能够正常生长，高产稳产。

（4）综合抗病能力强。高抗条锈、秆锈和白粉病，中抗纹枯病。携带抗条锈病基因 YrZH84；高抗白粉病流行小种有 Bg1、Bg2、Bg4、E05、E09 和 E23。

（5）品质优良。具有"1，7+8，5+10"优质高分子量谷蛋白亚基。优质中筋，品质稳定，可用于中强筋专用粉生产。蒸煮品质好，2011 年农业部小麦质量现场鉴评综合评分 88 分，为面条小麦第一名。

2. 为矮秆育种提供一个优异的亲本材料

截至 2013 年，矮抗 58 已被河南省农业科学院小麦研究所、周口市农业科学院、洛阳市农林科学院、开封市农业科学院、河南丰德康种业股份有限公司等 66 家育种单位加以利用，育成审定品种 3 个，2013 年区试参试品系 89 个，促进了矮秆高产品种的选育。

3. 创新育种选择方法，提升抗性选育水平

在品种选育过程中，率先使用或创新了一系列品种选育方法并被多家育种单位使用。首创便携式抗倒伏强度电子测定仪和小麦数字化试验风洞，实现了在试验和大田条件下对小麦单株与群体抗倒伏强度的无损定量测定，具有直接、快捷、客观、定量的特点。设计建造地下根系观察走廊等成套根系观察设施，可实现地上植株性状与地下根系性状的同步选择，直观、简便、有效。率先利用根系组织液 pH 测定方法，评价小麦对土壤酸碱性的适应能力。

在矮抗 58 小麦品种的选育过程中，通过创新和综合采用多种选育手段成功地解决了困扰高产抗倒伏育种的 4 个重要技术难题。在高产大群体选择的基础上，将抗倒伏性精确测定与茎秆组织结构分析等传统方法相结合，对杂交后代连续进行抗倒伏性强化选择，选择小叶、多穗、茎秆抗倒伏性强的类型，解决了高产大群体易倒伏的难题。通过综合运用观察箱、观察墙、观察走廊等多种根系观察设施以及根系组织液 pH 值测定等方法，对小

麦地上植株性状和地下根系性状同步选择，选择根系活力好、后期叶功能好、成熟期耐湿害和高温危害、抗干热风、籽粒灌浆充分类型，解决了矮秆品种易早衰的难题。利用优质亚基亲本，选择携带"1，7+8，5+10"优质高分子量谷蛋白亚基组合，通过多穗保高产、强势籽粒保优质，解决了高产品种品质不优和品质稳定性差的难题。通过自然逆境和人工逆境增压选择，聚合抗冻、抗病、耐旱等多种优良性状，增加品种的稳产性和广适性，解决了高产品种稳产性与广适性难以结合的技术难题。

第二节　北方抗旱节水小麦新品种培育应用

一、北方抗旱小麦新品种培育

干旱是全球性的问题，世界干旱、半干旱国家和地区有 50 多个，约占陆地总面积的 34.9%，就耕地面积而言，世界耕地面积中有灌溉条件的面积只占总耕地面积的 10 ~ 15%。干旱暴虐已成为制约农业生产的重要因素。发展旱作农业日益引起人们的重视，提高旱地生产力，满足日益增长的对食粮的需要，已成为全球性目标。干旱也是我国农业生产上最严重的一种农业气候灾难，尤其是北方旱灾更为频繁，自 16 世纪以来，每 100 年发生旱灾少的 31 次，多的 91 次。

小麦是我国最重要的食粮作物之一，栽培面积在 2600 万公顷以上，因此小麦生产对于我国食粮总产量的巩固和农业生产具有重要意义。近几年来，持续的干旱造成地面水资源减少、地下水资源不足、干旱问题日趋严重，严重制约了小麦生产的发展。为此，探寻旱地小麦栽培技巧，形成一套完好的栽培技巧规程，提高旱地小麦单产将成为提高小麦总产量的重要道路。

（一）旱地小麦具备很大的增产潜力

北方旱地的光热资源充分，水分条件是制约作物产量的主要因素，可依据水资源估算小麦生产潜力。常用的办法是依据泥土蓄水与生长期降水量以及水分的利用效率进行估算。所谓水分利用效率是指 1 mm 降水生产经济产量的数量，其倒数，即每形成 1 kg 经济产量所耗用的降水毫米值，称为耗水系数。西北农业大学在人工节制的条件下测定泥土蓄水的生产力，当肥力不成制约因素时，冬小麦最低耗水系数为 0.75 mm/kg。莱阳农学院在田间条件下测定，冬小麦最低耗水系数达 0.67 mm/kg。

北方多数旱地土层较薄，但终年小麦播种前泥土可积蓄较多的水分，旱地小麦可利用水资源，包括生长期降水和播种前泥土积蓄的有效水，土层 1 m 厚以上的旱地可达 400 mm 以上。按上述水分利用效率盘算，仍有 4500 ~ 6000 kg/hm² 的生产潜力。

20 世纪 80 年代之前，因为对旱地农业认识不足，在较长时期内忽视了旱地小麦栽培技巧的研究与运用，亩产量不断彷徨在 100 kg 左右。进入 20 世纪 80 年代以后，农业高校及科研单位先后有盘算地开展了旱地小麦增产技巧的研究与开发运用，旱地小麦栽培理论与技巧研究获得了重大打破，长期产量低而不稳的旱地小麦已大面积获得亩产 400 kg 以上的高产量，甚至可像水浇地高产麦田一样获得亩产"千斤"的高产。

莱阳农学院自 20 世纪 80 年代以来在北方较旱地开展了旱地小麦增产技巧的研究和开发，经过 1982—1986 年在山东莱阳对当地旱薄低产麦田的增产技巧进行大面积开发研究，开发区 6 万亩低产田亩产由 118.5kg 增产 151.7 kg，达到亩产 270.2 kg 的中产程度，在此基础上，从 1986 年起又在莱阳市及莱西市开展了旱地小麦创高产的实验研究，结果获得了大面积亩产达 400 kg，以致超过 500 kg 的高产典范，1989 年，在莱阳实验基地马岚村 1000 亩丰收田，亩产达 445.86 kg，其中 100 亩均匀亩产 544.6 kg，1990 年在莱西市李权庄实验区 1300 亩均匀亩产 434.7kg，其中 780 亩均匀亩产达 476.8 kg，高产地片达 552.1 kg。20 世纪 90 年代，多次在莱阳、莱西、胶南、淄川、高密等地发现较大面积的旱地小麦亩产 500 ~ 600 kg 的超高产麦田。2005 年 6 月 21 日，山东省农业厅和省科技厅组织专家在莱阳市冯格庄镇马岚村，对采取"旱地小麦肥料早施深施节水高产栽培技巧"的 1.75 亩小麦实打亩产达到 605.6 kg。

旱地小麦高产典范不断涌现，说明旱地小麦有较大的增产潜力，因此，经过品种改良和栽培技巧提高，使旱地小麦获得普遍高产是能够实现的。

（二）旱地高产小麦原理分析

1. 旱地小麦的耗水量及耗水起源

旱地小麦的耗水量通常在 300 ～ 400 mm。小麦生育期间冬前耗水占 18.7% ～ 22.9%，主要是泥土蒸发耗水，孕穗到成熟耗水占 50% 以上，主要是蒸腾耗水。

旱地小麦耗水起源为泥土贮水和天然降水。泥土贮存水量一米厚的土层贮存水砂土为 180 ～ 210 mm，壤土为 270 ～ 360 mm，黏土为 330 ～ 390 mm。有效贮水量砂土为 130 ～ 160 mm，壤土为 190 ～ 200 mm，黏土为 150 ～ 170 mm。土层厚度从 1 米增长到 2.5 米，泥土贮水量由 234.7 mm 增长到 543 mm。研究结果表明，通常泥土水的利用率在 47.5% ～ 53.6%；上层泥土水的利用率高于下层，下层为 60% ～ 70%，上层为 40% 左右，增施有机肥培肥地力能够增长泥土贮水量，并使泥土水的利用率提高。北方小麦生育期间天然降水 150 ～ 270 mm，年度间差别较大，如降水保证率为 80% 的降水量为 122.4 ～ 211.3 mm。

2. 旱地小麦高产的生育特点

旱地小麦的一个最重要特点是在大集体（亩穗数在 50 万以上）的基础上，穗粒数依然较多，即亩穗数与穗粒数可在更大的亩穗数领域内同步增长。

旱地小麦集体分蘖顶峰期涌现在返青期，起身拔节期分蘖迅速下降。旱地小麦生长表现株好，叶片较小，植株清秀，生育后期中下部叶片维持青绿的时间长，旱地小麦熟相好，有利于光合物质向籽粒中的运行分配，进而提高经济系数，通常旱地高产小麦经济系数在 0.5 左右。

3. 旱地小麦高产的生理特点

旱地小麦最大叶面积系数高达 6 以上，均匀 5.6，挑旗期 5 ～ 6。生育后期中下部叶片维持青绿的时间长，有利于维持后期较大的叶面积系数，灌浆期叶面积系数维持在 4 以上，增进光合物质的生产。

旱地小麦根系生长通常相对高于地上部分生长，即维持较高的根冠比，浸透调节和弹性调节能力强。旱地小麦散布在深层的根系比例大，小麦生育后期上层泥土单调缺水，但透气性好，而下层泥土含水量相对较高，这样既能够维持小麦生育后期深层根系的活性，保证地上部对水分和矿质养分的需求，上层泥土的根系又能产生 ABA 信号调节地上部叶片气孔的开闭和光合产物的运行分配，因此节水高产。

（三）旱地小麦肥料早施深施节水高产栽培技巧规程

1. 施肥技巧

（1）有机肥与化肥配合施用。单施有机肥或单施化肥都可增长产量，培肥地力，但以有机肥与化肥配合施用效果更好。为了大幅度提高产量并迅速培肥地力，必须在尽量增施有机肥的同时，增加化肥的投入，履行有机肥与化肥配合施用。旱薄低产麦田生物产量低，有机肥不足，可施更多的化肥，以无机换有机，扩展有机物质的循环基础。

（2）氮、磷、钾肥配合施用。因为旱地大多氮、磷养分失调，通常施磷肥的增产作用大于施氮肥的增产作用，而氮、磷配合施互作效应显然。因此，旱地小麦施肥必须氮、磷配合，并加大磷肥的比重，氮、磷比通常以1∶1为宜。如以碳铵和过磷酸钙计，每施1千克碳铵，要配合施用1千克过磷酸钙。

（3）因地判别施肥量。在旱地低产麦田，终年土层厚的旱地在较大的施肥量领域内，随施肥量增加产量提高，且经济效益增长。为提高地力，所施用的肥料除满足当季增产需要外，应使泥土养分有所积攒。除有机肥外，土层厚度达1米以上的地，亩施碳铵和过磷酸钙各50～75千克，当季可获较高产量。需施钾时，可亩施钾肥10～15千克。为培肥地力，倡导有条件的农户多施些肥料，尤其可多施些磷肥。

（4）采取"一炮轰"的施肥法。旱地不能浇水，追肥效果差，倡导把全体肥料，包括有机肥、氮肥、磷肥、钾肥等在耕地时作底肥一次翻入。在地力较高的旱地高产麦田，采取"一炮轰"施肥，冬前麦苗可能浮现旺长趋向。因此，施肥量较多时应节制。

（5）深施肥料。在"一炮轰"的基础上深施肥料，施肥深度通常节制在30厘米左右。这样施肥，方法简便，增产效果好。

2. 耕作办法

在耕作办法中，前茬作物收获前中耕，前茬作物收获后早耕，适墒耕地，精耕细耙，耙耢联结等都是有效办法。

深耕的蓄墒作用早已为实践所肯定。经过深耕加深耕层，打破犁底层，可有效地增长耕后和来年雨季降水的积蓄量，还能扩展根系的吸收领域，其作用可延续多年。山东省粮田大多为一年两作的种植制度，通常为小麦—玉米或小麦—花生等。在前茬作物收获后应及早深耕，联结深耕将所施有机肥、化肥一次性施入，深耕后要及时耙耱，尽量减少墒情散失，这些办法只需使用得当，通常年份均会获得十分明显的增产效果。

3. 覆盖技巧

（1）旱地小麦覆膜技巧

①适期适量播种。比常规播期可推延 5 ～ 10 天，播种量比常规播量减少 10%，每亩 2.8 万 ～ 3 万穴。

②提高覆膜品质。可采取人工覆膜，再用双行穴播机人工推播，也可采取机械一次完成。覆膜后每隔 1 ～ 2 米压一土带，以防风吹揭膜。

③及时掏苗，放苗。10 月中旬播种的地膜小麦 3 ～ 4 叶期，10 月下旬以后播种地膜小麦，在第二年春天返青后及时掏苗。

⑤防除杂草。

⑥及时防治病虫害。

（2）旱地小麦覆盖技巧。在小麦—玉米一年二熟种植地区，玉米拔节—大喇叭口期间，每亩覆草 200 ～ 400 千克，可起到减少泥土水分分发，平抑地温，增长泥土有机质，改良泥土理化性状，为小麦生产培肥地力和维持水分的作用。

4. 苗情及集体指标的调控

旱地小麦壮苗标准不仅需求营养生产量适宜，还必须具备较高的品质，即麦苗有较强的生机。主要表现为，冬前主茎叶片 5 ～ 7 片，按时如数分蘖，根系深扎；冬季抗冻，有较多的绿叶越冬；春季麦苗返青早，不早衰，分蘖成穗率高。

在泥土水分和养分不成制约因素的条件下，在最佳播种期播种对培养壮苗最有决定意义。在解决播种过晚问题的同时，也要避免播种过早。但播种时必须思索泥土墒情，当泥土有失墒危险时要抢墒播种，恰当早种。

旱地小麦的集体结构必须是高产低耗的集体结构。通常品种每亩产 100 千克产量需 10 万 ～ 12 万穗，鲁麦 21 号亩产 400 千克产量，每亩 40 万穗左右，亩产 500 千克产量每亩 45 万 ～ 50 万穗为宜，降水条件好的年份可较多一点。冬前茎数应为穗数的 2 ～ 2.5 倍，春季分蘖宜略有增长。适期播种，每亩 15 万左右苗数为宜，施肥较多、偏早播种的高产田可降至 10 万左右。在主要集体指标中，关键是冬前集体够数而不过分。在旱薄地浅施肥利于培养壮苗，在旱肥地深施肥有利于节制麦苗旺长，因此，旱肥地偏早播种时不宜施种肥。

5. 抗旱品种的利用

不同小麦品种其抗旱性有较大差别，旱地种植的小麦品种必须有较强的抗旱性。据近几年实验鉴定，旱薄低产麦田，尤其山丘旱薄地种植抗旱耐瘠品种；在旱肥地应种抗旱耐肥品种。

6. 田间管理

旱地小麦田间管理以保墒为主。播种后耕层墒情较差时即应进行，以利于出苗。早春麦田管理，在降水较多年份，耕层墒情较好时应及早划锄保墒；秋冬雨雪较少，表土变干而坷垃较多时应进行，或先镇后锄。

旱地小麦追肥也有增产效果，底肥没施足时能够追肥。追肥要早追，并留意深施埋严。旱地小麦由低产变高产的进程，病虫害有加重的趋向，必须做好病虫害防治工作。播种时防治好地下害虫，春季要及时防治红蜘蛛，生长后期留意防治蚜虫、黏虫等损害。在病害防治方面，除白粉病、锈病外，高产田还要重视对纹枯病的防治。

（四）旱地小麦肥料早施深施高产节水栽培技巧简化技巧要点

（1）选择土层深厚、肥力较高、产量指标为亩产 400 ～ 500 kg 的无水浇条件旱地麦田。

（2）经过深耕加深耕作层，增长耕层对来年雨季降水的积蓄量，并扩展根系的吸收领域，耕深以 25 ～ 30 cm 为宜。

（3）旱地小麦肥料运筹要突出早、深的特点，并重视有机肥和无机肥、氮磷钾配合施用。通常亩施有机肥 3000 ～ 5000 kg，纯氮 16 ～ 18 kg，P_2O_5 12 ～ 15 kg，K_2O 8 ～ 10 kg，硫酸锌 1 kg，硼砂 0.5 ～ 1 kg。所施肥料联结深耕全做基肥施入泥土。

（4）选用高产优质抗旱小麦品种。

（5）不起垄、等行距（20 ～ 22 cm）播种。

（6）培养壮苗，创立合理的集体结构，适时播种，恳求基本苗 12 万 ～ 16 万，冬前主茎叶片 6 ～ 7 片，冬前总蘖数 70 万 ～ 80 万，春季总蘖数 80 万 ～ 100 万，亩穗数 50 万左右。

（7）使用中耕和保墒防旱，在雨后和早春土地返浆时，及时进行划锄，特别是早春应采取锄和压相联结，先后划锄。

（8）生育后期，如果涌现脱肥景象，要依据条件进行根外追肥或借墒追肥。

二、节水小麦培育技术

（一）节水小麦为什么节水

小麦找水靠的是根系，节水小麦的根就特别能找水。它的根系比较发达，总根长达到 14 米。它的根细、长、量大、扎得深，这样就能多吸收土壤中的水分。

小麦的根系发达，可以利用地面 1 米以下的水，这些水在伏天下雨的时候能很快得到补充。虽然同样都能长到地面 1 米以下，同样都能吸收地面 1 米以下的水，但普通小麦只有 15% 的根能长这么长，而节水小麦有 20% 的根都能扎到地面 1 米以下。根系扎得越深，数量越多，能找到的水就越多。

节水小麦还可以节流。节流就是减少水分的损失，在小麦的生长前期，小麦喝水还不多，但是地面蒸发会损失很多水分。小麦在越冬的时候，植株还比较小，冬季气温低，蒸发还不太厉害；到了春季，气温上升很快，大部分水都从田间地面蒸发掉了。节水小麦在前期生长旺盛，有很强的分蘖（俗称分权）能力。就像大树一样，分权越多，树冠越大，阴凉就越多。小麦的分权多了，能把光秃秃的地面遮盖，水分也就蒸发得少了。

到了生长后期，小麦的叶子多了，这时候，叶片的蒸腾作用是水分损失的主要原因。在干旱地区，为了对付蒸腾作用，有的植物会把叶片变小。仙人掌科的植物在这点上可以说是做到了，它们的叶子已经缩小变成了刺。节水小麦采用的就是缩小叶片的方式，减少了蒸腾作用中水分的蒸发。

（二）节水小麦既节水又高产

小麦籽粒的形成主要是靠上边的几片叶子进行光合作用，运送营养的。但是，为籽粒服务的，不光是叶子，还有节间、麦穗等，这些绿色的部分都能为籽粒制造光合产物。所以，节水小麦的叶子虽然小了，但是并不影响它的产量。

节水小麦的分蘖力强，成穗也不少，1 亩地有 45 万～ 50 万穗，穗子中等大小。一般麦穗越大，产量应该越高。可在北方麦区还要考虑天气的影响。因为北方小麦结籽的时候，很容易遇上一种灾害天气，叫干热风。如果一刮干热风，麦穗今天看着还是绿的，明天就青枯了，减产很厉害。如果麦穗太大，就会延长开花的时间。花期结束越晚，越容易遇上干热风，结果是产量下降。穗大反而拖累了产量，所以，穗子大小适中的节水小麦既能抗旱，又能高产。

节水小麦提高了水分的利用效率，原来1立方米水只能生产1公斤粮食，现在能生产将近2千克粮食。不过，也别以为多浇水它还能再高产，过多浇水反而容易倒伏。如果在节水小麦生长的关键时期浇水，如拔节期、孕穗扬花期和灌浆期，而其他时期不浇水，挖掘它本身的节水潜力，就能实现既节水又高产的效果。所以，专家说节水品种必须配上节水的栽培技术，才能使节水小麦发挥的优势。

（三）高产节水小麦培育技术

华北地区是我国小麦主产区，该区域小麦生产的不断发展、产量水平的不断提升，为全国小麦连续增产做出了重要贡献。但该区域是我国水资源十分紧缺的地区，麦田灌溉主要依靠超采地下水，导致地下水位逐年下降。小麦生产不高产不行，高产不节水也不行，节水与高产结合才是小麦生产长久持续发展之道。

1. 技术要点

（1）浇足底墒水，调整麦田土壤储水：播前补足底墒水，保证麦田2米土体的储水量达到田间最大持水量的90%左右。底墒水的灌水量由播前2米土体水分亏额决定，一般在常年8、9月份降水量200毫米左右条件下，小麦播前浇底墒水75毫米，降水量大时，灌水量可少于75毫米，降水量少时，灌水量应多于75毫米，使底墒充足。

（2）选用早熟、耐旱、穗容量大、灌浆强度大的适应性品种：熟期早的品种可缩短后期生育时间，减少耗水量，减轻后期干热风的危害程度。穗容量大的多穗型或中间型品种有利于调整亩穗数及播期，灌浆强度大的品种籽粒发育快，结实时间短，生产较平稳，适合应用节水高产栽培技术。

（3）适量施氮，集中足量施用磷肥：亩产500千克左右，氮肥纯氮用量10～13千克，以基肥为主，拔节期少量追施，适宜基∶追比7∶3。种麦时集中亩施磷酸二铵25～30千克，氮、磷配比达到1∶1。高产田需补施硫酸钾10～15千克。

（4）适当晚播：早播麦田冬前生长时间长，耗水量大，春季时需早补水，在同等用水条件下，限制了土壤水的利用。适当晚播，有利于节水节肥。晚播以不晚抽穗为原则，越冬苗龄 3 叶是个界限，生产上以苗龄 3 ～ 5 为晚播的适宜时期。各地依此确定具体的适播日期。

（5）增加基本苗，严把播种质量关：本模式主要靠主茎成穗，在前述晚播适期范围内，以亩基本苗 30 万为起点，每推迟 1 天播种，基本苗增加 1.5 万苗，以基本苗 45 万苗为过晚播的最高苗限。

（6）播后严格镇压：旋耕地播后待表土现干时，务必镇压。选好镇压机具，采用小型手扶拖拉机携带镇压器镇压，压地要平，避免机轮压出深沟。

（7）春季浇关键水：这是节水高产栽培的重要环节，春季第 1 水最佳灌水时间应视具体情况而定

2. 小麦抗旱节水灌溉综合技术模式

小麦抗旱节水灌溉综合技术模式适用于河北省太行山前平原区和黑龙港地区的抗旱灌溉。

（1）选择抗旱、节水型小麦品种。水浇条件好的地块应选择高产稳产多抗节水型品种邯 6172、石家庄 8 号和水旱地兼用型品种邯 5316 等；水浇条件差的地块应选择抗旱节水型品种邯 4589、石 4185 等。

（2）足墒播种。墒情不足的地块，一般每亩灌水量 50 立方米，争取使 0 ～ 200 厘米土层的贮水量达到田间持水量的 90% 左右。切忌抢墒播种。

（3）合理配肥，全部底施。一般每亩施有机肥 2.0 立方米、磷酸二铵 15 ～ 20 千克、尿素 15 千克、钾肥 15 千克、微肥 1 ～ 2 千克。

（4）适当晚播，以密补晚。在确保麦苗安全越冬的前提下适当晚播，减少冬前麦田耗水量。

（5）秸秆还田，地块必须浇越冬水，以塌实土壤，保苗安全越冬，落实保墒措施、浇好关键水。首先在冬前和早春对麦田进行锄划保墒，其次在关键时期浇水，充分发挥灌溉用水的增产作用。小麦春季一般浇好起身拔节、扬花灌浆两水即可。

（四）北方节水高产小麦新品种实务

1. 农大 3432

由中国农大农学与生物技术学院选育。冬性，中早熟，成熟期与京 411 相近。幼苗半匍匐，苗色深绿，生长健壮，分蘖力、成穗率中等。株型紧凑，株高 85 厘米左右，茎秆粗壮。穗长方形，长芒、白壳、红粒，大穗大

粒，籽粒卵圆形，角质，饱满度高，商品性好。千粒重 44.2 克。抗寒性较强，抗倒性好。经接种鉴定，中抗条锈病，高感叶锈病和白粉病。耐旱性好，后期干旱不早衰，落黄突出。丰产性好，两年节水组区试（全生育期只浇一次冻水）平均产量 341.97 千克/亩。

适期播种，基本苗 20 万/亩左右为宜。适宜在北京地区中上等肥力地块种植。

2. 中麦 12

由中国农业科学院作物科学研究所选育。冬性，节水区试，熟期与京冬 8 号相近，高肥区试，较对照京 411 晚熟两天；幼苗直立，生长健壮，分蘖力较强，成穗率较高；穗纺锤形，长芒、白壳、白粒，籽粒角质；千粒重偏低，高肥区试千粒重 37.4 克，节水区试千粒重 37.6 克；植株较矮，节水区试株高 65 厘米左右，高肥区试 70 厘米左右，抗倒性好；抗寒性较好，延庆抗寒性鉴定，平均越冬死茎率 10.7%；抗慢条锈病、慢叶锈病，感白粉病和秆锈病。该品种对肥水要求不严格，水地和节水栽培均可种植。两年高肥区试平均亩产 394.9 千克；两年节水区试（全生育期只浇一次冻水）平均亩产 336.8 千克。适期播种，北京地区适宜播期为 9 月 30 日前后，基本苗节水条件下以 23 万为宜，肥水条件好的地块以 18 万～20 万为宜。生产上注意防治白粉病。适宜在北京地区种植。

第三节　黄淮冬麦区高产小麦培育试验研究

一、小麦新品种试验黄淮冬麦区南片试验研究

（一）2018—2019 年度气候条件对试验及小麦生长发育的影响

2018—2019 年度是小麦丰产年，总产、单产均创新高，生产上大面积出现亩产 700 千克以上的高产典型。小麦从播种到收获基本没有经历特殊灾害性天气：前期苗情好，冻害轻，大部分小麦品种达到壮苗越冬；中期光温充足，降水较多，利于大穗形成；后期降水少，病害轻，是近几年来

病害最轻的一年，光照强，利于灌浆，后期出现短暂干热风天气，部分晚熟品种高温逼熟，千粒重下降。现将本年度气象因素对小麦生长发育的影响简要分析如下。

1. 播种—出苗

本年度大部分试验点能达到适期播种，经造墒播种或播后喷灌，基本做到了一播全苗。个别试验点因土壤湿度大，播期较往年推迟。由于墒情足，气温适宜，小麦出苗快，苗齐苗匀，生长正常。

2. 分蘖—越冬

多个试验点 2018 年 11 月墒情足，光照强，平均气温高于常年，积温多，利于小麦分蘖的早生快发，品种苗势壮，形成了足够的冬前群体，且多以大分集越冬。小麦进入越冬期后，冬季气温接近常年，温度变化平稳，没有极端低温出现，寒流轻，品种间冻害差异表现不明显。大部分品种麦苗麦叶因冻稍有黄尖，冻害较轻。个别生长发育较快的小麦品种叶片长、薄，叶色淡，出现了 3～4 级冻害，整个越冬期，或冬灌或降水，墒情适宜，光温充足，利于麦苗安全越冬。

3. 返青—挑旗

返青拔节期，多个试验点降水量略高于往年，土壤墒情适宜，平均气温比往年偏高，发育进程提前，起身早，拔节快。个别春季偏旱的试验点，生长发育稍慢，经喷灌浇水，有效促进了苗情转化。多个试验点在 3 月下旬出现明显的倒春寒天气，导致 4 月中旬抽穗时，对低温反应敏感的个别品种穗冻明显，主要表现为顶不育、穗头尖、下部退化小穗增多。4 月上中旬气温偏高，墒情好，日照时数多，小麦生长加快，抽穗略早于往年。

4. 抽穗—扬花

抽穗期温度适宜，光照充足，4 月下旬开花期大部分试验点有短暂阴雨低温天气，阴雨虽有利于赤霉病的发生，但是温度较低，不利于赤霉病菌的扩散，后期赤霉病明显轻于往年。阴雨连绵，低温寡照，同时导致了个别晚熟品种育性变差，出现不同程度的不育现象，严重的田间整穗表现为透明"亮穗"，败育不结实。

5. 灌浆—成熟

大部分试验点光照充足，昼夜温差较大，土壤墒情充足，持续灌浆时间长，灌浆强度较大，有利于千粒重的提高。降水量少，病虫害发生总体较轻：条锈病偏轻发生，刚蔓延时气温抬升，遂被抑制，流行时间短，损失轻；叶锈病发生相对偏晚，未产生明显的危害；白粉病因阴雨天气少，未形成大的危害；赤霉病未能流行，只有零星病穗。部分试验点5月下旬和6月上旬出现短暂干热风，温度达到37～38℃，持续3天以上。5月下旬干热风，部分根系活力差的品种因落黄不顺，灌浆受阻而早衰，同时还有部分品种因风倒伏；6月上旬的干热风天气使所有品种功能叶迅速衰亡，青干逼熟，停灌浆。6月上中旬收获后，天气晴好，有利于晾晒和储藏。

综观本年度小麦生产，小麦生育期间的气候条件对小麦生产的影响利弊均有，利大于弊，对小麦产量三要素的影响是大部分品种亩穗数、穗粒数增加，早熟品种千粒重增加，晚熟品种千粒重略降，小麦产量较高。小麦整个生育期风调雨顺，产量高且品质好，是近年来少有的小麦丰收年份。

（二）试验结果与分析

1. 田间试验产量结果

根据考察和试验结果，16个试验点全部参加汇总。对照品种周麦18在各试验点的亩产变幅为412.9～616.6千克，平均亩产546.8千克；济麦22在安徽省各试验点亩产变幅为514.3～578.2千克，平均亩产545.6千克；淮麦20在江苏省各试验点亩产变幅为509.0～566.7千克，平均亩产535.1千克；小偃22在陕西省各试验点亩产变幅为417.3～511.1千克，平均亩产为473.3千克。

2. 抗病性鉴定结果

生产试验不做抗病性鉴定，现将参试品种在本年度大区试验中的抗性鉴定结果列出，以备参考。

大区试验委托西北农林科技大学统一安排了抗条锈病、叶锈病鉴定。鉴定结果：在7个参试品种中，中抗条锈病品种3个，为郑麦6694、安农1589、濮麦087；中感条锈病品种1个，为皖宿0891；高感条锈病品种3个，为濮麦117、涡麦606、准麦510。在7个参试品种中，中抗叶锈病品种2个，为安农1589、濮麦087；中感叶锈病品种1个，为涡麦606；高感叶锈病品种3个，为濮麦117、秃宿0891、淮麦510；慢叶锈病品种1个，为郑麦6694。

大区试验委托湖北省农业科学院统一安排了抗白粉病、纹枯病鉴定。鉴定结果：在7个参试品种中，中抗白粉病品种3个，为郑麦6694、皖宿 0891、涡麦 606；中感白粉病品种 4 个，为濮麦 117、安农 1589、濮麦 087、淮麦 510。在 7 个参试品种中，中抗纹枯病品种 1 个，为濮麦 117；其他品种均中感纹枯病。

大区试验委托河南省南阳市农业科学院统一安排了抗赤霉病鉴定。鉴定结果：在 7 个参试品种中，中抗赤霉病品种 1 个，为涡麦 606；中感赤霉病品种 4 个，为皖宿 0891、安农 1589、濮麦 087、淮表 510；高感赤霉病品种 2 个，为郑麦 6694、濮麦 117。

（三）广适性小麦新品种评述

1. 郑麦 6694

（1）特征特性。属半冬性中早熟品种。生育期 224.6 天，比对照周麦 18 早熟 0.1 天。幼苗半匍匐，长叶，叶色浓绿，生长健壮，冬季抗寒性一般，分蘖力中等，成穗率高。春季起身拔节偏慢，两极分化快。苗脚利落，株行间透光性好。株高 74.6 厘米（2018 年、2019 年大区试验平均株高分别为 71.7 厘米、77.5 厘米，生产试验株高 79 厘米），抗倒伏能力较好，倒伏程度 ≤ 3 级或倒伏面积 ≤ 40.0%（非严重倒伏）的点率 2018 年为 85.7%、2019 年为 95.5%。株型松紧适中，旗叶斜举、短宽挺立，茎穗有蜡质，穗层较整齐，穗多穗匀，穗码密，根系活力强，叶功能期长，灌浆速度快，落黄好。长方形穗，长芒，白壳，白粒，籽粒半硬质，均匀性好，饱满度较好。

田间自然发病：中抗至中感条锈病，中感叶锈病、白粉病、纹枯病、叶枯病，赤霉病发病中等。

接种抗病性鉴定，2018 年结果，成株期抗条锈病，中抗叶锈病白粉病，中感纹枯病，高感赤霉病；2019 年结果，中抗条锈病、白粉病、慢叶锈病，中感纹枯病，高感赤霉病。平均亩穗数 39.5 万，穗粒数 35.9 粒，千粒重 44.2 克（2018 年和 2019 年大区试验亩穗数、穗粒数、千粒重分别为 36.5 万、35.3 粒、42.4 克，42.5 万、36.4 粒、45.9 克）。

2018 年品质测定结果：粗蛋白（干基）含量 14.7%，湿面筋含量 29.1%，吸水率 58.2%，稳定时间 3.5 分钟，最大拉伸阻力 374.0 E.U.，拉伸面积 71.2 平方厘米。2019 年品质测定结果：粗蛋白（干基）含量 15.3%，湿面筋含量 33%，吸水率 63.8%，稳定时间 3.3 分钟，最大拉伸阻力 287.2 E.U.，拉伸面积 52.8 平方厘米。

（2）产量表现。2017—2018 年度大区试验，21 点汇总，平均亩产 454.9 千克，比对照周麦 18 增产 5.84%，增产点率 90.5%，增产 ≥ 2% 点率 81.0%，居 15 个参试品种的第五位。

2018—2019 年度大区试验，22 点汇总，平均亩产 588.8 千克，比对照周麦 18 增产 6.40%，增产点率 90.9%，增产 ≥ 2% 点率 81.8%，居 17 个参试品种的第一位。两年大区试验平均亩产 521.9 千克，比对照周麦 18 增产 6.12%，增产点率 90.7%，增产 ≥ 2% 点率 81.4%。

2018—2019 年度生产试验，16 点汇总，平均亩产 571.9 千克，比对照周麦 18 增产 4.70%，增产点率 87.5%，居参试品种第二位。

（3）栽培技术要点。适宜播期 10 月上中旬，每亩适宜基本苗数 15 万～ 22 万，注意防治蚜虫、白粉病、纹枯病、赤霉病等病虫害。

（4）适宜地区。该品种完成试验程序，符合国家小麦品种审定标准，通过审定。适合黄淮冬麦区南片的河南省除信阳市和南阳市南部部分地区以外的平原灌区，陕西省西安市、渭南市、咸阳市、铜川市和宝鸡市灌区，江苏和安徽两省淮河以北地区高中水肥地块中茬种植。

2. 濮麦 117

（1）特征特性。属半冬性中晚熟品种。生育期 225.1 天，比周麦 18 晚熟 0.4 天。幼苗半匍匐，叶片细长，叶色浅绿，苗势壮，冬季冻害轻，抗寒性中等，分蘖力一般，成穗率高。春季起身拔节偏慢，两极分化快，株高 74.4 厘米（2018 年、2019 年大区试验平均株高分别为 72.3 厘米、76.4 厘米，生产试验株高 78 厘米），抗倒伏能力较好，倒伏程度 ≤ 3 级或倒伏面积 ≤ 40.0%（非严重倒伏）点率 2018 年为 85.7%、2019 年为 90%。株型松紧适中，旗叶短宽、斜上冲，穗层较整齐，穗大穗匀，穗码略密，熟相好。长方形穗，长芒，白壳，白粒，半硬质，饱满度好。

田间自然发病：中抗到高抗白粉病，中抗到中感叶锈病，个别试验点有赤霉病穗，综合抗病性较好。

接种抗病性鉴定：2018 年结果，感条锈病，高感叶锈病、白粉病，中感纹枯病、赤霉病；2019 年结果，高感条锈病、叶锈病、赤霉病，中抗纹枯病，中感白粉病。平均亩穗数 38.3 万，穗粒数 37 粒，千粒重 43.9 克（2018 年和 2019 年大区试验亩穗数、穗粒数、千粒重分别为 36.5 万、35.3 粒、42.4 克，40.0 万、38.7 粒、45.3 克）。

2018 年品质测定结果：粗蛋白（干基）含量 13.7%，湿面筋含量 27.6%，吸水率 60.0%，稳定时间 3.5 分钟，最大拉伸阻力 303.0 E.U.，拉伸面积 51.4 平方厘米。2019 年品质测定结果：粗蛋白（干基）含量 12.5%，湿面筋含量 31.7%，吸水率 63.0%，稳定时间 3.0 分钟，最大拉伸阻力 254.8 E.U.，拉伸面积 41.0 平方厘米。

（2）产量表现。2017—2018 年度大区试验，21 点汇总，平均亩产 452.1 千克，比对照周麦 18 增产 5.19%，增产点率 76.2%，增产 ≥ 2% 点率 71.4%，居 15 个参试品种的第九位。

2018—2019 年度大区试验，20 点汇总，平均亩产 589.1 千克，比对照周麦 18 增产 6.98%，增产点率 100.0%，增产 ≥ 2% 点率 95.0%；比对照百农 207 增产 8.13%，增产点率 100.0%，增产 ≥ 2% 点率 95.0%，居 15 个参试品种的第一位。

两年大区试验平均亩产 520.6 千克，比对照周麦 18 增产 6.09%，增产点率 88.1%，增产 ≥ 2% 点率 83.2%。

2018—2019 年度生产试验，16 点汇总，平均亩产 573.3 千克，比对照周麦 18 增产 4.91%，增产点率 93.8%，居参试品种第一位。

（3）栽培技术要点。适宜播期 10 月上中旬，每亩适宜基本苗数 15 万～22 万，注意防治蚜虫、白粉病、纹枯病、赤霉病等病虫害。

（4）适宜地区。该品种完成试验程序，符合国家小麦品种审定标准，通过审定。适合黄淮冬麦区南片的河南省除信阳市和南阳市南部部分地区以外的平原灌区，陕西省西安市、渭南市、咸阳市、铜川市和宝鸡市灌区，江苏和安徽两省淮河以北地区高中水肥地块中茬种植。

3. 皖宿 0891

（1）特征特性。属半冬性中晚熟品种。生育期 225.5 天，比周麦 18 晚熟 0.8 天。幼苗半匍匐，叶色深绿，略细小，长势壮，分蘖力强，成穗率较高，冬前生长量小，抗寒性较好。春季起身慢，株高 78.5 厘米（2018 年、2019 年大区试验平均株高分别为 76.7 厘米、80.2 厘米，生产试验株高 84 厘米），茎秆弹性中等，抗倒伏能力一般，倒伏程度 ≤ 3 级或倒伏面积 ≤ 40.0%（非严重倒伏）点率 2018 年为 73.9%、2019 年为 90%。株型略松散，旗叶短小上冲，茎秆细，穗层厚，穗小穗多，穗色青绿，熟相好。纺锤形穗，长芒，白壳，白粒，籽粒半硬质，饱满度中等。

田间自然发病：中抗至中感条锈病、叶锈病，中抗白粉病，赤霉病发生较轻。

接种抗病性鉴定：2018 年结果，感条锈病，中感叶锈病、纹枯病，中抗白粉病和赤霉病；2019 年结果，中感条锈病、纹枯病和赤霉病，高感叶锈病，中抗白粉病。平均亩穗数 43.6 万，穗粒数 33.3 粒，千粒重 40.9 克（2018 年和 2019 年大区试验亩穗数、穗粒数、千粒重分别为 41.8 万、32.4 粒、39.0 克，45.4 万、34.1 粒、42.7 克）。

2018 年品质测定结果：粗蛋白（干基）含量 14.3%，湿面筋含量 28.8%，吸水率 55.9%，稳定时间 6.2 分钟，最大拉伸阻力 588.8 E.U.，拉伸面积 111.0 平方厘米。2019 年品质测定结果：粗蛋白（干基）含量 13.5%，湿面筋含量 30.3%，吸水率 54.3%，稳定时间 5.4 分钟，最大拉伸阻力 475.5 E.U.，拉伸面积 68.8 平方厘米。

（2）产量表现。2017—2018 年度大区试验，23 点汇总，平均亩产 454.7 千克，比对照周麦 18 增产 6.14%，增产点率 87%，增产 ≥ 2% 点率 87%，居 12 个参试品种的第一位。

2018—2019 年度大区试验，20 点汇总，平均亩产 573.7 千克，比对照周麦 18 增产 4.18%，增产点率 90.0%，增产 ≥ 2% 点率 85.0%；比对照百农 207 增产 5.30%，增产点率 90.0%，增产 ≥ 2% 点率 80.0%，居 15 个参试品种的第五位。

两年大区试验平均亩产 514.2 千克，比对照周麦 18 增产 5.16%，增产点率 88.5%，增产 ≥ 2% 点率 86.0%。

2018—2019 年度生产试验，16 点汇总，平均亩产 568.8 千克，比对照周麦 18 增产 4.16%，增产点率 87.5%，居参试品种第三位。

（3）栽培技术要点。适宜播期 10 月上中旬，每亩适宜基本苗数 15 万～ 22 万，注意防治蚜虫、白粉病、纹枯病、赤霉病等病虫害。

（4）适宜地区。该品种完成试验程序，符合国家小麦品种审定标准，通过审定。适合黄淮冬麦区南片的河南省除信阳市和南阳市南部部分地区以外的平原灌区，陕西省西安市、渭南市、咸阳市、铜川市和宝鸡市灌区，江苏和安徽两省淮河以北地区高中水肥地块中茬种植。

4. 安农 1589

（1）特征特性。属半冬性中晚熟品种。生育期 224.8 天，比周麦 18 晚熟 0.1 天。幼苗半匍匐，叶色深绿，苗势壮，抗寒性中等，分蘖力较强，成穗率高，起身拔节快，两极分化较快，株高 74.8 厘米（2018 年、2019 年大区试验平均株高分别为 71.7 厘米、77.8 厘米，生产试验株高 79 厘米），茎秆弹性中等，抗倒伏能力一般，倒伏程度 ≤ 3 级或倒伏面积 ≤ 40.0%（非严重倒伏）点率 2018 年为 78.3%、2019 年为 85%。株型适中，旗叶短宽挺立。纺锤形穗，穗层整齐，长芒，白壳，白粒，籽粒灌浆快，硬质，饱满度好。

田间自然发病：叶锈病、白粉病中度发生，赤霉病发生轻。

接种抗病性鉴定：2018 年结果，成株期抗条锈病，高抗叶锈病，中感白粉病、纹枯病和赤霉病；2019 年结果，中抗条锈病、叶锈病，中感白粉病、纹枯病和赤霉病。平均亩穗数 42.5 万，穗粒数 33.5 粒，千粒重 42.9 克（2018 年和 2019 年大区试验亩穗数、穗粒数、千粒重分别为 40.3 万、32.9 粒、41.7 克，44.7 万、34.1 粒、44.1 克）。

2018 年品质测定结果：粗蛋白（干基）含量 14.9%，湿面筋含量 31.6%，吸水率 58.4%，稳定时间 3.6 分钟，最大拉伸阻力 451.0 E.U.，拉伸面积 96.4 平方厘米。

2019 年品质测定结果：粗蛋白（干基）含量 13.6%，湿面筋含量 34.1%，吸水率 61.9%，稳定时间 2.6 分钟，最大拉伸阻力 301.3 E.U.，拉伸面积 64.3 平方厘米。

（2）产量表现。2017—2018 年度大区试验，23 点汇总，平均亩产 446.2 千克，比对照周麦 18 增产 4.15%，增产点率 73.9%，增产 ≥ 2% 点率 60.9%，居 12 个参试品种的第四位。

2018—2019 年度大区试验，20 点汇总，平均亩产 581.2 千克，比对照周麦 18 增产 5.54%，增产点率 95.0%，增产 ≥ 2% 点率 85.0%；比对照百农 207 增产 6.68%，增产点率 95.0%，增产 ≥ 2% 点率 90.0%，居 15 个参试品种的第二位。

两年大区试验平均亩产 513.7 千克，比对照周麦 18 增产 4.85%，增产点率 84.5%，增产 ≥ 2% 点率 73.0%。

2018—2019 年度生产试验，16 点汇总，平均亩产 566.9 千克，比对照周麦 18 增产 3.93%，增产点率 81.3%，居参试品种第五位。

（3）栽培技术要点。适宜播期 10 月上中旬，每亩适宜基本苗数 15 万～22 万，注意防治蚜虫、白粉病、纹枯病、赤霉病等病虫害。

（4）适宜地区。该品种完成试验程序，符合国家小麦品种审定标准，通过审定。适合黄淮冬麦区南片的河南省除信阳市和南阳市南部部分地区以外的平原灌区，陕西省西安市、渭南市、咸阳市、铜川市和宝鸡市灌区，江苏和安徽两省淮河以北地区高中水肥地块中茬种植。

5. 濮麦 087

（1）特征特性。属半冬性中晚熟品种。生育期 225.3 天，比周麦 18 晚熟 0.6 天。幼苗半匍匐，苗势壮，叶片长，叶色深绿，冬季冻害轻，抗寒性较好，分蘖力中等，成穗率高。春季起身拔节偏慢，两极分化快，对春季低温较敏感，有缺粒和虚尖现象。株高 79.4 厘米（2018 年、2019 年大区试验平均株高分别为 76.4 厘米、82.4 厘米，生产试验株高 83 厘米），茎秆弹性中等，抗倒伏能力一般，倒伏程度 ≤ 3 级或倒伏面积 ≤ 40.0%（非严重倒伏）点率 2018 年为 71.4%、2019 年为 85%。株型松紧适中，叶色清秀，穗层厚，整齐，蜡质重，穗大粒多，小穗排列较密，结实性较好。叶功能期长，灌浆速度快。纺锤形穗，长芒，白壳，白粒，籽粒硬质，饱满度较好，千粒重高，熟相中等。

田间自然发病：综合抗病性较好，条锈病轻度发生，白粉病中度发生，赤霉病发生较轻。

接种抗病性鉴定：2018 年结果，感条锈病，高抗叶锈病，中感白粉病、纹枯病、赤霉病；2019 年结果，中抗条锈病、叶锈病，中感白粉病、纹枯病和赤霉病。平均亩穗数 36.9 万，穗粒数 37.7 粒，千粒重 45.8 克（2018 年和 2019 年大区试验亩穗数、穗粒数、千粒重分别为 35.6 万、35.4 粒、44.4 克，38.1 万、39.0 粒、46.3 克）。2018 年品质测定结果：粗蛋白（干基）含量 14.5%，湿面筋含量 32.5%，吸水率 57.4%，稳定时间 2.6 分钟，最大拉伸阻力 225.4 E.U.，拉伸面积 52.2 平方厘米。2019 年品质测定结果：粗蛋白（干基）含量 12.5%，湿面筋含量 31.3%，吸水率 60.3%，稳定时间 1.8 分钟，最大拉伸阻力 200.5 E.U.，拉伸面积 41.0 平方厘米。

（2）产量表现。2017—2018 年度大区试验，21 点汇总，平均亩产 444.0 千克，比对照周麦 18 增产 3.30%，增产点率 66.7%，增产 ≥ 2% 点率 66.7%，居 15 个参试品种的第十二位。

2018—2019 年度大区试验，20 点汇总，平均亩产 569.9 千克，比对照周麦 18 增产 3.49%，增产点率 85.0%，增产 ≥ 2% 点率 70.0%；比对照百农

207 增产 4.61%，增产点率 85.0%，增产 ≥ 2% 点率 70.0%，居 15 个参试品种的第七位。

两年大区试验平均亩产 507.0 千克，比对照周麦 18 增产 3.40%，增产点率 75.6%，增产 ≥ 2% 点率 68.4%。

2018—2019 年度生产试验，16 点汇总，平均亩产 564.5 千克，比对照周麦 18 增产 3.82%，增产点率 93.8%，居参试品种第五位。

（3）栽培技术要点。适宜播期 10 月上中旬，每亩适宜基本苗数 15 万～22 万，注意防治蚜虫、白粉病、纹枯病、赤霉病等病虫害。

（4）适宜地区。该品种完成试验程序，符合国家小麦品种审定标准，通过审定。适合黄淮冬麦区南片的河南省除信阳市和南阳市南部部分地区以外的平原灌区，陕西省西安市、渭南市、咸阳市、铜川市和宝鸡市灌区，江苏和安徽两省淮河以北地区高中水肥地块中茬种植。

6. 涡麦 6061

（1）特征特性。属半冬性中晚熟品种。生育期 225.2 天，比周麦 18 晚熟 0.5 天。属半冬性多穗型中晚熟品系，幼苗近匍匐，叶片细长，叶色深绿，分蘖力强，乱穗率高，冬季抗寒性较好，耐倒春寒能力一般，前期发育较慢，冬前生长量小，春季起身拔节略迟，两极分化慢。株高 83.5 厘米（2018 年、2019 年大区试验平均株高分别为 79.1 厘米、87.9 厘米，生产试验株高 89 厘米），茎秆弹性中等，抗倒伏能力一般，倒伏程度 ≤ 3 级或倒伏面积 ≤ 40.0%（非严重倒伏）点率 2018 年为 73.9%、2019 年为 80%。株型紧凑，穗层整齐，蜡质重，纺锤形穗，长芒，穗大粒多，结实性好，旗叶短小，籽粒半硬质，饱满。根系有活力，耐热性较好，后期落黄好，熟相较好。

田间自然发病：综合抗病性较好，叶锈病、白粉病中度发生，赤霉病发生轻。

接种抗病性鉴定：2018 年结果，感条锈病，中抗白粉病，中感叶锈病、纹枯病和赤霉病；2019 年结果，高感条锈病，中感叶锈病、纹枯病，中抗白粉病、赤霉病。平均亩穗数 39.6 万，穗粒数 37.5 粒，千粒重 41.0 克（2018 年和 2019 年大区试验亩穗数、穗粒数、千粒重分别为 38.8 万、36.5 粒、39.0 克，40.4 万、38.5 粒、43.0 克）。

2018 年品质测定结果：粗蛋白（干基）含量 13.6%，湿面筋含量

27.5%，吸水率 58.0%，稳定时间 9.5 分钟，最大拉伸阻力 549.0 E.U.，拉伸面积 71.6 平方厘米。

2019 年品质测定结果：粗蛋白（干基）含量 12.3%，湿面筋含量 29.7%，吸水率 62.0%，稳定时间 11.1 分钟，最大拉伸阻力 372.0 E.U.，拉伸面积 43.5 平方厘米。

（2）产量表现。2017—2018 年度试验，23 点汇总，平均亩产 48.1 千克，比对照周麦 18 增产 4.60%，增产点率 78.8%，增产 ≥ 2% 点率 69.6%，居 12 个参试品种的第二位。

2018—2019 年度试验，20 点汇总，平均亩产 573.8 千克，比对照周麦 18 增产 4.20%，增产点率 95.0%，增产 ≥ 2% 点率 90.0%；比对照百农 207 增产 5.32%，增产点率 90.0%，增产 ≥ 2% 点率 90.0%，居 15 个参试品种的第四位。两年大区试验平均亩产 511.0 千克，比对照周麦 18 增产 4.40%，增产点率 86.7%，增产 ≥ 2% 点率 79.8%。

2018—2019 年度生产试验，16 点汇总，平均亩产 568.3 千克，比对照周麦 18 增产 4.00%，增产点率 81.3%，居参试品种第四位。

（3）栽培技术要点。适宜播期 10 月上中旬，每亩适宜基本苗数 15 万～ 22 万，注意防治蚜虫、白粉病、纹枯病、赤霉病等病虫害。

（4）适宜地区。该品种完成试验程序，符合国家小麦品种审定标准，通过审定。适合黄淮冬麦区南片的河南省除信阳市和南阳市南部部分地区以外的平原灌区，陕西省西安市、渭南市、咸阳市、铜川市和宝鸡市灌区，江苏和安徽两省淮河以北地区高中水肥地块中茬种植。

7. 淮麦 510

（1）特征特性。属半冬性中早熟品种。生育期 223.5 天，比周麦 18 早熟 1.2 天。幼苗半匍匐，苗势壮，细叶，叶色深绿，冬季冻害中等，抗寒性中等，分蘖力较强，成穗率高，起身拔节偏慢，两极分化偏慢。株高 80.9 厘米（2018 年、2019 年大区试验平均株高分别为 77.4 厘米、84.3 厘米，生产试验株高 85 厘米），茎秆弹性中等，抗倒伏能力一般，倒伏程度 ≤ 3 级或倒伏面积 ≤ 40.0%（非严重倒伏）点率 2018 年为 87%、2019 年为 80%。株型略松散，纺锤形穗，短芒，旗叶短小上冲，穗下节长，穗层较厚，码偏稀，小穗多穗型，结实性中等，蜡质重，茎秆较细，根系活力中等，后期落黄好，熟相较好。

田间自然发病：综合抗病性较好，叶锈病、白粉病中度发生，赤霉病发生轻。

接种抗病性鉴定：2018年结果，成株期抗条锈病，中抗叶锈病，中感白粉病、纹枯病、赤霉病；2019年结果，高感条锈病、叶锈病，中感白粉病、纹枯病和赤霉病。平均亩穗数41.4万，穗粒数34.5粒，千粒重41.4克（2018年和2019年大区试验亩穗数、穗粒数、千粒重分别为38.8万、36.5粒、39克，44.0万、32.5粒、43.8克）。

2018年品质测定结果：粗蛋白（干基）含量14.8%，湿面筋含量30.0%，吸水率58.5%，稳定时间11.7分钟，最大拉伸阻力604.8 E.U.，拉伸面积87.8平方厘米。2019年品质测定结果：粗蛋白（干基）含量12.8%，湿面筋含量27.8%，吸水率59.7%，稳定时间9.7分钟，最大拉伸阻力382.5 E.U.，拉伸面积48.3平方厘米。

（2）产量表现。2017—2018年度试验，23点汇总，平均亩产48.1千克，比对照周麦18增产4.60%，增产点率87.0%，增产≥2%点率73.9%，居12个参试品种的第二位。

2018—2019年度试验，20点汇总，平均亩产557.8千克，比对照周麦18增产1.20%，增产点率65.0%，增产≥2%点率40.0%；比对照百农207增产2.29%，增产点率60.0%，增产≥2%点率60.0%，居15个参试品种的第十位。两年大区试验平均亩产502.7千克，比对照周麦18增产2.90%，增产点率76.0%，增产≥2%点率57.0%。2018—2019年度生产试验，平均亩产560.3千克，比对照周麦18增产2.52%，增产点率81.3%，居参试品种第七位。

8. 对照品种

（1）周麦18。平均亩产546.8千克。属半冬性多穗型中晚熟品种，生育期224.7天。幼苗半直立，长势旺，叶黄绿色，前期发育快，生长量大，分蘖力强，冬季抗寒性一般。春季起身拔节早，两极分化快，有生理性黄叶。茎秆弹性强，抗倒伏，株型松紧适中，穗层整齐，穗多穗匀，穗层厚，小穗排列较密，结实性好，旗叶窄长斜上冲，短芒，白壳，白粒，根系活力强，灌浆充分，抗干热风，耐后期高温，熟相好，籽粒半硬质，较饱满，容重785克/升，黑胚率中等，为2.5%。

田间自然发病：中抗到中感条锈病，中抗至高抗叶锈病，部分试验点有赤霉病穗。平均亩穗数 40.5 万，穗粒数 34.4 粒，千粒重 46.5 克，综合表现较好，建议继续作为对照品种。

（2）济麦22。本试验安徽省区域对照品种，平均亩产 545.6 千克。属半冬性多穗型中晚熟品种。幼苗近匍匐，叶片窄短，叶色浓绿，长势壮，分蘖力强，冬季抗寒性好，春季起身拔节迟，滋生新蘖多，两极分化快。株高 82 厘米，茎秆弹性强，抗倒伏性好，株型紧凑，穗层整齐且较厚，旗叶短小、斜上冲，穗多穗匀，结实性好，长芒，部分试验点有少量赤霉病穗，熟相一般。籽粒硬质，较饱满，黑胚率稍高，为 3.7%，容重高，为 793克/升。平均亩穗数 40.3 万，穗粒数 35.6 粒，千粒重 45.4 克。

（3）淮麦20。本试验江苏省区域对照品种，平均亩产 535.1 千克。幼苗匍匐，叶片窄长，叶色深，苗期长势壮，抗寒性好，分蘖力强，成穗率一般。株高 90 厘米，稍高。株型半紧凑，旗叶上举，抗倒伏性一般，试验点出现小面积倒伏。穗层较整齐，纺锤形穗，熟相中等，长芒，白壳、白粒，籽粒半硬质，外观商品性较好，无黑胚，容重 786 克/升。平均亩穗数41.5 万，穗粒数 33.6 粒，千粒重 41.2 克。

（4）小偃22。本试验陕西省区域对照品种，平均亩产 473.3 千克。幼苗半匍匐，分蘖力一般，成穗率高，抗寒性一般，叶色浅，叶片较长。株型较紧凑，纺锤形穗，茎秆粗壮，旗叶干尖，蜡质轻，短芒，白壳、白粒，籽粒硬质，码密，结实性好，黑胚率低，为 0.7%，容重 782 克/升。株高84 厘米，抗倒伏能力一般，本年度无倒伏。综合抗病性好，部分试验点有赤霉病穗。平均亩穗数 41.3 万，穗粒数 29.3 粒，千粒重 43.3 克。[①]

二、小麦新品种试验黄淮冬麦区北片试验研究

（一）小麦生育期间气候条件分析

2018 年秋播期间天气晴好，降水较少，各试验点播期适宜，田间出苗情况较好，苗全，苗匀。冬前平均气温高于常年，有效降水偏少，日照充足，越冬前积温较高，热量条件充足，利于形成冬前壮苗，小麦冬前群体明显好于去年。越冬期虽经历多次较大幅度降温，但持续时间都较短，加

---

① 中国农业科学院作物科学研究所.广适性小麦新品种鉴定与评价 2017—2018 年度[M].北京：中国农业出版社，2019：68.

之播期适宜、麦苗健壮，冻害普遍较轻，品种间差异不明显。年后回温快，返青期气温较常年偏高，大部分时期日照充足，降水偏少，温光条件适合冬小麦恢复生长，发育进程较快。

2019年3月底，个别试验点遭遇霜冻，部分对低温较为敏感的品种出现了一定程度的叶片冻害，但由于白天回温快，总体上冻害较轻，显著好于前一年。4月下旬气温偏低，小麦抽穗期较迟，扬花及灌浆期降水少，各试验点未见赤霉病发生，但其他叶部病害均有不同程度发生。灌浆期光照相对较多，昼夜温差大，对小麦灌浆十分有利。成熟前，绝大部分试验点未遇明显大风、强降雨及干热风天气，熟期较往年推迟，小麦灌浆较为充分，籽粒饱满度好、千粒重高，小麦产量显著高于往年。

（二）广适性小麦新品种评述

1. 济麦44

（1）特征特性。半冬性，生育期231.4天，比对照济麦22早熟1.3天。幼苗半匍匐，分蘖力较强，株型紧凑，叶色绿、蜡质较薄，旗叶上冲，综合抗病性较好，熟相中等，较抗倒伏。穗纺锤形，小穗排列半紧凑，长芒、白壳，白粒，籽粒饱满，硬质。

2018—2019年大区试验平均亩穗数44.5万～46.1万，穗粒数31.1粒～33.2粒，千粒重40.2克～45.4克，平均株高75.3厘米～78.4厘米；2019年生产试验平均亩穗数46.6万，穗粒数34.2粒，干粒重45.4克，平均株高79.2厘米。

2018—2019年大区试验倒伏程度≤3级或倒伏面积≤40%点率95.2%/100%；2019年生产试验，倒伏程度≤3级或倒伏面积≤40%点率100%。

两年抗寒性评价鉴定，平均死茎率18.4%，抗寒性级别3级，抗寒性评价中等。

抗病性接种鉴定：2018年结果，抗条锈病，中抗白粉病，中感纹枯病和赤霉病，高感叶锈病；2019年结果，中感条锈病、纹枯病，中抗白粉病，高感叶锈病和赤霉病。

2018—2019年抗旱节水鉴定，节水指数0.769～0.668，两年平均节水指数0.719。

2018—2019年品质测定结果：粗蛋白（干基）含量17.3%～16.2%，湿面筋含量30.9%/33.1%，吸水率60.1%/63.4%，稳定时间26.9～25.2分钟，

最大拉伸阻力 916.0～574.8 E.U.，拉伸面积 175.0/109.8 平方厘米。

（2）产量表现。2017—2018 年度大区试验，21 点汇总，平均亩产 471.6 千克，比对照济麦 22 增产 2.48%，居 19 个参试品种的第十七位，增产点率 71.4%，增产≥2.0% 点率 42.9%；2018—2019 年度继续试验，21 点汇总，平均亩产 586.3 千克，比对照济麦 22 增产 3.66%，居 17 个参试品种的第十位，增产点率 85.7%，增产≥2% 点率 61.9%；两年平均亩产 529.0 千克，比对照济麦 22 增产 3.08%，增产点率 78.6%，增产≥2% 点率 52.4%。

2018—2019 年度生产试验，14 点汇总，平均亩产 603.2 千克，较对照济麦 22 增产 2.82%，居 5 个参试品种的第五位，增产点率 100%。

（3）适宜地区。黄淮冬麦区北片的山东省，河北省中南部，山西省南部水肥地种植。适宜播期 10 月 5—20 日，亩基本苗数 18 万左右，建议适当晚播，避免冬前旺长。拔节前后结合浇水亩施尿素 15 千克，抽穗前后应及时防治麦蚜，扬花期、灌浆期应及时防治赤霉病和其他叶部病害。

2. 泰科麦 493

（1）特征特性。半冬性，生育期 232.9 天，比对照济麦 22 晚熟 0.2 天。幼苗半匍匐，分蘖力较强，株型稍松散，叶色浓绿、蜡质较厚，旗叶上冲，叶功能好，抗病性一般，熟相中等。穗长方形，小穗排列紧密，结实性好，长芒，白壳，白粒，籽粒硬质。

2018—2019 年大区试验平均亩穗数 45.8～47.1 万，穗粒数 32.0～35.5 粒，千粒重 39.5～44.2 克，平均株高 75.9～80.3 厘米；2019 年生产试验平均亩穗数 49.0 万，穗粒数 35.9 粒，千粒重 44.0 克，平均株高 81.8 厘米。

2018—2019 年大区试验倒伏程度≤3 级或倒伏面积≤40% 点率 85.7%～95.2%；2019 年生产试验，倒伏程度≤3 级或倒伏面积≤40% 点率 100%。两年抗寒性评价鉴定，平均死茎率 15.9%，抗寒性级别 3 级，抗寒性评价中等。抗病性接种鉴定：2018 年结果，感条锈病，高感叶锈病，中抗白粉病，中感纹枯病和赤霉病；2019 年结果，中抗条锈病、白粉病、叶锈病和纹枯病，高感赤霉病。

2018—2019 年抗旱节水鉴定，节水指数 0.897～1.213，两年平均节水指数 1.055。

2018—2019 年品质测定结果：粗蛋白（干基）含量 15.6%～14.5%，

湿面筋含量 30.1%～35.1%，吸水率 51.7%～69.7%，稳定时间 4.8～2.3 分钟，最大拉伸阻力 472.0～173.0 E.U.，拉伸面积 85.0～34.5 平方厘米。

（2）产量表现。2017—2018 年度大区试验，21 点汇总，平均亩产 490.2 千克，比对照济麦 22 增产 6.52%，居 19 个参试品种的第四位，增产点率 90.5%，增产≥2.0% 点率 76.2%；2018-2019 年度继续试验，21 点汇总，平均亩产 606.9 千克，比对照济麦 22 增产 7.29%，居 17 个参试品种的第四位，增产点率 90.5%，增产≥2.0% 点率 90.5%；两年平均亩产 548.6 千克，比对照济麦 22 增产 6.95%，增产点率 90.5%，增产≥2.0% 点率 83.3%。

2018—2019 年度生产试验，14 点汇总，平均亩产 626.6 千克，较对照济麦 22 增产 6.80%，居 5 个参试品种的第二位，增产点率 100%。

（3）适宜地区。黄淮冬麦区北片的山东省，河北省中南部，山西省南部水肥地种植。

（4）栽培技术要点。适宜播期 10 月 5—15 日，亩基本苗数 18 万左右，抽穗前后应及时防治麦蚜，扬花期、灌浆期应及时防治赤霉病和其他叶部病害，高水肥地注意防倒伏。

3. 鲁研 373

（1）特征特性。半冬性，生育期 232.0 天，比对照济麦 22 早熟 0.7 天。幼苗半匍匐，分蘖力较强，株型稍紧凑，叶色浅绿、蜡质较厚，旗叶上冲，熟相较好，抗倒伏性好。穗下节较短，穗纺锤形，小穗排列较紧密，结实性好，长芒，白壳，白粒，籽粒较饱满，石质，黑胚率较低。

2018—2019 年大区试验平均亩穗数 42.8～43.7 万，穗粒数 32.4～34.7 粒，千粒重 42.6～47.6 克，平均株高 71.5～78.3 厘米；2019 年生产试验平均亩穗数 45.4 万，穗粒数 34.9 粒，千粒重 48.0 克，平均株高 78.2 厘米。

2018—2019 年大区试验倒伏程度≤3 级或倒伏面积≤40% 点率 95.2%～95.2%；2019 年生产试验，倒伏程度≤3 级或倒伏面积≤40% 点率 100%。

两年抗寒性评价鉴定，平均死茎率 18.7%，抗寒性级别 3 级，抗寒性评价中等。

抗病性接种鉴定：2018 年结果，高感条锈病、叶锈病病、纹枯病和赤霉病，中感白粉病；2019 年结果，中感条锈病、叶锈病、白粉病和纹枯病，高感赤霉病。

2018—2019 年抗旱节水鉴定，节水指数 1.032 ～ 0.781，两年平均节水指数 0.907。

2018—2019 年品质测定结果：粗蛋白（干基）含量 15.4%/13.2%，湿面筋含量 31.2% ～ 31.4%，吸水率 61.7% ～ 66.5%，稳定时间 5.2 ～ 3.8 分钟，最大拉伸阻力 363.0 ～ 259.3 E.U.，拉伸面积 53.0 ～ 34.5 平方厘米。

（2）产量表现。2017—2018 年度大区试验，21 点汇总，平均亩产 483.0 千克，比对照济麦 22 增产 4.95%，居 19 个参试品种的第七位，增产点率 81.0%，增产 ≥ 2.0% 点率 66.7%；2018—2019 年度继续试验，21 点汇总，平均亩产 591.9 千克，比对照济麦 22 增产 4.65%，居 17 个参试品种的第九位，增产点率 76.2%，增产 ≥ 2.0% 点率 71.4%；两年平均亩产 537.5 千克，比对照济麦 22 增产 4.79%，增产点率 78.6%，增产 ≥ 2.0% 点率 69.1%。

2018—2019 年度生产试验，14 点汇总，平均亩产 616.7 千克，较对照济麦 22 增产 5.13%，居 5 个参试品种的第四位，增产点率 10%。

（3）适宜地区。黄淮冬麦区北片的山东省，河北省中南部，山西省南部水肥地种植。

（4）栽培技术要点。适宜播期 10 月 5—15 日，亩基本苗数 18 万左右，抽穗前后应及时防治麦蚜，扬花期、灌浆期应及时防治赤霉病和其他叶部病害。

4. 衡 H15-5115

（1）特征特性。半冬性，生育期 232.6 天，与对照济麦 22 熟期相当。幼苗半匍匐，分蘖力强，株型紧凑，叶色深绿、蜡质较厚，旗叶上冲，叶功能好，熟相较好。穗长方形，小穗排列紧凑，结实性好，长芒，白壳，白粒，籽粒较饱满，硬质。2018—2019 年大区试验平均亩穗数 44.3 ～ 48.1 万，穗粒数 32.8 ～ 33.7 粒，千粒重 39.8 ～ 45.2 克，平均株高 73.9 ～ 78.2 厘米；2019 年生产试验平均亩穗数 49.3 万，穗粒数 33.4 粒，千粒重 45.4 克，平均株高 77.9 厘米。2018—2019 年大区试验倒伏程度 ≤ 3 级或倒伏面积 ≤ 40% 点率 95.2% ～ 100%；2019 年生产试验，倒伏程度 ≤ 3 级或倒伏面积 ≤ 40% 点率 100%。

两年抗寒性评价鉴定，平均死茎率 15.5%，抗寒性级别 3 级，抗寒性评价中等。

抗病性接种鉴定：2018 年结果，成株期抗条锈病，高抗叶锈病，高感白粉病和赤霉病，中感纹枯病；2019 年结果，高感条锈病和赤霉病，中感白粉病，中抗叶锈病和纹枯病。

2018—2019 年抗旱节水鉴定，节水指数 1.008 ～ 1.090，两年平均节水指数 1.049。

2018—2019 年品质测定结果：粗蛋白（干基）含量 15% ～ 13.3%，湿面筋含量 25.7% ～ 31.0%，吸水率 59.4% ～ 66.0%，稳定时间 5.0 ～ 4.2 分钟，最大拉伸阻力 569.0 ～ 351.5 E.U.，拉伸面积 97.0 ～ 51.5 平方厘米。

（2）产量表现。2017—2018 年度大区试验，22 点汇总，平均亩产 475.3 千克，比对照济麦 22 增产 3.28%，居 19 个参试品种的第十三位，增产点率 81.0%，增产 ≥ 2.0% 点率 66.7%；2018—2019 年度继续试验，21 点汇总，平均亩产 606.6 千克，比对照济麦 22 增产 7.25%，居 17 个参试品种的第五位，增产点率 100%，增产 ≥ 2.0% 点率 90.5%；两年平均亩产 541.0 千克，比对照济麦 22 增产 5.27%，增产点率 90.5%，增产 ≥ 2.0% 点率 78.6%。2018-2019 年度生产试验，14 点汇总，平均亩产 628.5 千克，较对照济麦 22 增产 7.14%，居 5 个参试品种的第一位，增产点率 100%。

（3）适宜地区。黄淮冬麦区北片的山东省，河北省中南部，山西省南部水肥地种植。

（4）栽培技术要点。适宜播期 10 月 5—15 日，亩基本苗数 18 万左右，抽穗前后应及时防治麦蚜，扬花期、灌浆期应及时防治赤霉病和其他叶部病害，高水肥地注意防倒伏。

5. 鲁研 897

（1）特征特性。半冬性，生育期 232.1 天，比对照济麦 22 早熟 0.6 天。幼苗半匍匐，分蘖力较强，株型紧凑，叶色浅绿、蜡质较厚，旗叶上冲，叶功能好，熟相较好，抗倒伏性好。穗纺锤形，小穗排列紧密，结实性好，长芒，白壳，白粒，籽粒硬质，黑胚率较低。2018—2019 年大区试验平均亩穗数 41.4 ～ 44.4 万，穗粒数 32.4 ～ 35.1 粒，千粒重 41.7 ～ 46.9 克，平均株高 72.8 ～ 77.3 厘米；2019 年生产试验平均亩穗数 47.0 万，穗粒数 34.6 粒，千粒重 46.7 克，平均株高 77.8 厘米。2018—2019 年大区试验倒伏程度 ≤ 3 级或倒伏面积 ≤ 40% 点率 95.2% ～ 100%；2019 年生产试验，倒伏程度 ≤ 3 级或倒伏面积 ≤ 40% 点率 100%。

两年抗寒性评价鉴定，平均死茎率16.9%，抗寒性级别3级，抗寒性评价中等。

接种抗病性鉴定：2018年结果，高感条锈病、叶锈病、白粉病和赤霉病，中感纹枯病；2019年结果，高感条锈病、白粉病和赤霉病，中感纹枯病和叶锈病。2018—2019年抗旱节水鉴定，节水指数0.820～0.864，两年平均节水指数0.842。

2018—2019年品质测定结果：粗蛋白（干基）含量14.7%～13.6%，湿面筋含量31.2%～32.3%，吸水率61.1%/66.3%，稳定时间5.7～4.4分钟，最大拉伸阻力401.0/290.0 E.U.，拉伸面积55.0～39.3平方厘米。

（2）产量表现。2017—2018年度大区试验，21点汇总，平均亩产479.4千克，比对照济麦22增产4.17%，居19个参试品种的第十一位，增产点率76.2%，增产≥2.0%点率66.7%；2018—2019年度继续试验，21点汇总，平均亩产598.6千克，比对照济麦22增产5.83%，居17个参试品种的第六位，增产点率90.5%，增产≥2.0%点率90.5%；两年平均亩产539.0千克，比对照济麦22增产5.08%，增产点率83.6%，增产≥2.0%点率78.6%。2018—2019年度生产试验，14点汇总，平均亩产618.3千克，较对照济麦22增产5.40%，居5个参试品种的第三位，增产点率100%。

（3）适宜地区。黄淮冬麦区北片的山东省，河北省中南部，山西省南部水肥地种植。

（4）栽培技术要点。适宜播期10月5—15日，亩基本苗数18万左右，抽穗前后应及时防治麦蚜，扬花期、灌浆期应及时防治赤霉病和其他叶部病害。

第六章

中国北方小黑麦育种技术及培育体系

第一节 小黑麦类型与发展演变

一、小黑麦的类型与特性

小黑麦是由小麦和黑麦人工杂交、染色体加倍而成的属间杂种。它的遗传组成既不同于小麦，也不同于黑麦，因而是小麦族中的一个新物种。有人把小黑麦列为一个新属，也有人把它列为小黑麦属的一个新种。把它划分为一个新属，研究它的分类和形成规律，将更有利于今后对新物种的合成和应用的研究。

根据染色体组和倍性，可把小黑麦分为十倍体（AABBDDRRRR）、八倍体（AABBDDRR）、六倍体（AABBRR）和四倍体（ABRR）。它们的染色体数目和组成都不相同。其中十倍体小黑麦是由六倍体普通小麦与四倍体黑麦杂交加倍而来，由于育性和生活力很低，没有应用价值。而四倍体小黑麦最初是由六倍体小黑麦和二倍体黑麦杂交、回交和自交，衍生到 $2n=28$ 的类型。RR 染色体可配对成组，而 AB 染色体却为不同的混合组。四倍体小黑麦在生产上也没有应用，研究和应用最多的是六倍体和八倍体小黑麦。

根据育种和应用，小黑麦又可以分为初级小黑麦、次级小黑麦和代换性小黑麦。目前国际上普遍采用这种分类，因为这种分类既便于了解小黑麦的特性和组成，又便于实践与应用。

（一）初级小黑麦

初级小黑麦是由小麦和黑麦杂交及染色体加倍直接形成的小黑麦。初级小黑麦包括四倍体、六倍体和八倍体小黑麦，又叫原始小黑麦。

初级小黑麦有以下共同特性：不论用四倍体硬粒小麦还是六倍体普通小麦与二倍体黑麦杂交，杂种一代的染色体为 ABR 或 ABDR，只有一套单倍体性质，减数分裂为单条染色体，是单价体，不能配对，形成不完整的染色体组配子。这种配子是没有活力的，会造成杂种不育。如果在减数分裂前用秋水仙碱将杂种的每条染色体加倍成对，就可以形成正常配子，使杂种进行正常的生殖、结实和生长。秋水仙碱加倍是通过每条染色体的自我复制，因而加倍后的这一对染色体上的基因和结构完全一样，是遗传上的纯系。所以通过染色体加倍的同一个小黑麦品系，它的性状、特性整齐一致，并可遗传下去。

初级小黑麦是刚刚通过小麦和黑麦杂交及染色体加倍而成的，没有经过任何选择和改良，其中小麦的 ABD 染色体组和黑麦的 R 染色体组不协调，小黑麦花粉母细胞减数分裂不正常，往往形成单价体和微核，造成结实率降低和种子不饱满。结实率和饱满度是小黑麦育种中最初的主要目标，也是影响小黑麦应用到生产上的两个最主要的性状。根据我们的统计调查，小黑麦的结实率至少要达到 70%，种子饱满度达到 3 级（相当于生产上春小麦的种子饱满度）才能应用。尽管初级小黑麦有穗大、粒多、抗病、抗逆、适应性广等优良性状，但结实率低和饱满度差的特点却限制了它在生产上的应用，因而初级小黑麦只能作育种的亲本和原始材料。事实也证实了我们的论点，从 20 世纪 50 到 80 年代，我们通过染色体加倍共制造了上万份小黑麦原始品系，但没有一个原始品系能直接应用于生产。

（二）次级小黑麦

通过杂交改良可使结实率的饱满度达到正规标准的小黑麦品系称为次级小黑麦。它们的亲本来自初级小黑麦，所以次级小黑麦也包括了八倍体小黑麦和六倍体小黑麦。我们从不同小黑麦原始品系的结实率和饱满度的分布可以看出，初级小黑麦平均结实率和饱满度虽然很差，但是不同品系间的结实率差异还是很大的，分布在 20% ～ 90% 之间。虽然结实率超过 70% 的品系不多，只占 2.5%，但是它们的结实率却接近正常小麦的结实率，而且可长期遗传下去。由此可以看出，控制结实率和饱满度的基因数目较多，遗传比较复杂，可以通过杂交来提高原始小黑麦品系的结实率和饱满度。

改进初级小黑麦的途径可以通过八倍体 X 八倍体、六倍体 X 六倍体、八倍体 X 六倍体小黑麦和八倍体 X 六倍体小黑麦 Fi 与八倍体或者六倍体小黑麦回交等方式进行。八倍体 X 六倍体小黑麦杂种的遗传组成为 AABBRRD，其中普通小麦的 ABD 组与硬粒小麦的 AB 染色体组进行杂合交换外，D 组和 R 组也可能发生个别染色体和片段的代换易位，因而可以综合八倍体与六倍体小黑麦的优良性状，提高结实率和饱满度。不论用什么方式杂交改进小黑麦，次生小黑麦一般都保持黑麦 R 组和小麦 ABD 组或 AB 组的染色体组。

（三）代换性小黑麦

一对或若干对黑麦染色体被小麦的染色体代换的小黑麦称为代换性小黑麦。由于染色体的代换，不但可以引入新的性状而且可以去掉黑麦的不利影响。代换性小黑麦的出现对于小黑麦育种有很大的影响和作用。从某种程度上说，它为小黑麦的育种开拓了一个新途径。

如果黑麦的某对染色体被小麦 D 组染色体代换，就叫小麦 – 黑麦代换系，如果只有部分黑麦染色片段留下，就叫小麦 – 黑麦易位系。此外，如果小麦 A、B、D 组染色体全部存在，只要加上一对黑麦染色体就叫小麦 – 黑麦附加系。目前世界上已育成的小麦 – 黑麦附加系有中国春 – 帝国黑麦；1 ～ 7 对染色体的整套附加系有中国春 – 国王 2 号黑麦或支柱黑麦附加系等。利用小麦 – 黑麦附加系可以作有关黑麦基因定位标准和遗传连续图谱，同时可以转移或导入有利基因到小麦和黑麦中。黑麦染色体与小麦染色体代换性和部分同源关系研究，不仅为小黑麦育种提供理论依据和途径，还对研究小麦族的进化、亲缘关系及合成物种都有重大作用。

（四）小黑麦在理论和实践上的意义

小黑麦是人类在生产实践中提出的，在总结了普通小麦自然演变和进化的基础上，应用多倍体育种和染色体工程方法人工创造的第一个新物种，并且经过多学科协作和反复实践，将它发展成为粮食、饲料、保健食品和提供生物能源等的人工培育的第一个新作物，在理论和实践上都有重大的意义。

1. 小黑麦在理论上的意义

（1）第一个人工创造的新作物。小黑麦原先在自然界是没有的，是人类在认识自然的过程中，总结了物种形成规律后创造的新物种的尝试。小黑麦的诞生，打破了上帝"创造人和万物"的桎梏，向能动地改造自然、人工合成新物种迈出了新的一步。

（2）异源多倍体形成新种的规律。过去认为，物种在自然的演变和进化过程中是长期的逐渐分化，而小黑麦的合成却是人类利用不同属间的杂交、染色体的人工加倍"骤变"而成的，这大大加快了新物种的合成，特别在当前许多自然物种濒临灭绝的情况下，人工育成新物种被赋予更高更深的理论和实践意义。

（3）染色体部分同源性的关系。小黑麦中的黑麦染色体与小麦染色体的代换，部分同源性关系和DNA重复序列差异的研究，不仅揭示了小麦族和不同作物起源、演化的关系，还为打破种属间的隔离，导入优良性状开辟了新途径。

2.小黑麦在实践上的意义

培育了综合小麦的高产和优良烘烤品质及黑麦的抗病、抗寒、抗逆性强和营养品质好的优良性状，适合我国广大地区种植的较省肥的稳产新作物。

适应我国当前农业结构调整由"粮食－经济作物"二元结构向"粮食－经济－饲料作物"三元结构的转变。小黑麦可为农业结构调整、发展养殖业、提高土地利用率、提高农民收入提供一个有力的粮食、饲料和多种用途的新作物。

二、小黑麦的发展演变

小黑麦是由小麦与黑麦属间杂交及杂种染色体加倍形成的一个新物种，由于它结合了小麦和黑麦双亲的特性，表现为穗大、粒多、植株高大、抗病、抗寒和杂种生长优势（茎叶繁茂、粗壮，分蘖多），所以很早就引起人们的注意。18世纪中叶，在俄国和中亚与黑麦相邻的小麦田里就发现了这种高大苗壮的小黑麦杂种一代植株，但因为它是不育的，一年有一年又无，且当时对属间杂种遗传不了解，就更增加了它的神秘性，因此引起了世界上许多国家的科学家和学者的研究兴趣。

（一）国外小黑麦发展

1.早期探索阶段（1876—1935年）

1876年，英国人亨利·威尔逊（Emest Henry Wilson）第一次报道了小麦与黑麦杂交成功的消息，他在爱丁堡植物学会上报道：应用软毛刷把黑麦花粉授在小麦柱头上，其中长出的两株杂种，穗大、苗壮，但可惜的是杂种为完全不育，没有得到种子。

1888年，德国人W.林保（W.Rimpau）获得了第一个小麦与黑麦自然杂交可育株，其中一个穗子获得了4粒种子并繁殖得到了纯系，命名为伦波（Rimpau）。经后人鉴定，此为第一个八倍体小黑麦品系，曾在德国和欧洲育种园圃种植多年。

1921 年，迈斯特（Meister）在俄国萨拉托夫试验站，从邻近黑麦的小麦试验区中得到上千株小麦与黑麦的自然杂交株。杂交株大多是雄性不育的，他从大群体中选到部分可育株系。

1876—1935 年期间，许多国家的学者对小黑麦进行了研究，但由于对小麦和黑麦的属间杂交不育性和染色体加倍形成新种的规律不清楚，所以长时间没有进展，但却都看到了小黑麦的巨大潜力。

1935 年，哲尔马克（Tschermark）总结了以上研究并把小麦属（Triticum）的英文前缀和黑麦属（Secale）的英文后缀合成为 Triticale（小黑麦），1937 年又改为 Secalotriticum，但 Triticale 已为多数人所接受，所以普遍应用胜过拉丁文属名 Triticosecale Wittmack。

2. 中期染色体加倍形成新种阶段（1937—1960 年）

1937 年，布莱克斯利（A.F.Blakeslee）发现了秋水仙碱（Colchicine），一种从地中海秋水仙中提出的生物碱，可以诱导染色体加倍，并使小麦与黑麦的杂种成为可育株系，这对于小黑麦研究是一个非常重要的发现。因为它改变了小黑麦只能靠自然加倍（温度变化和天然射线使染色体加倍，诱导概率低）的偶然和被动局面，开创了人工诱导小黑麦杂种染色体加倍的新途径。

1942 年，日本小麦遗传学家木原均对小麦的起源和倍性研究使人们对异源多倍体形成新种规律的认识更深一步。

1935—1956 年，瑞典遗传学家蒙清（Muntzing）的研究为小黑麦成为新物种奠定了基础。他在几十年的研究工作中首先确定了小麦、黑麦和小麦 × 黑麦杂种的染色体组（A、B、D、R）和染色体数目，并用秋水仙碱人工加倍小麦 × 黑麦的属间杂种得到八倍体小黑麦纯系。然后他收集了世界上的小黑麦品种（系），包括最早的伦波（Rimpau）等，分为 A、B、C、D 四类，并且做了相互杂交，最后通过杂交选育出新的小黑麦品系。同时指出小黑麦的优良性状是穗大、粒多、抗病、抗逆，但存在结实率低和种子饱满度差以及植株高易倒伏等严重缺点，这是小黑麦育种的关键问题。

此后，德国、苏联、英国、瑞典、荷兰、西班牙等国掀起对八倍体小黑麦的研究高潮，但由于对属间杂种与染色体组的关系、育种方法、结实率及饱满度等的认识不足，因而进展很慢，甚至对八倍体小黑麦前途产生悲观的想法。

　　1946 年，由于奥马拉（Omara）研究的胚培养技术已完善，四倍体小麦 × 黑麦的杂种容易成活，经秋水仙碱加倍可得到六倍体小黑麦品系的技术已经成熟。1951 年，西班牙的桑切斯 - 蒙日（Sanchez-monge）根据自己多年的研究，提出六倍体小麦在世界上栽培最广泛，它的胚与胚乳的倍性比例适当，细胞质与细胞核的关系协调，染色体倍性已达最适值，因而认为六倍体小黑麦最有前途。此后，世界小黑麦研究几乎都转向了六倍体小黑麦。

　　3. 近期小黑麦育种阶段（1964—1990 年）

　　1954 年，在加拿大曼尼托巴大学根据小黑麦研究现状和生产需要，设立了"罗斯耐"讲座，专门研究小黑麦。该组织收集了全世界小黑麦品系进行观察分析，然后结合细胞遗传和生理生化进行育种，于 1969 年选育出第一个商用注册六倍体小黑麦品种罗斯耐（Rosner），并在加拿大推广。

　　1964 年，诺曼·博洛格（Borlaug）（诺贝尔和平奖获得者）访问了加拿大曼尼托巴大学小黑麦育种研究之后，签订了 CIMMYT 与曼尼托巴大学之间的小黑麦合作研究计划，并扩大到全球，目的是为发展中国家和地区培育提高粮食产量及改善营养品质的新作物。该项目是目前世界上研究小黑麦最大和最深入的项目，它包括了小黑麦的育种、遗传、生物新技术、品质加工和推广栽培等综合学科的研究。

　　1970 年选育出一个六倍体小黑麦 Armadillo（它的黑麦染色体 2R 被小麦的 2D 代换），表现为结实好、矮秆、对光照不敏感、早熟、产量高。后来几乎所有 CIMMYT 的小黑麦品系都与它有亲缘关系，从而开创了小黑麦的 A、B、D 组与 R 组的染色体的代换、附加和易位的染色体工程育种。

　　1985 年，波兰人 Wolski 培育出冬性六倍体小黑麦 Lasko，且在波兰和欧洲推广。

　　我国遗传育种学家鲍文奎教授自 20 世纪 50 年代就已开始八倍体小黑麦的育种和研究，通过广泛制种和八倍体小黑麦品系间的杂交重组，克服了结实率低和饱满度差的问题，于 1977 年选育出八倍体小黑麦 1 ～ 3 号，并在贵州高寒山区成功推广。这是世界上首次将八倍体小黑麦应用于生产。在这期间，世界小黑麦育种研究迅速发展，不但选育出六倍体和八倍体新品种，而且开始在生产上应用。这说明人们对形成小黑麦新种的规律已经认识得比较清楚，并摆脱了早期小黑麦育种研究神秘、盲目和被动的局面。

4. 现代小黑麦发展为新作物阶段（1986 年至今）

六倍体和八倍体小黑麦新品种在生产上的推广和应用大大推动了小黑麦的研究进展。

1986 年，在澳大利亚召开了第一届国际小黑麦会议，主席是悉尼大学 N.Darvey 教授。来自 16 个国家 130 多位代表，讨论和交流了各国小黑麦育种和生产应用的情况。会上成立了国际小黑麦协会，并决定每 4 年召开一次国际小黑麦会议。这标志着小黑麦已经从人工创造的新物种发展到生产应用，标志着人类从被动地认识自然到能动地改造自然迈出了可喜的一步。

1990 年，在巴西召开第二届国际小黑麦会议，主席是 A.Baier 博士。参加会议的有 23 个国家的 200 多位代表，发表了 230 篇论文，涉及小黑麦资源、遗传育种、抗病性、适应性、组织培养、品质和应用等。中国代表孙元枢在会议上发表了首先利用雄性不育系小黑麦进行轮回选择，并选育出饲料小黑麦品种和在奶牛青贮上应用成果的文章。小黑麦适应性广，不但能在寒冷的波兰生长，而且在巴西的酸性土壤上生长表现良好。从欧洲、非洲、亚洲到美洲已种植了 200 多万 hm²，相当于世界上芝麻、绿豆的种植面积。自 1969 年，小黑麦第一个新品种 Rosner 培育成功，仅仅过了 20 年，小黑麦已经从一个新物种进入到新作物的行列中，为人类的粮食饲料生产服务。

1994 年，在葡萄牙召开第三届国际小黑麦会议，主席是 H.G.Pinto 教授。这次会议共分细胞遗传、种质、生物技术、抗逆性、抗病性、育种、农业推广技术与地区试验及粮食与饲料应用 8 个组，共有 35 个国家 300 多位代表参加。会议重点讨论了生物技术 DNA 探针和重复序列生物技术在小黑麦遗传和育种上的应用。小黑麦发展迅速，据大会不完全统计，小黑麦面积已达 600 多万 hm²，是上次会议的 2 倍。在某些国家，已占小麦面积的 10%。

1998 年，在加拿大召开第四届国际小黑麦会议，主席是 D.Salmon 博士，共有 32 个国家的 250 名代表参加会议。会上就小黑麦的遗传、生物技术、育种、食用品质、动物饲料、病虫害、细胞遗传、农业栽培和非生物逆境、工业应用和再生能源等 9 个部分进行了深入的交流和讨论。这次会议就小黑麦、黑麦和小黑麦的属间杂种，具 A、B、D 和 R 染色体组有广泛的遗传基础以及通过不同倍性杂交和诱导，可产生丰富的多样性的遗传变异等问题进行了讨论，并对杂种优势和生物技术的应用作了深入探讨。小黑麦除了应用于粮、饲、酿造啤酒外，还对生物能源利用，防止煤和石油燃烧引起的温室效应造成对地球的污染和灾害，以及充分利用小黑麦茎秆、纤维作板材可保护森林资源等，都有重要的作用。将小黑麦的应用提到议事日程上来，可以使这个人工创造的新作物更好地为人类服务。

2002 年，在波兰召开第五届国际小黑麦会议，主席是 E.Arseniuk 教授。参加会议的有来自 36 个国家的 223 位代表，共发表了 196 篇论文。会上重点讨论了小黑麦分子标记和遗传多样性，育种方法的改进和杂种优势的利用，抗逆性、抗病性问题及其进展，小黑麦新品种的选育及在世界上的推广和应用。

（二）我国小黑麦的研究和发展史

1. 我国古代小麦种植简史

我国是世界四大文明古国之一，种植小麦有悠久的历史。根据考古和古文记载，早在安徽钓鱼台的新石器时代遗迹和甘肃民乐东灰山遗址中就发现了炭化小麦种子，据测定，可断定其距今已有约 5000 年。目前全国出土的小麦种子，已有十多处以上，说明中国在约 5000 年以前就已种植小麦。在殷墟甲骨文上有"来"和"麥"字，《诗经·颂·思文》中有"贻我来牟，帝命率育……"，《说文解字》中也有记载。其中"来"亦作麦，指小麦，"牟"指"大麦"，而"麦"为大麦、小麦的总称。说明在仰韶文化时期，我国黄河流域就有种植小麦的历史了，到汉魏时的《齐民要术》和《淮南子》等已有小麦选种、栽培和加工的记载。此后，小麦发展成我国的主要粮食作物。

2. 我国黑麦种植简史

我国种植黑麦历史较晚。由于黑麦的抗寒、抗逆性强，主要分布在北欧、俄罗斯、加拿大和美国等地。我国黑麦是通过"丝绸之路"传播来的，分布在西北、西南和东北等地的高寒山区或干旱地区。我国的黑麦品种主要引种于北欧、苏联和美国，如大谷黑麦、德国白粒和冬牧 70 等。20 世纪 50 年代中国农业科学院作物育种栽培研究所曾从各地搜集了数百份黑麦材料，通过整理、分类研究，归为数十个类型。这些黑麦已适应我国各地的土壤、气候，已成为我国黑麦的宝贵资源。20 世纪 90 年代我国农业结构调整时，黑麦作为冬春青饲作物，在黄淮海和长江下游迅速发展，目前已达数亿平方米。

3. 我国小黑麦研究简史

普通小麦在长期的自然栽培条件下表现为高产（要求高水肥条件）、优质（面筋含量高，烘烤品质好）的特性，而黑麦则表现为耐贫瘠、抗寒、抗病性强但食用品质差的特性，因而生产上很早就有把两者优良特性结合起来的想法。贵州省威宁彝族苗族回族自治县县长陆文宾，在 20 世纪 60 年代初期曾对该县农业科学研究所提出要培育出"小麦的穗和黑麦的秆"的期望，即希望把小麦的品质和黑麦的抗性结合为一种新作物的建议。1934 年，金善宝教授就在《中华农学报》上提出小麦与黑麦杂交，并希望通过反交结合小麦和黑麦两者的特性。1939 年，李竞雄教授在中国最先报道了利用秋水仙碱处理小黑麦杂种植株的研究。

由于小麦和黑麦是不同属，杂交困难，因此成为小黑麦育种首先遇到的一个难题。20 世纪 50 到 60 年代，我国许多教学和科研工作者，如徐运天、王键、孙直夫、刘大钧、周之杭、陈伟程、罗跃武、宋文昌、赵寅怀、胡含等，都对小麦与黑麦的交配性进行了研究，发现我国地方小麦品种"中国春""蚂蚱"容易与黑麦杂交，并提出小麦的地方品种 > 育成种 > 引入品种的趋势。胡含教授还研究了不同温度、湿度和雌雄蕊授粉年龄等不同生态因素对小麦与黑麦的杂交的影响。

1951—1995 年，鲍文奎教授在中国最早系统地开展了小黑麦育种研究。他认为八倍体小黑麦育种中的主要难题是结实率低和种子饱满度差，其不易克服的原因是小黑麦的原始材料贫乏和杂交组合太少，造成遗传基础狭窄，所以很难得到比较理想的组合。因而他从小黑麦与黑麦属间杂交的遗传研究着手，通过"桥梁"品种（含小麦与黑麦的可杂交隐性基因）及杂种 F1、F2 与黑麦杂交，克服了小麦与黑麦间的不可杂交性。同时总结染色体加倍、制种的技术和方法，1957—1966 年，共制造了 4700 个原始品系，为八倍体小黑麦育种创造了物质基础。20 世纪 70 年代后，在八倍体小黑麦育种中又提出对未改进的 R 染色体组的隔离机制，进行结实率和饱满度等综合农业性状的改良，并于 1978 年选育出八倍体小黑麦 1 ～ 4 号，首先在贵州省威宁县试种推广约 2.7 亿平方米，是世界上八倍体小黑麦首次在生产上成功推广应用。

参加鲍文奎教授主持的八倍体小黑麦育种工作的有严育瑞、王崇义、牟明益、孙元枢、吕智敏、童庆娟、程治军等人，他们分别在八倍体小黑麦不同领域中进行了深入研究。

由于小黑麦同时具有小麦和黑麦不同属的染色体，因而它是研究异属染色体配对和行为及相应性状遗传的极好材料。20 世纪 70 年代后，我国的许多学者如李集临、马缘生、武镛祥、田锡箴、苏文泉、张玉清、安醒东、量居义等对小黑麦的染色体倍性、减数分裂行为单价体和微核及小黑麦的性状进行了研究。

孙敬三、朱自清、童庆娟、胡含、赵开军、陶跃之等对小黑麦的花药培养、小孢子染色体数量变异和重组、愈伤组织分化、白苗等进行深入了研究，赵开军、王小军等利用组织培养愈伤组织细胞分化进行耐盐性细胞的筛选。

姚珍、陈瑞阳、孙元枢、刘四新、那冰等应用染色体分带技术鉴定小麦、黑麦染色体的代换、附加和易位，把小黑麦、黑麦的抗病性转移到小麦和小黑麦的性状改良上，以及从小黑麦 237 号的抗病蛋白中分离出几丁质酶和 P- 葡聚糖酶，它们对白粉病都具有抑制作用。随着黑麦异染色质和重复顺序的测定，黑麦染色体可作为一个很好的探针，不仅可以研究基因结构、表达和导入，以及形成新品种，还可以利用分子标记进行性状选择，促进小黑麦育种向理想方向发展。

随着我国农业的发展，种植结构由"粮食 – 经济作物"二元结构向"粮食 – 经济 – 饲料作物"三元结构发展，饲料市场需求很大，特别是冬、春季节，青饲严重短缺。小黑麦不但植株高大，属间杂种营养生长优势强，鲜草产量高，而且蛋白质和赖氨酸含量高、组成平衡、营养品质好，并可早割，不耽误玉米、棉花等作物的种植，因而小黑麦是一个很有前途的粮饲兼用作物。孙元枢、谢运、程起方等自 20 世纪 80 年代起通过六倍体、八倍体小黑麦杂交，使 D 和 R 染色体重组，通过显形雄性不育基因 MS2 控制的不育系进行轮回选择，综合优良农艺性状，迅速选育出一批粮饲和饲草型小黑麦新品种——中新 830、中饲 237 和中饲 1890 等，并在生产上推广。

我国的小黑麦研究从一开始就与生产相结合。1978 年组织的小黑麦协作组（现称小黑麦科研开发协作组），虽因经费、人员和结构等问题而很难组织会议，但仍坚持每 1 ～ 2 年召开一次协作组会议。几经周折，直到 1996 年才得到农业部的资助。该协作组对我国小黑麦的遗传育种、生物技术研究、生产试验推广和开发利用等都起到了积极的作用。

第二节　小黑麦基因与遗传特性

一、小麦与黑麦的可杂交性

早在 1876 年，英国人 Wilson 就通过普通小麦与黑麦的杂交得到了两株完全不孕株。直到 1891 年，德国的 Rimpau 在小麦 – 黑麦杂种上得到了一些种子，这就是世界上人工创造的第一个八倍体小黑麦。普通小麦与黑麦分属于不同属，它们间的杂种当初存在比较严重的缺点，如结实率不高，种子极不饱满等，因而不能直接应用于生产。

（一）小麦与黑麦的可杂交性

小麦与黑麦之间的杂交属于远缘杂交，两亲本的亲和性很差，杂交是相当困难的，但也有个别的普通小麦品种较易与黑麦杂交。鲍文奎等曾对 29 个小麦品种与黑麦的可杂交性进行测定（29 个小麦品种中包括 28 个普通小麦品种和 1 个印度矮生小黑麦品种）。测定结果表明，29 个小麦品种与黑麦可杂交性分为四类：第一类是与黑麦杂交结实率很高的小麦品种，一般结实率在 70% 以上，可以说同小麦品种间杂交的结实率一样高。这类品种有 3 个，占 10.3%，其中包括在全世界小黑麦工作者中享有盛名的"中国春"小麦；第二类是可以与黑麦杂交，但杂交结实率一般只能达百分之十几的小麦品种，这类品种也有 3 个，其中有印度矮生小麦；第三类为与黑麦杂交很困难的品种，杂交结实率在 2% ～ 5%，这类品种占 17.3%；第四类是极难与黑麦杂交的品种，共有 18 个，占 62.1%，其杂交结实率只有 1% 左右，或完全没有成功。

小麦品种与黑麦可杂交性的测定连续做了 2 年、3 年，甚至 4 年，测定结果都清楚地表明各类小麦与黑麦可杂交的特性，尽管其杂交结实率在各年度间有一些差异，但变化不大。例如，"中国春"小麦经连续 4 年测定，其与黑麦的杂交结实率在 73.6% ～ 91.7%；印度矮生小麦连续 3 年的测定结果表明，其杂交结实率在 10% ～ 29.3%；属第三类的矮粒多品种连续测定了 2 年，1 年杂交结实率为 5%，另一年杂交全未成功；第四类中的玉皮、Forlani、Funo3 个品种 2 年杂交都未结实。南大 2419 测定 3 年的杂交结实率在 0 ~ 2.9%。

（二）"桥梁"品种的作用

将极易与黑麦杂交的普通小麦品种作为"桥梁"品种，就有可能利用难与黑麦杂交的普通小麦品种的遗传特性。"桥梁"品种的引入，使小黑麦的制种技术变成为普通小麦品种间杂种 F_1 或 F_2 与黑麦品种杂交，即以普通小麦杂种代替品种作母本与黑麦进行杂交，而小麦杂种的亲本中至少要有一个必须是"桥梁"品种，由于小麦杂种 F_1 或 F_2 雌性配子在遗传组成上都是不相同的，杂交所得的每粒种子经染色体数加倍后，都有可能成为一个小黑麦品种。这样就极大地提高了杂交和制种效率。

（三）小麦与黑麦可杂交特性的遗传

小麦与黑麦的可杂交特性是由一个隐性基因控制的，这个基因座至少由 5 个复等位基因组成。"中国春"小麦与黑麦很容易杂交的特性是由一个隐性基因 s 控制的，印度矮生小麦具有的基因 S^a 对 s 基因没有显性，因而杂合子 $s^a s$ 表现出平均达 33.9% 的杂交结实率。矮粒多具有 S^A 基因，其对 s 基因也表现不出显性，杂合子 $S^A s$ 平均有 40.1% 的杂交结实率。在第四类中，很明显包括两种基因，以南大 2419 品种为代表的 S^N 基因，对 s 基因表现出半显性，其杂合子 $S^N s$ 平均有 14% 杂交结实率；以碧玉麦为代表的另一基因 S^Q 对 s 基因有完全显性，它们的杂合子 $S^Q s$ 平均只有 0.7% 的杂交结实率，杂交难以成功。

因此，可以认为，s、s^a、s^A、S^N 和 S^Q 是属于一个基因座的复位基因，根据可杂交程度，其排列次序为 $S>s^a>s^A>S^N>S^Q$，其显性程度依次增强。凡是有 s、s^a、s^A 或 S^N 基因型的普通小麦品种，它们与"桥梁"品种杂交的杂种第一代，都可用来与黑麦进行杂交。具有 S^Q 基因型的小麦品种，要用杂种第二代的植株与黑麦杂交。因为 F_2 植株只有 1/4 是有可杂交的 ss 基因型，其余 3/4 都是含有 S^Q 基因的不能杂交的植株，所以 F_2 以小株密植的方式播种，出穗时选择好的植株，每株用一两个穗子与黑麦进行杂交。这样，可以保证 F_2 植株与黑麦杂交的平均结实率一般都能达到 10% 以上。尽管具有 s 基因型的小麦品种占多数，但由于采用上述方法，与黑麦的平均杂交结实率一般可保持在 20% 以上，这样就有可能大量获得小麦与黑麦杂种种子。

含有同"中国春"小麦一样的基因型 ss 的小麦品种也较多，如春麦中的江东门、奇台金包银、红星等，冬麦中的蚂蚱麦、碧蚂1号。

（四）普通小麦 Kr 基因的发现及其性质

从 1876 年 Wilson 首次完成小麦与黑麦远缘杂交开始，以后的研究工作主要集中在利用小麦与黑麦属间杂种将黑麦的有益性状转移给小麦方面。Lein 于 1943 年发现小麦与黑麦的可杂交性是由 Kr_1、Kr_2 两个基因控制的，显性基因 Kr 抑制普通小麦与黑麦的可杂交性，其中一个基因的存在就能降低可杂交性，只是 Kr_1 的作用比 Kr_2 更强一些，大多数小麦品种都含有该基因；另一种是它的等位基因 Kr_1、Kr_2，它能促进普通小麦与黑麦的可杂交性，只有个别小麦品种有，其中一个基因的存在就能提高可杂交性。他建议根据小麦与黑麦属间杂交结实率推测小麦品种可交配性基因型。

瑞利（Riley）和查普曼（Chapman）于 1967 年用与黑麦可交配性差的 Hope 品种染色体逐一代换与小黑麦具有良好可交配性的"中国春"小麦品种相应染色体，发现 5A、5B 代换系可交配性下降，5B 代换系下降尤为明显，由此认为控制可交配性的基因 Kr_1、Kr_2 分别位于 5B 和 5A 染色体上。克罗洛（Krolow）于 1973 年研究发现 5D 染色体还存在着一个 Kr_3 基因，影响着小麦与黑麦的可交配性。

兰格（Lange）和 Riley 利用缺体—四体分析方法，Falk 等 1983 年也利用缺体—四体分析方法，Sitch 等利用品种间代换系方法，进一步将可交配性基因 Kr_1、Kr_2 分别定位于 5BL 和 5AL 上。Kr1 距离着丝点 44.8 ± 3.28 个遗传单位，Kr_2 位于两个主要的标志基因 Vrnl 和 q 之间，距离 Vrnl 约 4.8 ± 4.66 个遗传单位，距离 q 约 38.1 ± 10.6 个遗传单位，Kr_1、Kr_2 位于部分同源染色体的相似位点，认为它们是部分同源等位基因。因为它们位于不同染色体上，所以认为它们独立表达，不相互干扰。增加 Kr_1 或 Kr_2 基因剂量，可交配性明显下降，但增加其隐性基因 krl 或 kr_2 的剂量，可交配性并不增加，因而认为 Kr_1、Kr_2 活跃地抑制可交配性，Kr_1、Kr_2 则是较为迟钝的基因。

科学工作者在 20 世纪 60 年代末期就已发现普通小麦品种"中国春"与黑麦具有高度可交配性，说明"中国春"具有 kr 基因。绝大多数实验表明："中国春"染色体上携带的所有可交配性基因呈隐性，增强着"中国春"

与黑麦的可交配性，而拥有 Kr_1、Kr_2 基因的品种与黑麦具有极其低的可交配性。

后来的研究发现，染色体 1A、7D、2B、6D、7A 上也存在着一些与可交配性有关的基因，程度不同地影响着小麦与黑麦的可交配性。

（五）Kr 基因的作用机制

许多研究表明：Kr 基因不仅仅影响小麦与黑麦的可交配性，也影响小麦与小麦族内其他属的可交配性。

Riley 和 Chapman 于 1967 年报道，欧洲及西亚的小麦品种与黑麦的可交配性很差。卡尔特（Kalt）、赛克斯（Sikes）于 1974 年提出黑麦基因型能部分影响由小麦 Kr 基因控制的可交配性。1980 年马缘生用若干个原产于我国的小麦品种分别与 3 个黑麦品种杂交的结果表明，不同小麦品种与黑麦杂交的可交配性差异很大，结实率在 2.7% ~ 54.5% 之间，其中以石家庄 4 号的可交配性最高，黑麦品种不同杂交结实率差异很小，小麦与黑麦的可交配性在不同黑麦品种间表现出相同的趋势，表明可交配性主要由小麦基因型决定。在小麦一方，以我国的密穗多花型及与其有亲缘关系的杂种较易与黑麦杂交成功，密穗小麦亚种与黑麦的可交配性最好。同时他认为，可交配性在不同年份间存在很大的变化，表明气候条件对 Kr 基因有较大影响。樊路等通过研究认为，核不育显性基因（Tal 基因）与 Kr 基因不存在互相干扰，能够在细胞中独立作用，培育出了 kr、phlb、Tal 基因的综合体，并认为北京的气候条件有利于 kr 基因的表达，这与马缘生的结论一致，再次表明 kr 基因与环境存在明显的互作。1988 年他们用中国春 phlb 突变体、中国春缺体 5B- 四体 5D、中国春 –Cheyenne 5B 二体代换系分别与兰州黑麦杂交，研究表明 Kr_1 基因与 Phi 基因不属于同位点，为 Kr_1 基因的定位提供了一个证据，否定了同一位点产生不同效应的可能性。

坦纳（Tanner）和法尔克（Falk）于 1981 年报道了小麦与黑麦基因对可交配性的遗传控制问题。他们研究了 11 个小麦品种分别与 9 个黑麦品种的可交配性，结果表明，小麦品种不同时可交配性表现也大不相同，结实率在 1.8% ~ 7.6% 之间，以"中国春"与黑麦的可交配性最高。黑麦品种不同时可交配性也表现出一定的差异，结实率为 0 ~ 10.0%，表明黑麦基因型在一定程度上控制着可交配性，尤其是具有广阔遗传背景的黑麦品种，认为黑麦的可交配性可以遗传给后代。结果还表明，两个具有不同水平可交配性的小麦品种杂交，杂种 F_1 与黑麦的可交配性表现为中等偏低水平；两个具有不同可交配性的黑麦品种杂交，其 F_1 与交配性差的小麦品种杂交时表现出高的可交配性，认为黑麦基因型与低交配性的小麦品种存在互作。

叶兴国用来自宁夏的 7 个春麦品种以及"中国春"与甘肃黑麦杂交，发现它们的可交配性差异很大，杂交结实率在 2.0%～90.8%，"中国春"最高，宁春 13 号最低，宁夏的 7 个品种与黑麦杂交结实率在 2.0%～32.6%，有 5 个品种的结实率低于 10%，所以他认为宁夏的绝大多数小麦品种与黑麦的可交配性很差。

（六）"假杂种"的鉴别

测定小麦与黑麦的可杂交性，还需排除产生"假杂种"的可能性。在进行人工属间杂交时，往往不能排除意外的种内授粉干扰，因此种内杂种与属间杂种有着如下差别：从形态来看，属间杂种第一代一般表现为两个亲本物种的综合特点，而不会表现出只在母本物种的基础上，再加上近似于父本物种的某些特点的混合特点；从可育程度来看，属间杂种的第一代是高度不育或完全不育的，而种内杂种一般是育性正常；从杂种后代分离现象来看，不育的属间杂种第一代，经染色体数加倍后育性恢复或部分恢复。由此繁殖而成的杂种第二代是一个纯种，不出现植株间在形态特征上的分离现象。而种内杂种的第二代植株在形态特征上却可以看到分离现象；从染色体数来看，属间杂种第一代植株的染色体数是两个亲本物种的配子染色体数之和，减数分裂时，不能配成对，出现单价染色体。加倍后，可孕杂种染色体数是两个亲本物种的染色体数之和，而种内杂种的染色体数却同母本物种完全一样；从回交的难易来看，以属间杂种作母本，与两个亲本物种进行回交，都比较容易成功。但种内杂种由于很容易接受原母本的花粉，在回交时则一样不容易接受曾作为父本物种的花粉。根据这些差别，可以正确地鉴别属间杂种的真假。实践证明，这样完全可以将"假杂种"控制在一个很低的水平。

苏联从 1940 年开始用大量的各国不同生态类型春性普通小麦与黑麦杂交，得出最容易与春黑麦杂交的是中国小麦的研究结果。杂种幼苗用秋水仙碱处理，获得了 56 条染色体的八倍体小黑麦，其中较著名的品系为 An20，不但有大穗、多花、抗病等特点，而且种子蛋白质含量较高，连续种植 10 年，平均蛋白质含量都在 19.0% 左右（母本小麦为 12.4%，父本黑麦为 10.5%）。

二、结实率和饱满度

世界上第一个人工创造的八倍体小黑麦 Rimpau 开始时就由于其结实率不高、种子不饱满等原因而未能直接应用于生产。种子结实率低、种子不饱满这两个严重缺点，不但掩盖了八倍体小黑麦的所有优点，而且也阻止了它在生产实践中的应用。在早期，由于小黑麦材料太少，要改进其结实率、种子饱满度及其他农艺性状是不太现实的。

在早期人工制造的 4 700 多个小黑麦品系中，都程度不同地存在着结实率低和种子不饱满的问题。最初的绝大多数品系种子饱满度只有 4 级或 5 级，许多品系结实率低到连保种都困难。因此，在小黑麦杂交育种的第一阶段，就以解决结实率和种子饱满度问题为主要目标来开展工作。

通过育种工作者的多年努力，现代小黑麦，尤其是六倍体小黑麦的结实率和饱满度都已发生了极大改变。许多小黑麦的结实率已与普通小麦不相上下。绝大多数小黑麦品种（系）种子的饱满度也已达到 3 级以上，个别已经接近 1 级水平。

（一）结实率与 Cr 基因

程治军等用 2 个八倍体小黑麦作母本，分别与 15 个小麦矮源杂交，其结实率在 1.4% ~ 77.2%，差异明显，且与小黑麦品种有关。受年度自然条件变化的影响，Y1005 结实率为 54.0% 和 56.5%。品种间的杂交亲和性是由核基因控制的，且结实率高的为隐性基因 cr，结实率低的为部分显性基因 Cr，其显性度为 –0.48，CrCr 基因型的结实率在 10% 以下，Crcr 基因只对普通小麦的雄配子在杂交结实率上有明显区别的反应，很像普通小麦中的可与黑麦杂交基因 Kr 和 S；但 Cr 对黑麦雄配子在结实率上没有反应，对小黑麦雄配子在杂交结实率上不存在显著差别，因而认为 Cr–Cr 的反应面比 Kr–Kr 窄得多，推测该基因位于 R 组染色体上。显性 Cr 基因不但降低八倍体小黑麦与普通小麦的杂交结实率，而且也降低八倍体小黑麦与七倍体杂种的回交结实率，直接影响导入普通小麦有利基因的效率。环境条件和其他因素能够影响 Cr 基因的表达。在温室条件下，就有可能通过改变日长、温度等环境条件，削减 Cr 对小黑麦与普通小麦杂交结实率的不利影响，使在大田中难以获得成功的杂交种子的组合杂交成功。

在选穗时，应根据目测估计，选收结实率好的单穗。当杂种选系趋于整齐一致时，在小区中取一定数量的穗数，统计可孕小穗第一、二朵花的结实率，选留的结实率标准一般在80%左右，如遇特殊情况，可适当降低或提高标准。

（二）种子饱满度

鲍文奎等将种子饱满度分为五级：以种皮光滑，种子完全饱满的为1级；种皮稍有细皱纹，种子饱满的为2级；种皮有明显皱纹，种子仍饱满的为3级；种皮皱缩或凹陷，种子明显不饱满的为4级；种皮严重皱缩，种子极不饱满，估计胚乳含量不及种子重量一半的，为5级。3级种子的饱满度相当于北京地区春麦种子饱满度，是生产上的最低标准。生产上作粮食或粮饲兼用的小黑麦应以3级为最低标准，饲用小黑麦最低可为4级。

（三）结实率与饱满度的改良

鲍文奎等从1958年开始进行小黑麦品系间杂交工作，成熟时在杂种后代中根据结实率选收单穗，脱粒后，再根据种子饱满度，如淘汰不够标准的单穗。到1964年，在一些小黑麦杂交组合后代中，开始获得了一些结实率达到80%左右、种子饱满度达到3级的杂种，初步解决了结实率和种子饱满度问题。当时的研究就已表明，八倍体小黑麦结实率和种子饱满度问题是可以通过品系间杂交育种方法来逐步加以解决的。

在改良结实率和饱满度的杂交育种中，选用亲本时希望它的后代有尽可能多的植株具有正常的结实率和种子饱满度。目前亲本的主要来源有两种，一种是人工合成的小黑麦原始品系，另一种是小黑麦杂种选系。试验结果表明，用杂种选系作亲本，对杂种第一代的结实率和种子饱满度，比以原始品系作亲本的要好得多。

从大量的小黑麦品系所表现出来的一系列变化可以推断，结实率和种子饱满度是属于多基因控制的数量性状，同时也受遗传背景和环境条件变化的影响。

通过一次小黑麦品系间杂交和后代选育，在个别杂交组合中结实率可以改进到80%左右，种子饱满度也可以达到3级。某些小黑麦品种的结实率同正常普通小麦已不相上下，但在穗选中偶然发现的饱满度可达到1级的单穗，在后代中则未能保持。

三、株高及其与饱满度综合性状关系

早期选育的小黑麦品种，几乎都是高秆的，一般株高在 140 ～ 150 cm 以上，籽粒单产在 3 000 ～ 3 750 kg/hm²，最高单产可达 5 250 kg/hm²，再高就有倒伏的危险。因此，为了提高籽粒产量，就必须要降低株高。我国在 20 世纪 50 年代大量创造的八倍体小黑麦由于制种亲本植株较高，大多在 150 cm 上下。目前作为青贮饲草用的六倍体小黑麦多数也在 150 cm 左右，但作为粒用小黑麦，为提高其籽粒产量，其株高必须降至 100 cm 左右，以增强抗倒伏力，提高产量。

李晓梅、赵开军对八倍体小黑麦株高结构作了分析，认为第 2 节间的迅速缩短，对降低株高最有利。第 2 节间对株高的增加贡献最大，缩短第 2 节间能有效降低株高。试验结果表明，当第 2 节间绝对长度超过 15 cm 时，会促进植株倒伏的发生。因此，第 2 节间的缩短能增强抗倒伏能力。

孙元枢等将小黑麦株高在 125 cm 以上的定为高秆，在 110 ～ 124 cm 定为中秆，110 cm 以下的定为矮秆。矮秆特性主要来自小黑麦杂交组合 h353 和 h206 的分离世代，它们的株高都在 1 m 以下。用它们作矮源，经过几代的杂交选育，效果比较明显。但随着降秆也带来了一些缺点，如种子饱满度降低、晚熟、早衰严重和分蘖弱等。矮秆小黑麦的亲本籽粒饱满度都在 4 级左右，而它们同籽粒饱满度好的高秆材料杂交，杂种一代的矮秆株绝大多数的饱满度都不好。

株高和饱满度之间有明显的负相关（$r = -0.52$），也就是高秆的籽粒饱满，矮秆的不饱满，而且越矮的籽粒饱满度越差。

解决这一问题的方法之一就是从大量的杂交组合中进行选择。孙元枢等在 1976 年就选到了一些饱满度达到 3 级或 3 级以上，株高在 100 cm 以下的矮秆穗系。这些材料可以分为三种类型，第一类型是以 h1141 和 h1251 为代表，籽粒饱满度保持在上一代的水平上，有可能选出饱满度在 3 级或 3 级以上的矮秆品系；第二类以 h1125 为代表，后代的籽粒饱满度有所下降，但仍能保持在 3 级水平；第三类以 h1276 为代表，其后代籽粒的饱满度大幅度下降，在 3 级以下。在第一类组合中根据后代种子的饱满度，有可能及早确定有希望的组合，并选出种子饱满度达 3 级或更好的矮秆小黑麦品种。

经过几代小黑麦育种工作者的改良，现在的小黑麦品种（材料）中，

过去的矮秆与饱满度等性状之间的这种矛盾已经得到很好解决。根据新疆石河子大学对 2001 年种植于新疆昭苏县 76 团试验站的 28 个六倍体小黑麦品种（系）的株高、籽粒产量和籽粒饱满度的关系分析，其株高与产量之间的相关系数 $r = -0.803$，株高与饱满度之间的相关系数 $r = -0.212$。当然，并不是说株高越矮越好，维持一定的株高，保持一定的生物产量应是籽粒产量形成的基础。经过几代育种工作者的努力，现在已经培育出大量的株高在 l00 cm 以下，饱满度与小麦差异不大，容重可以达到 790 g/L 以上，并且其他性状表现也都不错的小黑麦材料。例如，新疆石河子大学种植的 OH2896 六倍体品系，株高为 87.1 cm，容重为 791 g/L，饱满度为 2 级。

四、蛋白质含量

小黑麦由于具有小麦和黑麦的染色体，其蛋白质与氨基酸含量和特性不同于小麦。

（一）蛋白质和赖氨酸含量

小黑麦的种子蛋白质和赖氨酸含量都比小麦高，其营养品质明显发生了改变。早在 1968 年，经 CIMMYT 测定，小黑麦的蛋白质含量品系间变异很大，变幅为 11.7% ～ 22.5%。1973 年该中心测定了 5 100 个小黑麦品系，其蛋白质含量平均为 14.86%；测定了 12 613 个品种的小麦，其蛋白质含量平均为 12.2%。中国农业科学院作物育种栽培研究所于 1974 年、1976 年、1977 年、1978 年、1984 年和 1985 年六次共测定了 415 个小黑麦品系，其蛋白质含量为 11.10% ～ 20.22%，平均为 15.22%，而同期测定的 21 个小麦品种的蛋白质含量平均为 11.56%。另据新疆石河子大学 1998 年到 2001 年对 340 个六倍体小黑麦品种（系）的蛋白质含量的测定，小黑麦蛋白质含量在 11.064% ～ 22.112%，平均为 15.51%。

国际玉米小麦改良中心（CIMMYT）测定的小黑麦赖氨酸含量为 0.28% ～ 0.62%，平均为 0.49%，而小麦的赖氨酸含量平均为 0.33%。据中国农业科学院作物育种栽培研究所 6 年来对 181 个小黑麦品系的赖氨酸含量测定，其结果为 0.23% ～ 0.81%，平均为 0.51%，而同期测定的 7 个小麦品种的赖氨酸含量平均为 0.33%。不论是 CIMMYT 还是中国农业科学院作物育种栽培研究所的测定，都反映出小黑麦的蛋白质和赖氨酸含量明显高于小麦。

在小麦中，籽粒的蛋白质含量与赖氨酸百分比组成之间呈极显著负相关，而蛋白质与赖氨酸的总量呈极显著正相关。在小黑麦中，尽管蛋白质含量与其中赖氨酸的百分比也呈负相关，但却比在小麦中的相关系数低得多。蛋白质虽与其中赖氨酸所占比例呈反比，但与籽粒中赖氨酸的总含量成正比，而且相关关系更密切。所以，随着籽粒蛋白质含量的提高，赖氨酸的总含量还是提高的，这在小黑麦育种中是可行的。实际上已经有许多双高（高蛋白质含量、高赖氨酸含量）的小黑麦材料，如中国农业科学院作物育种栽培研究所选育出的 H874 品系，其蛋白质含量为 19%，赖氨酸含量为 0.76%；AH555 蛋白质含量为 18.8%，赖氨酸含量为 0.81% 等。

（二）小黑麦的蛋白质组成

蛋白质依其在水、盐、酒精和碱性溶液中的溶解性不同，可分为清蛋白、球蛋白、醇溶蛋白和谷蛋白四类。小麦、玉米、高粱等主要谷物中醇溶蛋白占一半以上，而清蛋白和球蛋白很少，都在 10% 以下。醇溶蛋白中含必需氨基酸较少，特别是赖氨酸含量很少，所以由它们组成的是不完全蛋白质。而小黑麦蛋白质组成与小麦等不同，其醇溶蛋白只占 1/3，而水溶蛋白的含量却提高到了 1/3，因而赖氨酸含量高于小麦。在六倍体小黑麦中，由于水溶性蛋白质含量增多，面筋伸展性比小麦大，但控制面筋强度的谷蛋白少，因而弹性差，烘烤性不如小麦好。早期选育的六倍体小黑麦同硬粒小麦一样，不适于做面包、馒头。

目前经过改良的六倍体小黑麦的加工品质已大为改善，已有六倍体小黑麦加工成面包、馒头、面条、饼干、卷饼、松饼、薄饼、炸面筋和各种点心等的报道，但主要是面包和馒头。通过将 D 组染色体中控制烘烤性能的染色体和基因转移到六倍体小黑麦上，六倍体小黑麦也已能烤出好的面包。八倍体小黑麦则不同，它的面筋含量和质量都比较高，烘烤性能同普通小麦差不多。

（三）小黑麦的氨基酸组成与含量

小黑麦的蛋白质组成不同于小麦、玉米和高粱等谷物，主要是由于其10 种必需氨基酸的组成和含量不同。据 CIMMYT 等单位的研究，小黑麦蛋白质中赖氨酸、精氨酸、苯丙氨酸和蛋氨酸所占比例均比小麦、玉米和高粱高。另据美国堪萨斯州立大学分析，小黑麦在氨基酸的含量上除了色氨酸比小麦稍低和亮氨酸比高粱稍低外，其余 8 种必需氨基酸的含量均高于水稻、玉米、高粱和小麦。可见小黑麦在某种程度上，改善了小麦氨基酸含量的不平衡状况，提高了营养价值。

新疆石河子大学对7个六倍体小黑麦品种（系）和一个普通小麦的氨基酸含量进行测定。结果表明六倍体小黑麦除谷氨酸、异亮氨酸、组氨酸、脯氨酸含量的平均值略低于小麦外，其余13种氨基酸含量的平均值均高于或略高于小麦品种新春2号的含量。

（四）蛋白质含量与赖氨酸含量的关系

小黑麦的蛋白质与赖氨酸含量的遗传是很复杂的。孙元枢等研究表明，小黑麦的蛋白质与赖氨酸含量是受小麦和黑麦基因共同影响的，但主要是受黑麦基因的影响。黑麦的蛋白质含量和小麦差不多，但是赖氨酸含量却高于小麦。它们两者的相关系数 $r = 0.78$，达极显著水平。黑麦蛋白质中的赖氨酸，无论是相对含量还是绝对含量都比较高，这是因为其蛋白质的组成不同于小麦。据苏联全苏作物栽培研究所生物化学实验室分析，黑麦的蛋白质中约1/5为白蛋白和球蛋白，余下的约4/5为谷蛋白和麦胶蛋白，而赖氨酸含量少的醇溶蛋白还不到1/10，黑麦的这个特性是遗传的。由于把它引入了小黑麦中，所以改变了小麦的蛋白质组成，提高了赖氨酸的含量。小黑麦的蛋白质含量明显超过小麦和黑麦双亲，从广义上看是超显性作用，而赖氨酸含量超过小麦，接近黑麦，这是由加性和显性效应共同控制的。张玉清和金汉平用6个小麦和5个黑麦品种作不完全双列杂交试验，结果证实了小黑麦的蛋白质和赖氨酸含量是受加性和显性效应共同控制的，但不同材料和组合之间也有差异。

五、抗病性

（一）抗白粉病

小麦白粉病是当前小麦生产上的一大病害。在我国南方地区，由于春季雨水较多，白粉病的危害更为严重。选育抗病品种是防治白粉病的最有效的办法。然而近几十年来，育种工作者在抗白粉病育种中深感抗源贫乏。20世纪70年代，很多抗白粉病小麦品种都是从抗性品种Neuzuchl、Afloure、Lovelinthe发展而来，它们都含有Pm8抗白粉病基因。但在20世纪90年代，由于生理小种的改变，Pm8基因失去了抗性。孙元枢等研究发现，绝大多数小黑麦品种对白粉病免疫或高抗，因而从小黑麦中向小麦导入新抗病基因，成了当前育种的一项重要任务。

目前，在世界范围内，已发现并定位的抗白粉病基因有 21 个（Pm1 至 Pm21）。另外，还有尚未收入 Pm 系列的 Mid、Mli、Mlk 等 3 个基因，及 Pm3 的多个等位基因，Pm4 的两个等位基因，共计有 30 多个基因。还有相当多的抗病基因虽已被利用，但未经科学的抗性鉴定和基因定位。

这 30 多个抗白粉病基因中，来自黑麦的有 Pm7（2R）、Pm8（1R）、Pm17（1R）和 Pm20（6R）。姚景侠等选用六倍体小黑麦与普通小麦杂交，在保持普通小麦优良种性的基础上，导入了抗白粉病基因，创造出了 1B ～ 1R 易位系新抗源 4 个：

一是 84059 选系。用六倍体小黑麦 M2A 与扬麦 3 号杂交，其杂交 F₁ 代再用（矮变 1 号 × 盘三 22 号）F₁ 花粉授粉，经连续 3 代自交选育而成。含有 Pm7 和 Pm8 基因，高抗白粉病。

二是 84111 和 84115 选系。由小黑麦 M2A 与扬麦 3 号杂交，杂交 F₁ 代再用（阿夫乐系 × 宁麦 3 号）F₁ 花粉授粉，后代经多次人工接种抗病性鉴定而成，高抗白粉病，中抗赤霉病。

三是 84126 选系。用六倍体小黑麦 Badgerl18 与郑州 722 杂交，杂种 F₁ 代用（贵州大穗 × 白兔 3 号）F₁ 花粉授粉，经人工接种抗病性鉴定和选择而成，高抗白粉病，中感赤霉病。

四是 84056 112（ID）代换系。由六倍体小黑麦 M2A 与扬麦 3 号杂交，F₁ 代用（矮变 1 号 × 盘三 22 号）F₁ 花粉授粉，经连续选择与人工接种抗病性鉴定而育成，高抗白粉病。

据 Friebe 等对黑麦遗传连锁图的研究，除过去报道的一些抗病基因外，在 LR 上含有 Pm1 和 Pm17、2R 上含有 Pm2 和 Pm8、3R 上含有 Pm3、4R 上含有 Pm6、5R 上含有 Pm4、6R 上含有 Pm5 等抗白粉病基因，同样在黑麦上已发现的抗白粉病基因有 10 个。

孙元枢等对 12 个小麦品种、38 个小黑麦品种、20 个黑麦品种抗白粉病性进行分析，小麦中只有 2 个品种抗白粉病，占 16.6%；小黑麦 38 个品种 100% 对白粉病免疫；黑麦中有 19 个品种高抗白粉病，占 95%。绝大多数小黑麦品种对小麦的白粉病表现高抗或免疫，是理想的小麦白粉病育种的基因来源。国外一部分著名的抗白粉病小麦品种，如高加索、阿夫乐尔、洛夫林 13 号等都是小黑麦的衍生抗原。

张庆勤等利用小黑麦下山 3 号与小麦品种阿波、贵农 1 号、毕麦 5 号进行正反交，对其所有组合的 F_1，各个单株抗白粉病鉴定表明各单株都抗白粉病，除毕麦 5 号 × 下山 3 号组合表现对白粉病高抗外，其余组合均表现免疫。由于小黑麦下山 3 号 × 阿波小麦的 F_1 抗病性好，由该组合选育出的小黑麦 1 号、小黑麦 2 号和小黑麦 3 号有较理想的抗白粉病性，兼抗条锈、叶锈和秆锈。又经江苏省农业科学院植物保护研究所、河南省农业科学院植物保护研究所、河北省农业科学院植物保护研究所、福建省农业科学院稻麦研究所、山西省农业科学院玉米研究所等 15 家单位鉴定，小黑麦抗白粉病和抗三锈鉴定结果均表现良好。用小黑麦 1 号与不同感白粉病小麦品种杂交，其 F_1 表现为对白粉病高抗，其 F_2 出现抗病株与感病株 3 ∶ 1 的分离比，与感病品种回交的 F1 的抗病性出现抗病株与感病株之比 1 ∶ 1 的分离比。

（二）抗赤霉病

小黑麦与小麦一样不抗赤霉病，有的年份穗腐率与病情指数还较高，但小黑麦一般具有较好的耐病性，穗腐率虽然较高，但病情指数不一定成比例升高，或者病情指数升高，但千粒重并不一定显著下降，故对产量影响较小。1976 年贵州省威宁县农业科学研究所对 236 个八倍体小黑麦品种（系）的抗赤霉病性鉴定结果表明，高抗赤霉病的品种只占 0.42%，中抗的占 6.78%，易感品种占 61.9%。可见品种间对赤霉病的抗性存在显著差异，这为小黑麦抗赤霉病育种提供了前提条件。

六、抗逆性

小黑麦不但比小麦、大麦等一般作物的抗旱、抗寒能力强，而且对土壤的酸碱度和铝离子忍耐性都强，能在较广泛的土壤上种植。

（一）耐盐性

余玲等通过对硬粒小麦、普通小麦、黑麦、六倍体小黑麦、八倍体小黑麦在盐胁迫营养液培养后的芽长、根长、植株鲜重、干重及叶片细胞膜透性的分析发现，在 NaCl 胁迫下，各参试材料的地上与地下部分的生长均受到程度不同的抑制。但八倍体小黑麦和六倍体小黑麦苗长和根长受抑制的程度明显小于硬粒小麦和普通小麦，干重与鲜重降低的幅度也明显小于硬粒小麦和普通小麦。在 NaCl 胁迫处理后，八倍体小黑麦与六倍体小黑麦叶片细胞膜伤害率明显低于硬粒小麦和普通小麦。因此，一般认为耐盐性强弱依次为八倍体小黑麦 > 六倍体小黑麦 > 黑麦 > 普通小麦和硬粒小麦。[①]

（二）抗旱性

小黑麦由于与黑麦有"血缘关系"，继承了黑麦抗旱性强的特性。新疆石河子大学进行的小黑麦抗旱性鉴定结果表明，六倍体小黑麦品种新小黑麦 1 号和品系 87-162 在干旱条件下和在适宜水分条件下，生育期较同试验中的春小麦品种新春 6 号和新春 8 号的天数少了 4 ～ 5 天，如表 6-1 所示。且小黑麦生育期的缩短主要是在抽穗以后，而抽穗前基本相近。可见小黑麦能够在干旱条件下保持较长灌浆时间，从而保证了籽粒的正常发育。

表6-1　干旱胁迫对小黑麦和普通小麦生育期的影响

品种	出苗～拔节 /d		拔节～抽穗 /d		抽穗～成熟 /d		全生育期天数 /d	
	W1	W2	W1	W2	W1	W2	W1	W2
新小黑麦 1 号	33	33	15	14	36	32	84	79
87-162	37	37	10	10	34	37	81	78
新春 6 号	33	33	16	13	32	27	81	73
新春 8 号	32	32	15	12	30	76	77	70

关于干旱胁迫对小黑麦和普通小麦形态的影响的研究表明，六倍体小黑麦新小黑麦 1 号和 87-162 在干旱胁迫下，其株高降低较普通小麦新春 6 号和新春 8 号少 9% ～ 11%，第 2 节间茎粗，小黑麦受干旱胁迫后几乎无多少变化，其穗下节间长和穗长在干旱胁迫下比春小麦下降幅度小，两个品种的小黑麦品种在乳熟期绿叶数均高于小麦品种。

---

① 张清海，刘万代 . 优质小麦品种及栽培关键技术：彩插版 [M]. 北京：中国三峡出版社，2006：285.

表6-2　干旱胁迫对小黑麦和春小麦形态结构的影响

品种	株高 /cm			茎粗 /cm			穗下茎长 /cm			穗长 /cm			乳熟期绿 /(叶 / 个)	
	W1	W2	W2/W1	W1	W2	W2/W1	W1	W2	W2/W1	W1	W2	W2/W1	W1	W2
新小黑麦1号	86.53	58.84	67	3.2	3.1	98	22.1	14.0	68	10.2	9.9	97	5	2
87-162	91.6	61.9	67	3.2	3.2	99	22.9	13.7	59	10.9	9.2	87	4	3
新春6号	75.6	42.6	56	3.2	2.5	78	21.9	9.8	45	9.5	7.3	78	4	1
新春8号	87.0	51.2	58	2.9	2.0	71	23.7	7.1	30	9.7	8.2	84	3	0

新疆石河子大学对水分胁迫下小黑麦及春小麦失水速度和叶片束缚水含量的比较研究表明，在干旱条件下，拔节期小黑麦品种（系）失水速度与春小麦一样，显著减低，但仍高于春小麦；在抽穗期，小黑麦的失水速度均低于小麦，表明小黑麦的持水力强。

新疆石河子大学还对水分胁迫下小黑麦与普通小麦产量及其构成因素的影响进行了研究。结果表明，水分胁迫对小黑麦及小麦收获穗数、穗粒重、产量的影响幅度均小于普通小麦，这反映出小黑麦在产量构成的主要因素上，对干旱胁迫有较好的适应能力。

第三节　北方小黑麦育种技术

一、小黑麦饲草的优质高产栽培技术

小黑麦栽培的目的就是根据小黑麦的生长发育规律，采取有效的管理措施，使之通过植株的复杂生命活动，由种子萌发，经历根、茎、叶、花、果实和种子的形态建成，以至个体由小变大，并在田间构成合理群体，从而获得应有的产品品质和产量。

近几年来，小黑麦作为饲用作物在全国各地都有示范种植，但对其优质高产栽培技术的研究与示范不系统，这里仅对目前有关资料进行分析，还有待于进一步深入研究并在生产中推广应用。

（一）小黑麦饲草产量及其构成因素

1. 产量表现

小黑麦饲草产量包括青饲或青贮产量（鲜草重）以及干草或草粉产量（干草重）。从不同生态区种植小黑麦的试验、生产示范结果来看，小黑麦在抽穗期鲜草重变异较大，变动在 11 397.06 ~ 67 446.0 kg/hm²。除河北承德试验点之外，其他地区试验和生产示范的小黑麦鲜草重均比大麦、小麦与黑麦增产，增产幅度达 10.57% ~ 86.67%。综合表现为长城以南和东部沿海的平原地区及新疆地区种植的小黑麦产量水平较高，抽穗期鲜草重在 35 000kg/hm² 以上，高产的达 60 000 ~ 70 000 kg/hm²。北方寒冷地区产量水平较低，抽穗期鲜草重在 15 000 ~ 30 000 kg/hm²。

在不同生态区，小黑麦干草重变异亦较大，成熟期干草产量为 2 325.0 ~ 26 392.13 kg/hm²，大部分试点与小麦相比增产。

生产中有时因实际需要，会在小黑麦不同生育阶段进行割青，以解决冬春缺少青饲料的问题。从小黑麦生育进程来看，不同时期生产的鲜、干草量是不同的。随着小黑麦生育进程的推进，小黑麦干物质生产量、蛋白质产量、纤维素含量不断增加，而蛋白质含量、胡萝卜素含量却不断下降，鲜草重则先上升再下降。因而，在小黑麦不同生育阶段割青，其产量和饲草品质不同。

抽穗期割青，小黑麦鲜草重和干草量显著高于黑麦和大麦，因小黑麦绿叶数较多，叶占鲜草重的比例较高，大致占地上部鲜草重的 45% 左右，显著高于小麦和大麦。但亦有试验结果显示，抽穗期小黑麦产草量不如大麦，但小黑麦中不易消化的中性和酸性洗涤纤维含量分别比大麦低 4.16% ~ 7.5%，饲草营养价值得到提高。

2. 产量构成因素

对小黑麦饲草产量而言，鲜（干）重可以分解成以下不同构成因素：

鲜（干）重 = 单位面积株数 × 单株鲜（干）重

= 单位面积茎蘖数 × 平均单茎鲜（干）重

= 单位面积基本苗 × 单株茎蘖数 × 平均单茎鲜（干）重

从理论上讲，提高其中任一构成因素的量都能提高小黑麦饲草产量，中国农业科学院作物研究所据此从理论上计算了抽穗期饲草理论产量表。但实际上，过分提高单位面积茎蘖数，相应的单个茎蘖所占营养面积和空间就变小，其光合生产能力和养分吸收能力就会受到抑制，单茎鲜重会有所下降，实际饲草产量会比理论产量低，单位面积茎蘖数越高，饲草实际产量与理论产量的差值越大。

表6-3 饲草理论产量表

单位：kg/hm²

茎（穗）数（万）	单茎鲜重（g）					
	5	6	7	8	9	10
750	37 500	45 000	52 500	60 000	67 500	75 000
900	45 000	54 000	63 000	72 000	81 000	90 000
1 050	52 500	63 000	73 500	84 000	94 500	105 000
1 200	60 000	72 000	84 000	96 000	108 000	120 000
1 350	67 500	81 000	94 500	108 000	121 500	135 000
1 500	75 000	90 000	105 000	120 000	135 000	150 000

从不同类型小黑麦的拔节期单茎鲜重和最高茎蘖数与群体鲜草重关系的分析可以看出，群体鲜草重与单茎鲜重呈极显著的正相关关系，即提高单茎鲜重，对提高群体鲜草重比较有效，但群体茎蘖数与群体鲜草重呈显著负相关关系，即增加单位茎蘖数，并不一定能提高群体鲜草重。这主要是因为单茎鲜草重与群体茎蘖数呈极显著负相关关系，只有当增加茎蘖数带来的鲜草增加量超过因单茎鲜重下降所带来的减产效应，才能表现为增产，否则表现为减产。

在目前生产条件下，提高群体茎蘖数，在一定程度上有利于提高群体鲜草重。因此，在生产中欲获得较高的饲草量，应充分利用生长季节，延长营养生长期，促进分蘖的发生和生长，从而提高群体茎蘖数，增加鲜草量。

抽穗期群体鲜草重与单茎鲜重亦呈极显著正相关关系（图6-1），群体茎蘖数与群体鲜草重关系不显著，即在抽穗期群体茎蘖数基本稳定的条件下，提高抽穗期单茎鲜重，可有效地提高群体鲜草产量。

（二）小黑麦播种技术

小黑麦要获得饲草优质高产，其播种工作与获得籽粒优质高产一样，包括选用良种，播种前的种子准备，掌握适宜的播种期，以及合适的播种量和相应的播种方式。播种工作的好坏，对单位面积产量的影响极大。因此，必须依据各地不同的自然条件和栽培条件，因地制宜地抓好播种工作中的每一个环节，这样才能达到丰产的目的。

1.播种前的种子准备

品质优良的种子应该是清洁无夹杂物，不带病菌虫瘿，粒大饱满，整齐一致，生命力强，发芽整齐，发芽率高。提高种子品质对于全苗、壮苗以及最后获得丰产有很大意义，播种前必须做好种子的处理措施，如晒种、清选、消毒等，以提高种子发芽率，保证出苗整齐一致。

晒种的目的在于晒种后能使种皮干燥，改善了种皮透气性，有利于排除 CO_2 及各种废物，播种后吸水膨胀快，酶活力加强，有利于提高种子的发芽率和发芽势，从而提高种子生活力。对低温或多雨条件下收获的小黑麦种子来说，晒种尤为重要。

晒种宜于播种之前 1 周左右选择晴朗天气进行，摊晒 1 ~ 2d。晒种时，将种子放置在阳光下，铺成薄层，并时常翻动，使种子得到均匀曝晒。

晒干的种子，要采用风选、筛选、泥水或盐水选等方法，进行种子清选。清选种子的目的是清除夹杂物、瘪粒和病粒，选出粒大饱满、整齐一致、无病虫害的种子。夹杂物、瘪粒和病粒影响小黑麦种子的实际应用价值，妨碍精确掌握播种量，其中还会混杂其他作物种子（小黑麦种子中夹杂的黑麦、燕麦、小麦、荞麦等种子，应通过小黑麦品种的提纯、去杂，建立良种种子地等办法加以解决）、杂草种子等，如果将这些有生命的夹杂物一道播到地里，既影响小黑麦的产量，又影响其品质。选用大粒种子有很大的增产意义，大粒种子养分多，生命力强，播种后出苗快，幼苗生长健壮，生根多而迅速，可为丰产打下良好基础（表 6-4）。

表6-4　种子大小与小黑麦幼苗壮弱的关系

品种名称	种子大小	种子千粒重/g	出苗天数	第一叶		种子根粗度/cm	种子根鲜重/g/苗
				长/cm	宽/cm		
小黑麦71号	大	61	6	9.32	0.28	0.057	0.103
	中	47	6	8.67	0.27	0.052	0.094
	小	31	5	7.85	0.25	0.051	0.075
小黑麦73号	大	51	6	11.50	0.33	0.059	0.128
	中	39	7	10.46	0.29	0.055	0.094
	小	26	7	8.98	0.27	0.051	0.068

小黑麦种子的清选，一般先进行风选和筛选。风选是除去重量较轻的芒壳、茎屑、瘪粒等杂物，留下比较清洁的种子。筛选是用有一定大小筛孔的筛子，筛去瘦小、破碎麦粒和杂草种子、土块、泥沙等夹杂物，选留比较大而整齐的种子。

种子消毒主要是针对小黑麦种子所带的病菌，如赤霉病等病菌，通过种子消毒，进行清除。目前通常是用多菌灵药剂进行种子消毒。

2. 播种期

掌握季节，适时播种，对小黑麦生产中实现全苗、壮苗十分重要。秋播小黑麦，适时播种，可以充分利用秋末冬初的一段生长季节，使幼苗能在越冬前生长一定数量的分蘖，扎好根，积累较多的营养物质，为安全越冬、提高分蘖成穗率、争取壮秆大穗打好基础。播种过早，苗期温度高，麦苗的生长发育快，往往造成幼苗徒长，不但消耗大量养分，而且分蘖节积累的糖分少，抗寒力弱，易遭冻害。春性品种甚至在冬前拔节，冬季死亡，严重减产。播种过晚，由于温度低，出苗缓慢，苗小、苗弱，亦易遭冻害，而且麦苗分蘖少，幼穗分化时间短，以致穗少、穗小，产量不高。

小黑麦播种适期是指在当地气候条件下，越冬前能长出壮苗（秋播小黑麦），通常有3个确定原则：一是满足小黑麦种子萌发出苗的适宜温度条件；二是满足秋播小黑麦越冬前形成壮苗的条件，正常生产条件下，在越冬始期（日均温低于3℃的日期），冬性和半冬性品种要求主茎出叶6～8叶，单株带健壮分蘖4～5个，春性品种要求主茎出5～6叶，单株带蘖2～3个；三是要保证安全越冬，实现稳产高产。

与籽粒优质高产不同，要取得较高的饲草产量，特别是鲜草产量，其播种期与常规栽培有很大差异，且对鲜草产量起决定作用，这主要与割青期相对应。如在拔节期割青，适时早播有利于提高小黑麦产量。因此，有条件的地区可早播，以获得较高的鲜草产量，特别是欲获得冬前较高的鲜草产量，播期更要早，但秋播地区应以不影响安全越冬为前提。

在北京、河北等省市的部分农场种植小黑麦，主要是在抽穗期割青进行青饲或青贮，供奶牛食用，此期收割与拔节期割青在播种期的安排上又有差异。

各因素对产量的影响依次为施氮量＞播种期＞基本苗，小黑麦鲜草产量随着播种期的推迟而逐渐减少，若在10月16日以后播种，减产幅度逐日增大。综合来看，产量水平在60 000～75 000 kg/hm² 时，播种期为10月1～16日；产量水平在45 000～60 000 kg/hm² 时，播种期为10月15～24日。

如在成熟期收获干草或草粉，同样对播种期有一定的要求，不同品种表现不一致。据国外研究，品种VT75229早播有利于提高饲草产量，但蛋白质含量有所下降，蛋白质产量上升；品种CF76早播，则产量、粗蛋白含量、蛋白质产量均上升。

因此，各地在推广应用过程中，应根据品种特性、使用目的、种植制度、茬口等提出与当地自然条件、生产条件相适应的适宜的播种适期。

3. 播种量

基本苗是创造合理群体结构的基础，小黑麦基本苗数的高低应根据地力、品种、施肥水平和播种期等综合考虑。我国小黑麦种植地区大多集中在西部高寒山区、北方寒冷地区和南方丘陵地区，由于生产条件的限制，群体、个体生长量不足，单位面积穗数都偏少，产量低，因此在生产中应注意合理密植。

合理密植就是在一定的土、肥、水条件下，创造一个合理的群体结构，充分利用当地温光资源和地力，使土、肥、水、光、温等条件发挥更大的增产作用。肥水条件差的地区，植株生长不良，穗数偏少，需加大种植密度，以增穗增产；肥水条件中等的地区，分蘖成穗率较高，可适当增加密度，以充分利用光能和地力；土质肥沃、施肥多的高产田，单株分蘖多，成穗率高，可充分利用分蘖成穗，适当稀播。

合理密植应有一定的原则，主要原则如下：

（1）保证能实现足够的茎蘖数。在目前生产条件下，提高单位面积茎蘖数有利于提高单位面积鲜（干）草重，因而在生产中，欲获得相应的鲜（干）草产量，应通过选用适宜的品种，采用合理的栽培措施，保证实现群体足够的茎蘖数。

（2）保证有一个合理的群体发展动态。在一定的栽培技术、品种、土壤肥力和气候条件下，小黑麦最高产量的实现，取决于植株群体在这种条件下能否得到最大限度的发展。而群体发展取决于单位面积内个体的数量及其发育状况，即群体、个体的发展能否协调一致，因而制造一个合理的群体结构十分重要。

小黑麦群体结构是指群体的大小、分布、长相及其动态变化。群体大小是指苗、茎蘖、穗的多少，LAI 的大小和根系发达程度。群体分布是指不同生育阶段群体叶面积变化和分蘖消长动态等。合理的群体结构是指群体的大小、分布、长相及其动态变化等均适合于小黑麦品种特性和当地的具体条件，使群体与个体、地上部和地下部、营养器官和生殖器官都能比较健全而协调地发展，从而经济有效地利用光能和地力，最后达到高产、稳产、优质、低耗的目的。

小黑麦的群体结构是经常发展变化的，在生产上考察群体发展动态常用的指标如下：

①苗、茎蘖、穗数。生产上常用单位面积基本苗数、冬前茎蘖数、高峰苗数（最高茎蘖数）和单位面积穗数等作为分析群体结构的指标。

②叶面积指数（LAI）。群体一生中 LAI 的变化动态预示着小黑麦一生光合生产能力的高低，其数值高低和最大值的出现时间，因气候条件、地力和栽培管理水平的不同而不同，常用小黑麦一生中不同阶段的 LAI 值、最大 LAI 及出现期来描述。

③产量结构。产量结构指最终产量受各个构成因子的影响程度，亦因不同地区的气候条件、品种和栽培管理水平的不同而不同。

（3）实现高产稳产。在生产实际中，既要取得一定的产量，同时还要能在不同生态条件下保证产量的稳定性，实现持续高产。

播种量要根据品种特性、海拔高度、土壤肥水条件、播种早迟、播种方式等确定。海拔高、肥力较差的地区播种量适当多些，反之就少些。饲草优质高产栽培播种量与籽粒高产优质栽培不一致。

播种量对成熟期干草量亦有一定的影响，量永琴等的研究结果表明，除劲松 2 号外，其他品种干物质生产量均随播种量增加而上升，但所有品种单株干重均呈下降趋势。

合理密度可通过确定相应的播种量来实现。

4. 播种方法

同生产小黑麦籽粒一样，欲获得优质高产的饲草产量，同样需要采用合理的耕作与播种方法，实践与试验证明，精耕细作可促进小黑麦生长，提高小黑麦的产草量。翻耕条播比免耕撒播的株高增加 8.4 cm，鲜草产量增加 6 267.0 kg/hm²，增幅为 38.5%。不同播种方法对小黑麦鲜草量的影响如表 6-5 所示。

在生产中，可根据实际情况进行合理播种，如播种时遭遇阴雨天气，妨碍田间操作，为了及时播种，可采用撒播；如在播种面积较大的大型农场，考虑到播种季节，可采用机械免耕条播的方式进行播种，以提高播种速度，确保在适期播种范围内播种。

表6-5　不同播种方法对小黑麦鲜草量的影响

处　理	测产时株高 /cm	鲜草产重 / (kg · hm⁻²)	位次	比对照增产 /(kg · hm⁻²)	增幅 /%
翻耕条播	76.7	22 533	1	+6 267	38.5
翻耕撒播	76.0	22 401	2	+6 135	37.7
免耕条播	70.3	20 532	3	+4 266	26.2
免耕撒播	58.3	16 266	4	0	0

由于小黑麦种植范围较广，各地气候条件和栽培条件不同，因而在生产过程中形成了不同的种植方法，目前主要的种植方式有：撒播、条播、

点播和套种。

（1）撒播。撒播是一种比较粗放的播种方法，通常在高海拔丘陵地区、坝点、山地和土质黏重地区应用。撒播与人工点播、条播相比，省工，有利于抢时播种，苗期个体分布较均匀，单株营养面积较好。但亦存在一些缺点，第一个缺点是用种量大，出苗率低。因是人工撒播，在播种量较少的条件下无法撒匀，通常播种量都较大，加上播种时常因整地不平、土块较大而落籽不匀，深浅不一，常有露籽、丛籽和深籽等，影响出苗率。第二个缺点是植株密布，中后期株间通风透光条件差。第三个缺点是麦苗分布不匀，以致田间长势不一，植株高低或成熟不齐，同时除草、施肥、防治病虫害等麦田田间管理工作不便。

（2）条播。条播是目前应用面积较大的一种播种方法，有利于麦苗的均匀分布，覆土深浅一致，出苗整齐，后期通风透光条件较好，便于田间管理和麦行套种或间作其他作物，同时条播还有利于机械化栽培。

我国北部地区，应根据海拔、气候条件等合理确定行距。北方地区繁殖种子田，播种行距以 20 ～ 25 cm 为宜。套作地区在播种时，一般按照套作比例开沟播种。

（3）点播。多应用在山区坡度较大的地块和土质比较黏重的黄泥土或水稻土上，进行条播或撒播难度较大，常采用点播。点播可以集中施肥和精细覆土，能较好地保证苗全苗匀，便于栽培管理，但常因一穴播种过多，个体苗生长较弱，群体穗数不足，产量水平不高。据在贵州省的调查显示，生产上点播穴数通常难以超过 15 万穴 /hm²，无法满足高产所需足够的苗数和穗数，穗数多在 150 万个 /hm² 以下，产量水平低。

（三）施肥技术

小黑麦的施肥量应根据小黑麦吸肥能力、产量水平、肥料种类、土壤肥力、前茬、品种和气候条件等加以综合考虑，肥力低、有机质含量低的土壤，必须施用较大数量的肥料才能获得高产，肥水供应相对充足的地区，肥料利用率较高，欲提高产量水平，施肥量亦要求较高。

1. 施肥原则

由于各地小黑麦生产水平、气候条件、土壤、耕作制度等不一样，小黑麦的施肥量应根据各具体情况而定。总体而言，小黑麦施肥量的确定应掌握以下几个原则：

（1）根据土壤状况施肥。以土壤的养分含量、熟化程度、质地、酸碱度等作为小黑麦施肥的依据，对肥力高的土壤，氮肥用量不宜过多；对熟化程度低、贫瘠的土壤，应多施有机肥或绿肥，以改良土壤性状，增加土壤有机质含量；对质地比较黏重的土壤，因其保肥保水能力强，施肥量应大一些；砂性土壤通气性好，可少量多施。

（2）根据气候条件施肥。根据温、光、水等条件施肥，温度高，光照充足，水分适宜，则应在小黑麦生长关键时期追施速效肥料，以满足其对养分的需要。如阴雨多，就少施肥，等天晴以后再施。同时，施肥最好在下午或傍晚时施用，以利用夜晚空气中湿度大的特性，加速土壤对养分的吸收，减少养分挥发。

（3）根据肥料性质施肥。根据肥料中的养分含量、溶解度、酸碱性、移动性等性质来合理施肥。如过磷酸钙因溶解度差，宜作基肥施用，追施磷肥时则应用磷酸氢铵或磷酸二氢铵等溶解度高的肥料，不应用过磷酸钙。尿素和碳铵作基肥施用时用量不宜过大，以免影响小黑麦种子发芽率和出苗率。

（4）根据经济效益施肥。应根据肥料投入成本与小黑麦产出之间的关系（即产投比）来合理施用肥料，以及采用成本低的无机肥与成本高的有机肥相结合施用的方法来提高施肥经济效益。

在生产中很难按施肥量的公式计算数据施肥是因为每产 100 kg 籽粒需肥量和肥料当季利用率因土壤、品种、施肥量等诸多因素的不同而不同，全国无法采用统一的模式应用于生产。此外，目前对小黑麦养分吸收规律的研究相对较少，还需要今后加强研究，以明确其中的具体指标，从而更好地指导小黑麦生产。

根据地区气候、基肥水平、植株生育情况和品种特性，看地、看苗，适时、适量，因地制宜地分期巧施肥料。

2.施肥方法

肥料采用不同施用方法会对肥料利用率、肥料生产力及环境产生一定的影响，采用合适的肥料施用方法，有利于提高小黑麦产量和经济效益。目前小黑麦施肥方法主要有以下几种：

（1）铺施。铺施是基施有机肥和绿肥通常采用的方法。在土地耕犁前，将基肥均匀地铺撒在地里，然后翻犁整地，再进行播种。或者在种麦后，将一定量的稻草或其他作物的秸秆均匀地铺撒在田里。

（2）条施。条施是基施化肥通常采用的方法，其做法是机械、人工或畜力开好施肥沟，顺沟施入基肥，再播种，或先播种后施肥，然后覆土。在机械化程度比较高的农场，亦可用机械在小黑麦行间进行开沟追肥。

（3）撒施。追肥多采用这种方法，但这种方法易受天气、土壤、水分等条件影响，肥料利用率不稳定。阴天撒施，肥料挥发量减少，肥料利用率会提高。土壤水分充足，肥料利用率亦会提高。

（4）深施。近年来，随着对环境质量的要求越来越高，减少肥料损失和环境污染、提高肥料利用率已成为新的研究课题。化肥深施可有效提高肥料利用率，减少肥料损失。目前，部分地区已在水稻、小麦、棉花等作物上开始应用肥料深施法，但在小黑麦上还没有应用，今后还需进一步加强研究。

二、小黑麦籽粒（或精饲料）的优质高产栽培技术

我国饲料需求量大，目前供求不平衡，未来饲料资源结构中精饲料始终短缺，绿色饲料相对充足，秸秆饲料多。因此，如何发挥小黑麦等绿色和秸秆饲料的使用价值，发展节约精饲料型饲养业，是当前农业研究人员和生产者所面临的任务。

（一）小黑麦籽粒产量及其构成因素

1.不同生态区产量表现

与小麦相比，小黑麦产量水平在不同生态区表现不一，在土壤贫瘠地区、高寒山区和高纬度地区产量水平多高于小麦，在平原地区、气候比较温和地区则常低于小麦。小黑麦平均产量较低，多在 1 500 ～ 3 000 kg/hm²，但亦有高产类型。在小黑麦生产中，选用适宜的品种，采取合理的栽培技术，能够使小黑麦获得比较理想的产量和品质。

2.小黑麦产量构成因素

对小黑麦而言，籽粒产量可以分解成不同产量构成因素。且产量构成因素相互依赖、相互影响。它们之间的变动既受品种特性的制约，亦受自然条件、肥力水平和栽培技术等因素的强烈影响。有时各产量构成因素的组合数值可能会有很大的变动。

同时，各产量构成因素之间存在一定的制约作用。在小黑麦生育过程中，穗数是产量构成因素中最早形成的因素。在地力贫瘠的土壤上，由于

苗弱分蘖少，穗数不足，单株生长发育不良，每穗粒数和粒重都较低，产量多在 2 000 kg/hm² 左右。这时增加施肥水平，提高单株生长量，穗数、每穗粒数和粒重均能相应增加。当土壤肥力水平继续提高后，由于群体过度繁茂，穗数虽增加，但往往单株生长过旺，单位营养面积所负担的穗数过多，相应地平均分配到每穗的养分量变少，部分小花因营养不足而退化，不利于粒数形成和籽粒发育，导致粒数减少、粒重减轻。若增穗带来的增产作用大于因减粒减重带来的减产作用，总体表现为增产；相反，则表现为减产。若再进一步增加穗数，往往因群体过大而个体发育不良，粒数和粒重大幅度下降，加上株间光照不足，茎秆软弱易倒伏，常表现为减产。在粒数达到一定值后，粒数与粒重之间同样存在一定的负相关关系。每穗粒数过多时，在不增加单茎养分供应量的条件下，平均分配到每个籽粒的营养物质变少，发育早且良好的籽粒得到的养分多，发育晚或不良的籽粒得到的养分少，将进一步促使其皱缩，致使平均粒重下降。因此，在不同生产条件下，既要分析对产量形成起支配作用的产量构成因素，还要分析某一因素的变动对其他因素所产生的影响，寻求在不同生态、生产条件下产量构成因素的最优组合，而不是片面地、孤立地追求某一因素的增加，忽视其他因素的相互协调。

通常，小黑麦的生育前期和中期，即从出苗到抽穗前，大部分光合产物用来形成根、茎、叶等营养器官，虽这个时期不直接构成籽粒产量，但仍影响分蘖的发生与成穗、小穗、小花的分化与发育，是奠定籽粒产量的重要时期。小黑麦生育后期，即从抽穗至成熟，大部分光合产物直接输送到籽粒，这是对籽粒产量的高低起决定作用的时期。

依据小黑麦的生长发育特点及穗数、粒数、粒重的形成与发展过程，按不同阶段对籽粒产量的影响可大致将小黑麦整个生育期划分为如下几个时期。

（1）播种出苗至分蘖越冬期（秋播小黑麦）或播种出苗至分蘖期（春播小黑麦）为奠定穗数期，也为壮秆大穗形成物质准备期。

（2）返青拔节至孕穗期为巩固有效分蘖、争取总穗数、培育壮秆、决定穗大粒多的关键期，也是为粒重奠定基础的时期。

（3）抽穗开花至灌浆成熟期是决定结实粒数、粒重和品质的最终决定期。

（二）小黑麦高产栽培途径

小黑麦生产潜力的发挥主要取决于产量限制因子源、库、流三者之间的协调发展，取决于产量构成因素之间的协调发展。在一定的播种条件下，产量构成因素之间存在一定的矛盾关系。因此，在小黑麦栽培过程中，要根据各地生产、生态条件，探索出产量构成因素的最优组合，找出限制籽粒产量提高的主要障碍因子，从而有针对性、有目的性地采取相应的栽培技术，协调群体、个体矛盾以及源、库、流矛盾，实现优质高产。

分析不同生态区各产量构成因素与产量的关系得知，在不同生态区影响产量的主导因子也不同。要争取小黑麦高产，主要依靠两个途径。

1. 促主茎和分蘖成穗为主途径

这种途径主要依靠主茎和分蘖成穗，走增穗增产的道路，多在土壤肥力差、生产水平低的地区采用，产量水平为 2 000 ～ 3 000 kg/hm²。当地力水平较高或施肥水平较高时，常因群体发展过大而造成倒伏，引起减产。

2. 促大穗为主途径

在稳定一定数量穗数的基础上，促进穗分化，提高可孕花率和可孕花结实率，增加粒数；提高植株光合生产能力，增加光合物质生产量和运转量，提高粒重，产量水平通常在 4 000 kg/hm² 以上。这种途径的特点是个体发育健壮，群体较适宜，株间光分布合理，叶功能期较长，秆粗穗大，不易倒伏。

（三）耕作整地技术

土壤是供给农作物营养的基础，土壤的性质决定着农作物的生长发育状况。耕作整地的好坏，不仅直接影响播种质量和幼苗生育状况，而且影响土壤的生产性能。通过深耕整地可以改善土壤结构，增加蓄水量和加速土壤熟化，提高土壤肥力，从而促进小黑麦的生长发育。因此，做好深耕整地，创造有利于小黑麦高产稳产的土壤条件，对提高小黑麦产量起着重要的作用。

我国小黑麦目前主要分布在西南、西北、华东、华北及东北等贫瘠山区。这些地区自然条件比较复杂，有全年降雨量在 1 000 mm 以上的南方多雨地区，也有终年降雨很少完全依靠灌溉的西北干旱山区和冬春干旱的半干旱山区，生产水平很低，耕作粗放，施肥少，因而土壤瘠薄，且常因干旱的影响，以致小黑麦产量很低。在耕作制度上大多为一年一熟、两年三熟、一年两熟连作及套作制。所有这些情况都对耕作整地提出了各种不同的要求，在其他条件相同的条件下，加深耕作深度能提高小黑麦产量，改变粗放耕作习惯，讲究深耕整地，尤为重要。

耕作整地可为小黑麦幼苗健壮生长、根部健全发育创造一个良好的环境条件，也是获得苗全、株壮、保证丰产的基础。耕作整地的目的是达到犁深耙透，土碎墒好，促进土壤熟化和土壤结构良好。因此，在耕作整地方法上应根据气候条件、土质、耕作制度和前作物选择正确适宜的耕作时间，以提高耕作整地质量，为小黑麦健全生长提供条件。

1.稻茬田

稻茬田土壤含水量高，土质黏重，土壤不易细整，要抓好稻田水浆管理，保证在种麦前土壤含水量相对比较适宜。若是早熟中稻田，可适当深耕晒垡，若是晚稻田或粳稻田，因收稻迟，种麦时间紧，土壤板结严重，耕性差，必须注意在土壤水分适宜的较短时间内随耕、随耙、随种。

2.旱茬田

旱茬田应根据前作物的种类、气候条件、土壤水分情况及时进行耕作，以保存土壤水分。若前作物为早玉米、绿豆、高粱等早秋旱作物，因收获后离种麦还有一段时间，可在前作物收获后浅耕来茬，及时深耕晒垡；若前作物为秋玉米、甘薯、大豆等旱作物，由于其生育期较长，且玉米的收获和小黑麦的播种往往在一个时间段，残留的根系比较大，不易腐烂，耕作和细碎土块工作都较难，影响播种质量，应边收、边耕、即时播种。若前作物为马铃薯、荞麦、豆类，因这些作物收获后，其残留的根系纤细，利于耕作和细碎土块，而且这些作物收获后，一般有一段充裕的时间可以安排耕作整地和播种。

3.绿肥或饲料田

绿肥田要在茎秆基部木质化前耕翻，适时掩青，要求铺匀、埋没、掩深、压实，播前根据墒情，浅耕整地。饲料田上的前作物应在生产量最大时收获，以求得最佳效益，收获后及时耕作整地。

（四）播种技术

小黑麦的播种工作包括选用适宜良种、播种前的种子准备、掌握适宜的播种期、合适的播种量及其相应的播种方式。播种工作对单位面积产量的影响极大。因此，必须依据各地不同的自然条件和栽培条件，因地制宜地抓好播种工作中的每一个环节，才能达到丰产的目的。

1. 选用良种

因地制宜地选用优良品种是一项经济有效的增产措施。但选用小黑麦良种时，必须根据其品种特性、当地自然条件、生产水平等，因地制宜，既要防止品种单一化，又要防止品种复杂化，一个生产单位宜采用 2～3 个品种，以一个品种为主体，其他品种搭配种植，同时要实行良种良法配套。

综合全国各地试验资料可得出在不同熟制条件下选用良种的要求：一要根据当地耕作制度、作物成熟早晚；二要与当地肥力水平相适应；三立足于稳产高产。

一年一熟制地区主要为高寒山区、高纬度寒冷地区，大多数为干旱或半干旱山区。由于气候条件比较严酷，且小黑麦大多在瘠薄山坡地上栽培，因此对小黑麦良种的要求是较耐干旱和瘠薄、分蘖期长、拔节偏晚、抗逆力强、产量高的品种。在丘陵坡地上，由于肥水条件差，宜采用耐旱、耐瘠的品种。这类地区农业生产条件较差，且畜牧业需要大量的饲草，可以选择粮用型或粮饲兼用型品种。

两年三熟制和套作地区的栽培制度比较复杂，前后季作物各有差别。总的来说，对小黑麦品种的要求如下：一是矮秆，以便于间套作；二是早熟，缩短前后季作物的共生期；三要优质高产。另外，这一地区中的一部分地区如南方丘陵山区等为赤霉病流行区域，且土壤渍害普遍发生，在品种选用上要注意选用抗（耐）赤霉病、耐湿性强的春性品种。

一年两熟地区一般生产条件较好，因此对品种的要求如下：一是矮秆，避免倒伏而招致减产；二是要熟期提早，解决前后季作物收和种的矛盾，且有利于安排生长期较长的高产品种后季作物；三要优质高产稳产。稻麦两熟地区或稻、杂粮轮作地区，旱茬口宜选用耐寒性较强、适合早播的半冬性小黑麦品种；晚茬口应选用春性、耐迟播的早熟小黑麦品种。目前，在北京、山东等地种植的小黑麦主要用作饲料，宜选择饲用型品种。

2. 播种期

小黑麦的播种适期因地理条件、气候、生产条件、品种特性等不同而有差异，通常认为日平均温度为 15～18℃ 是播种适期。对冬小黑麦而言，适时播种，可以充分利用秋季的适宜生长季节，形成足够的分蘖和次生根系，培育冬前壮苗，为丰产打下基础。若播种过早，苗期温度较高，幼苗生长过于旺盛，易使小黑麦植株抗寒性变弱，冬春季遭遇冻害，春后群体过大，群、个体生长不协调，造成成穗率低、穗小、粒重，产量低。若播种过晚，苗期气温低，分蘖、次生根发生量小，幼苗弱小，不利于抗寒和形成壮苗，造成穗小、粒少。

对春小黑麦而言，适时播种可使小黑麦种子处于适宜发芽的条件下，萌发出苗的温度与温光条件合适，使出苗整齐一致，易形成壮苗。若播种过早，苗期温度低，出苗速度慢，不利于器官形成；若播种过晚，小黑麦分蘖、次生根发生少，苗弱，不利于形成高产量。

从各地播种期对小黑麦群体形成及产量的影响上看，从10月初开始，随播期推迟，单株分蘖增多，高峰苗数值高，穗数增加，产量上升；但当播种期迟于一定时间，随播期推迟，因温度低，小黑麦植株生长变慢，分蘖减少，高峰苗下降，分蘖成穗率虽上升，但成穗数少，产量下降。

因小黑麦成熟迟，宜适期早播，以提早成熟和提高籽粒饱满度。一般小黑麦应比当地小麦适当早播几天。各地气候条件差异大，地形地势不同，要因地制宜地确定当地的适宜播种期。北方地区冬性品种可在9月下旬到10月上旬播种，春性品种可在3月上旬顶凌播种。

3. 播种量

对小黑麦而言，籽粒产量在不同生态区表现不一，在高寒山区、贫瘠地区产量高于小麦，在平原、肥力水平高的地区产量低于小麦。目前，小黑麦实现高产的地区多为肥力水平或施肥水平较低的地区，但这些地区经济能力较差，生产投入不足，如走低密度、高投入的栽培途径，虽易取得高产，但不利于稳产。因此，在不同生态区应根据自然条件、经济水平、生产条件等合理确定基本苗，以实现高产稳产。

大量调查与试验资料表明，小黑麦产量的提高与单位面积穗数的增加有密切的关系，在一定范围内，小黑麦产量随穗数的增加而增加，特别是在高寒山区、贫瘠地区，这种关系更加明显（表6-6）。只有当穗数增加到一定程度后，穗数再增加时，由于个体植株光照、营养条件等逐渐恶化，个体生产力降低，易造成粒数和粒重减少，出现减产。

表6-6　不同密度条件下小黑麦每100g籽粒产量与穗粒重的关系

密度/(万株/·hm²)	每穗粒重 /g	每千克籽粒产量所需穗数/ 万穗	产量水平/(kg·hm⁻²)
150	1.2	126	1 500 ～ 1 800
225 ～ 300	1.0	150	2 250 ～ 3 000
300 ～ 450	0.9	165	3 000 ～ 4 125

播种量或基本苗对小黑麦群体动态的影响表明，增加播种量，产生不同群体类型，随播种量或基本苗增加，分蘖数增加，当播种量为 285 万粒 /hm² 时达到最多最高，最终穗数也多。但当穗数超过一定值后，再增加播种量或基本苗，穗数不再增加，反而下降，成穗率亦是在一定范围内较高，超出范围后则下降。

播种量对小黑麦根系生长亦有一定的影响。据成熟期测定，增加播种量，群体根干重上升，单株根干重下降。与播种量 135 万粒 /hm² 相比，播种量为 210 万粒 /hm² 单株根干重减轻 6.69% ～ 16.32%，播种量为 285 万粒 /hm² 的群体根干重减轻 12.99% ～ 38.14%。即播种量为 210 万粒 /hm² 时，群体根重增加较大，个体受抑制较小，两者协调发展，有利于壮秆大穗，增产增收。

不同种植密度条件下群体干物质的运转量和籽粒充实状况亦不相同。据研究，随密度增大，单茎花前茎鞘贮藏物质在花后向籽粒的运转量和花后积累量都有所减少，当密度为 330 万株 /hm² 花前贮藏物质在花后向籽粒的运转量和花后光合产物积累量相对都较高。当密度为 105 万株 /hm² 时，粒重较大，充实度也较大，皱缩指数较小，说明在相同栽培条件下当密度为 105 万株 /hm² 时籽粒充实度较好（表 6-7）。

表6-7　不同密度对物质运转和籽粒皱缩的调节效应

基本苗/(万株/·hm²)	籽粒皱缩体积/μL	籽粒最大体积/μL	皱缩指数/%	充实度/(mg/μL)	花前运转量/(g/茎)	花后积累量/(g/茎)	粒重/(mg/粒)
105	69.57	24.24	35.35	0.703 5	1.180 3	1.434 1	48.24
180	71.75	36.15	50.38	0.439 3	0.661 1	0.708 2	35.85
255	58.82	26.64	45.29	0.499 7	0.627 7	0.798 3	35.29
330	73.08	35.3	48.3	0.452 5	0.842 9	0.973 1	40.36

播种量或密度通过影响群体结构进而影响小黑麦产量。随着密度或播种量的增加，群体有效穗数增多，当超过一定限度后，群体有效穗数下降，每穗结实粒数和粒重变化不规则，即密度或播种量主要通过影响穗数进而影响粒数和粒重，从而影响产量。

确定播种量还要根据海拔高度、土壤肥水条件、播种早迟、播种方式等条件综合考虑，海拔高、肥力较差的地区播种量适当多些，反之就少些。提高撒播质量，也能得到较好的产量。

（五）施肥技术

小黑麦发达的根系能吸收土壤中深层的水分和养分，耐贫瘠。在小黑麦栽培过程中，施肥量、施肥时期与施肥比例与小麦、大麦不同。

1. 施肥量

综合全国各地试验资料来看，为小黑麦施肥时，要注意施用一定量的有机肥料，以促进小黑麦产量构成因素的合理发展，实现高产，增加收益。在一定范围内增施有机肥，施用量越高，产量越高。

由于小黑麦生育期较长，在施用有机肥的基础上，施用一定量的化学肥料，有利于小黑麦产量的提高和品质的改善。施用一定量氮肥后，植株光合生产能力增强，植株干物质积累量和运转量增加，粒重增加，籽粒充实度提高；当施用量超过一定值之后，粒重和籽粒充实度会下降，以105 kg/hm²施氮量处理，粒重和籽粒充实度最优。增加氮肥施用量，穗数产量、籽粒中的蛋白质含量、赖氨酸含量都会上升；当施氮量超过一定量以后，穗数产量、赖氨酸含量开始下降，以 105 kg/hm² 施氮量处理，籽粒产量、赖氨酸含量最高，蛋白质含量较高。

2. 肥料运筹

在确定了小黑麦施肥量之后，还应根据小黑麦的吸肥特点，合理运筹肥料。

几年来的小黑麦试种结果表明，要获得小黑麦高产，不仅要施足基肥，还要根据地区气候、基肥水平、植株生育情况和品种特性，看地、看苗，适时、适量，因地制宜地分期巧施追肥。

基肥的施用目的是培肥土壤，供应小黑麦生育期所需养分，特别是苗期生长所需养分。追肥在于补充小黑麦各个生育阶段对养分的需要，以达到穗多、穗大、粒重的目的。因此，必须明确各个不同生育阶段的主攻目标，根据产量形成特性正确掌握追肥时期和追肥数量。目前在小黑麦生产中追施氮肥的时期主要集中在苗期（苗肥）、拔节期（拔节肥）和倒 2 叶到孕穗期（孕穗肥）。

试验和生产实践表明，在施用一定量基肥的基础上，在小黑麦生育期间追施一定量的化肥有利于产量提高和品质改善。据研究，分蘖期追施一定量的速效氮肥，能促进分蘖的发生，增加单株平均分蘖数，提高成穗率，增加成穗；促进叶片生长，提高 LAI，提高光合物质生产量，最终增加产量。同时，追施氮肥能促进小黑麦对氮的吸收与运转，提高籽粒蛋白质含量。

（六）其他田间管理技术

1. 灌排水技术

栽培小黑麦的一部分地区存在着干旱或渍害等水分不适宜的条件，需要根据实际情况进行合理灌溉。

部分高寒山区和北方寒冷地区春后干旱，而此时正是小黑麦拔节至孕穗、开花期间，需水量较大，缺水会使分蘖大量死亡，成穗率减低，小花分化数减少，可孕花率降低，穗形变小，粒数少，粒重低，对产量造成较大影响。因此，当小黑麦返青后若有条件灌溉可浇一次返青水或拔节水。拔节后小黑麦生长迅速，从开花到成熟，平均气温为 20 ～ 25℃，这时需水量占整个生育期的 35% 左右，这一时期要防止干旱和干热风。

2. 防倒伏技术

倒伏是小黑麦高产的一大障碍。在较优良的栽培条件下，一般小黑麦品种株高为 $100 \sim 150$ cm。由于小黑麦株高较高，就是在密度不大的情况下，不适当的施肥，也会造成叶片过大，茎基节间纤细，在风雨袭击下，有可能造成根倒伏或茎倒伏。根倒伏是由耕作层浅、土壤结构不良、播种太浅或因土壤水分过多、根系发育不良所引起的；茎倒伏是由氮肥施用过多或施肥时间不当，或密度过大，通风透光不良，以致茎基节间过长或柔弱所导致的。

小黑麦不同生育期倒伏减产程度不同。一般而言，倒伏时间越早，产量损失越大，拔节期倒伏，甚至可减产80%左右。小黑麦倒伏减产的主要原因是粒重降低，开花期及之前倒伏的麦田，每穗粒数亦下降。小黑麦倒伏后植株受光条件恶化，一部分叶片逐渐枯死，另一部分叶片因受光不足，光合功能下降，光合物质生产能力降低。同时，植株在倒伏过程中，茎秆输导组织损伤，养分运输受到抑制，加上植株在生长挺直过程中需要消耗一定量的养分，从而减少了物质的生产量及向籽粒的运转量，造成粒重减轻。

预防小黑麦倒伏的措施主要包括选用矮秆或抗倒品种，合理安排基本苗数，提高整地和播种质量，在此基础上，促控结合，合理运筹肥水，创造合理的群体结构。在小黑麦生长过程中，若发现有徒长趋势时，可采用深中耕、镇压或施用一些生长抑制剂如多效唑、矮壮素等抑制植株的地上部分生长，促使基部节间变粗短。

第四节　小黑麦生长发育及培育体系

小黑麦是小麦与黑麦杂交的后代，其外形酷似小麦，因受黑麦基因的影响，表现出一些与小麦不相似的特性。小黑麦是一种人、畜兼用的冬、春季作物，茎秆可作青饲料、青贮饲料和干饲料，籽粒可供人、畜食用。小黑麦作为粮食，可以加工成面粉，制成面包、饼干等食品，也可用来酿造啤酒等；作为精饲料，可以用来饲喂猪、牛、羊等动物。因此，在推广小黑麦的过程中，欲使其种植面积不断扩大，必须根据小黑麦自身生长发育的特点，结合各地自然环境条件、生产水平和栽培条件，根据不同的使用目的，采取不同的栽培途径，因地制宜地推广应用适宜的栽培调控技术，不断提高小黑麦产量水平和产品质量，获得优质、高产的粮食或饲料产品。

一、小黑麦的种植制度

由于小黑麦生长发育特点与小麦不同，因此在生产中应根据小黑麦的生长发育特点及其用途，确定其在种植制度中的地位，以指导小黑麦生产。

（一）小黑麦在现代种植制度中的地位

我国在生产中最早应用小黑麦的地区是西南、西北的高寒瘠薄山区，即自然条件比较严酷、生产条件较差的地区。这些地区因充分发挥了小黑麦的抗逆性能，故小黑麦长势良好，获得了比较满意的产量，解决了当地的口粮问题，受到山区人民的欢迎。近年来，随着畜牧业的发展，饲料需求量逐年增加，小黑麦作为优质饲料作物在全国各地得到了较为广泛的应用，在现代耕作制度中占有一席之地。现在正在进行小黑麦其他方面的开发应用。

1. 饲用地位

近年来，随着人民生活水平的提高，我国居民的生活需求发生了质的变化，口粮消费量逐步下降，肉、蛋、奶等畜产品的需求量越来越大。未来 10 年，我国农业转型升级将明显加快，农业高质量发展将取得显著成效，农业现代化水平将稳步提升。农业由增产导向转向提质导向，绿色、生态、优质、安全的农产品生产和供给明显增加，粮食等主要农产品增产保供能力大幅提升。

随着市场配置资源的决定性作用的发挥，以市场需求为导向的农业生产结构不断优化，市场短缺品种和契合消费者需求的产品供给不断增多；口粮品种结构持续优化，面积稳中有降，单产增长推动稻米、小麦产量稳步增长，年均增速小于 1.0%；大豆和奶类产量年均增速在 3.0%，玉米、水果、禽肉产量年均增速在 2.0% ～ 3.0%，猪肉、牛羊肉、食糖、蔬菜、马铃薯产量年均增速在 1% ～ 2%。

粮食等主要农产品消费总量将继续增长，食物消费结构不断升级，饲料和工业消费持续增加。人口增加带动口粮消费继续增长，未来 10 年稻米和小麦国内总消费量分别预计增长 2.4%、11.8%；畜牧业生产规模不断扩大，推动粗粮饲料消费和大豆压榨消费持续增长，玉米和大豆国内总消费量分别预计增长 18.7%、14.5%；食物消费结构升级对动物性产品消费需求增加，肉类、禽蛋、奶制品、水产品国内总消费量分别预计增长 20.7%、8.9%、39.5% 和 9.8%。

农业对外开放的质量和水平进一步提升，农产品国际贸易日益活跃，中国继续保持世界第一大农产品进口国地位。中国与美国、巴西、东盟、欧盟、澳大利亚以及"一带一路"国家的贸易伙伴关系将进一步加强，农产品进口将不断扩大，进口来源更加多元化。小麦和玉米进口量分别预计增长 67.1%、74.6%，仍保持在进口配额范围内，大豆进口量预计达到 9 952 万 t，增长 7.5%。食糖进口持续增加，预计增长 142.7%。猪肉进口展望前期大幅增加，随着生产恢复展望后期快速回落，牛羊肉进口持续增加，奶制品和水产品进口分别预计增长 46.8% 和 37.5%。传统优势农产品水果、蔬菜和水产品出口保持增长，年均增速分别预计为 5.9%、3.2% 和 1.3%。

农产品价格形成机制不断完善，农产品名义价格和实际价格均呈上涨趋势。随着现代农业市场体系的建立和完善，农产品价格将主要由市场决定，在人工、土地、物质投入、环保等成本上涨不可逆的条件下，农产品价格将整体上涨。

口粮供给宽裕，稻米、小麦价格市场化将更加明显；饲料粮供给偏紧，玉米价格预计保持温和上涨趋势；大豆、棉花、食糖、食用植物油等土地密集型产品国内短缺，进口依存度较高，国内外价格联动非常明显；蔬菜、水果、肉类、禽蛋、奶制品、水产品等劳动密集型产品，受成本推动和市场需求拉动总体价格呈上涨趋势。

我国小麦未来形势为产量小幅增长，进口继续增加。未来 10 年，小麦播种面积将稳中有降，由于单产水平持续提升，预计 2029 年小麦总产量将达到 1.35 亿 t 左右，年均增长 0.13%。随着人口增加、消费升级和食品工业发展，小麦国内总消费量持续增长，预计年均增长 1.1%，预计 2029 年将达到 1.40 亿 t 左右。由于国内专用小麦存在产需缺口，进口持续增加，预计将从 2020 年的 390 万 t 增至 2029 年 583 万 t。

要实现畜产品的优质、高产，首先需要考虑和解决饲料的高产与优质问题，选择与生产优质饲料十分有利于畜禽的生长，有利于生产优质畜产品供人类所需。小黑麦在全国各地种植，均表现出产草量大，营养比较均衡、丰富，饲喂牲畜效果好、效益高的特性，已在某些地区成为越冬的主要饲料作物，在全国大型奶牛场的饲料作物来源中占有的比例越来越大。例如，北京市近郊的南郊、北郊等农场所种植的小黑麦抽穗后鲜草产量达 55 800 kg/hm²，比冬大麦鲜草量 30 150 kg/hm² 增产 85%，目前已建立了"青贮小黑麦 - 青贮玉米"的种植模式。中国农业科学院作物科学研究所新近推出的饲用小黑麦，产鲜草量为 45 ~ 52.5 t/hm²，籽粒内粗蛋白含量在 15% ~ 17%，赖氨酸含量 0.40% 左右，比一般的饲料大麦增产 50% 以上。

由此可见，在当前农业结构调整中，小黑麦可以作为一种独特的产业化饲料作物在其中发挥一定的作用。种植小黑麦等牧草及饲用作物，合理利用现有的土地资源，并充分利用光、热、水、肥等自然资源，种草养禽，发展食草动物，全年供青，以青代精，可以在大幅度提高第一性生产力的生产效率的同时，为第二性生产力提供优质、充足、廉价的饲料资源。这样不仅有利于克服饲料粮不足的问题，还可通过优质、高效的牲畜转化，保持畜牧业稳定增长，保障日益增长的畜产品供给，实现高效率和高效益，实现种植业结构由"粮食作物 - 经济作物"的二元结构向"粮食作物 - 经济作物 - 饲料作物"的三元结构转变，形成草多、畜多、肥多、粮多的良性循环，增强农业生产的抗灾能力，实现传统农业向现代农业的飞跃。

2. 食用地位

截至 2018 年统计数据，中国的耕地面积为 1 432 960 km²，排世界第三位，中国用全球 7% 的耕地养活了全球近 20% 的人口。我国耕地主要分布在东部季风区的平原和盆地地区。我国西部耕地面积小，分布零星。由于我国人口众多，人均耕地面积排在 126 位以后，人均耕地仅 933 m²，还不到世界人均耕地面积的一半儿。加拿大的人均耕地面积是我国的 18 倍，印度是我国的 1.2 倍。目前我国已经有 664 个市县的人均耕地在联合国确定的人均耕地警戒线（530 m²）以下。

地形和气候都适宜的地区的土地才能作为耕地，而我国耕地面积约为 135 万 km²，主要分布在沿海东部季风区，集中在东北、华北、长江中下游、珠江三角洲等平原、山间盆地以及广大的丘陵地区。

我国粮食产量的提高重点是提高中低产田的单位面积产量。小黑麦在自然条件较差和生产水平较低的地区表现突出，比当地黑麦或小麦增产 30% 左右。例如，陕西商洛高寒山区（海拔 1200 m）不宜种植小麦，过去只种植难以消化的黑麦，近年来改种小黑麦，小黑麦长势良好，叶片碧绿，一般产量为 3 000 kg/hm² 左右，最高达 6 000 kg/hm²，较当地小麦和黑麦成倍增产，解决了当地居民吃细粮的问题。目前我国小黑麦育种已达较高水平，在解决我国粮食问题中可发挥一定作用。自然条件恶劣、生产条件差的西部地区有 2 000 多万 hm² 耕地，适合种植小黑麦的面积达 400 万 hm² 以上，可充分发挥增产作用，小黑麦在西部大开发中发挥着重要作用。

3. 防沙植物地位

近年来，春季沙尘暴已成为我国特别是北方地区的一大自然灾害，防风固沙最主要的措施是植树造林，但在我国北方不少地方因气候条件限制，常采用一年一熟的耕作制度。据统计，仅北京地区春玉米种植面积就有约 13 万 hm²，冬春季有近半年的时间空闲，裸露的耕地在北方春季干旱少雨的气候条件下，土质疏松，遇到大风天气即成为沙尘暴的"帮凶"。因此，如何在北方冬春季节种好植被植物，防止地面裸露，亦是防风固沙的一项重要工作。草作为一种重要的植被，能吸收空气中的 CO_2 和灰尘，有些草还可吸收有毒物质。据测定，每 1 hm² 草地每小时可吸收 CO_2 1.5 g。刮 3～4 级风时，裸地上面空气中的尘埃浓度是草地上面的 13 倍。小黑麦一方面可以作为冬春青饲料解决畜禽冬春饲养无或少青饲料的难题，且不影响下茬春玉米的播种，另一方面可覆盖地面，起到保持土壤水分、防止沙尘飞扬的作用。据北京市顺义区农业科学研究所测定，秋播小黑麦，最佳基本苗 375 万株 /hm²，冬前地面覆盖率在 65% 左右。因此，在北方一年一熟地区推广秋播种植小黑麦，用其绿色覆盖地面，不仅满足饲草生产的需要，还有利于改善生态环境，一举多得。

（二）小黑麦主要复种轮作类型和方式

全国小黑麦推广应用地区的地形、地势、气候的复杂多样形成了多种不同的耕作制度。各地在推广应用小黑麦的过程中，根据各地自然条件、生产条件，因地制宜地安排了小黑麦生产，逐步形成了不同的轮作类型。

1. 一年一熟制

一年一熟制主要应用于我国西南、西北海拔 1 000 m 以上地区和春播小黑麦地区，这些地区海拔较高或纬度较高，自然条件较严酷，冬季气候寒冷，常有干旱、晚霜等灾害性天气发生，土地贫瘠。小黑麦生长期较长，产量相对较低，但其抗旱、耐瘠和躲避晚霜的特点在这类地区得到很好的发挥，种植小黑麦比种植小麦、黑麦、荞麦等可显著增产。

2.一年两熟制

这是目前小黑麦生产的主要种植形式，全国各地都有应用，主要分布在东北、华北、华东、西南和西北的部分地区。这些地区温度条件优越，小黑麦收获后尚有充裕的时间种植其他作物，全年可获得较高的产量。

目前形成的主要复种方式如下。

（1）小黑麦（青贮）–春玉米（北京）。

（2）小黑麦–夏玉米（山东）。

（3）小黑麦（青贮）–水稻（北京）。

（4）小黑麦–玉米（新疆）。

（5）小黑麦–籽粒苋或玉米（青贮）（辽宁辽中）。

（6）小黑麦（干草或青贮）–玉米或高粱（青贮）（北京、河北沧州）。

3.一年三熟或两年三熟制

一年三熟或两年三熟制主要应用于温光条件相对比较适宜的地区，因气候条件适宜，十分有利于小黑麦及其他作物的生长，全年产量较高。

当前，各地在推广应用小黑麦的过程中又形成了一些新的轮作复种方式，对当地小黑麦及其他作物的生产起到了一定的促进作用。

二、小黑麦栽培的生物学基础

随着近代作物栽培学的发展，许多科学工作者很重视对作物器官的形态发生、解剖结构、生长发育规律和功能的研究，为高产优质栽培提供了坚实的理论依据。从形态上研究小黑麦的生长发育规律，调节小黑麦的生长发育进程，可为调控小黑麦籽粒（精饲料）和饲草产量、改善品质提供依据。

（一）小黑麦的类型

小黑麦种植地区的生态条件差异较大，加上亲本来源和用途不同，促使在生产中形成了不同的小黑麦类型。

1.按用途分类

按用途对小黑麦进行分类，可分为粮用型、饲用型、粮饲兼用型和其他特殊用途类型 4 类。

（1）粮用型。这类品种的籽粒的理化特性要符合加工要求和居民食用要求，籽粒要适宜按照中国的食用习惯制作成各类终端食品，且食味、口感正常，通常异源八倍体小黑麦多属于这种类型。根据内蒙古自治区粮食作物研究所对 4 个粮用型小黑麦的检验结果表明，籽粒蛋白质含量和灰分含量高于小麦，脂肪、粗纤维含量与小麦相近，千粒重、容重比小麦低（表 6-8）。据中国农业科学院作物科学研究所分析，其所选育的小黑麦品系的籽粒蛋白质、赖氨酸含量明显高于小麦。同时，粮用型小黑麦可以按照我国人民的食用习惯被加工制作成各种食品，其外观、食味、口感等与普通小麦粉食品已没有本质的差别。目前，部分发达国家已相继研究出利用小黑麦粉制作各种特殊风味的优质面包、麦片和麦粥等食品，深受大众的喜爱。

表6-8　小黑麦与小麦籽粒品质比较

类　型	千粒重 /g	容量 /（g·L⁻¹）	蛋白质 /%	脂肪 /%	粗纤维 /%	粗灰分 /%
小黑麦	36.1	704 ~ 773	17.1 ~ 21.1	1.4 ~ 2.1	1.5 ~ 2.5	2.10 ~ 2.39
小麦	35.8	779	14.4	2.1	2.0	1.92

（2）饲用型。这类品种的生物学产量高、营养品质好，做精饲料的品种的籽粒产量要高，做青饲料和干粉的品种的秸秆产量要高，一般异源六倍体小黑麦多是这种类型。饲用型小黑麦的秸秆营养价值要高于小麦和燕麦，其中蛋白质和糖分含量高于上述两种作物，可青贮或干贮，在乳熟期或灌浆期收割，产草量可达 16 670 kg/hm²（以纯干重计），比小麦增产 34.35%，比燕麦增产 25.70%，蛋白质含量为 11.37%，而小麦、燕麦分别为 7.90%、8.14%，糖分含量为 10.27% ~ 12.24%，小麦、燕麦分别为 9.09%、2.94%。

（3）粮饲兼用型。这一类型介于上述两种之间，通常籽粒可以食用，秸秆作为饲料，一般包括粮用型和六倍体与八倍体的杂交种，目前在我国西南和西北一些地区种植的小黑麦多为这种类型。这种类型的小黑麦因兼具粮食和饲料两种用途，其籽粒产量和饲草产量的优势不如粮用型或饲用型小黑麦突出，但比较适合在粮、牧兼作地区推广应用。

（4）其他特殊用途类型。该类型主要指一些有特殊用途的品种，如利用小黑麦蛋白质和赖氨酸含量高的特点来开发老人、儿童的保健食品以及开发适合酿造的原料。俄罗斯把小黑麦作为酿造酒精的新原料，亦有部分地区将小黑麦籽粒作为啤酒、白酒原料，这类原料要求籽粒蛋白质含量较低，α-淀粉酶活性强，其中部分厂家已开发出小黑麦啤酒产品。例如，我国利用小黑麦代替40%的大麦酿造啤酒并取得成功，黑龙江齐齐哈尔啤酒厂利用小黑麦酿造的啤酒口感好、色泽好，各项理化指标均优于大麦、小麦和黑麦，深受消费者的青睐。加拿大于1998年开始生产小黑麦啤酒，它比大麦啤酒产量高、成本低，口味及营养好。亦有一些厂家利用部分小黑麦品种中某些矿物元素含量比较高的特点制作成特殊营养食品和保健食品，并取得了一些成效。

2. 按播种季节分类

因各地气候条件差异较大，小黑麦播种时间不一，因此根据播种季节可将小黑麦分为春小黑麦和冬小黑麦2种类型。春小黑麦是指在春天播种，当年收割，主要分布在我国东北、西北和西南高寒山区的部分地区。冬小黑麦是指在秋天播种，翌年夏初收割，要经过越冬生长，所以被称为冬小黑麦，其应用范围比较广泛。

3. 按成熟期分类

根据小黑麦生长发育过程中所表现出的生育期长短，可将小黑麦分为早熟、中熟和晚熟品种3种类型。早熟品种生育期较短，一般为80～120 d，多为春播类型品种；中熟品种生育期为180～190 d，秋播较多；晚熟品种生育期通常在200 d以上。但在其他地区种植，生育期因温光条件变化而变化，如在北京、河北承德春播种植，生育期为10～105 d，在江苏扬州、湖南衡阳秋播种植，生育期达190～220 d。

4. 按阶段发育特性分类

小黑麦从播种到抽穗结实，除了需要肥、水等营养条件外，还必须有保证其发育所需的特定温光条件。只有在特定的条件下，其株体内部生理上经历一系列质的变化，小黑麦才能由营养生长转向生殖生长，完成整个生育期。通过研究不同小黑麦品种对日照和温度的反应，发现不同生态区育成品种对温光反应有较大差异，在较长光周期中，所有品种都发育加快，但反应变化随品种而异。根据小黑麦春化阶段所需要的温光条件，小黑麦可分为春性、半冬性和冬性品种3种类型。相对而言，春性品种通过春化阶段需要的温度较高，时间较短；冬性品种通过春化阶段需要的温度较低，时间较长；半冬性品种介于两者之间。目前我国选育的品种中 3 种类型均有，在不同生态区种植后表现出不同的适应性，在不同地区生产中发挥着各自的作用。

（二）小黑麦生育期

小黑麦的生命周期从种子萌发开始，包括形成器官、结出种子、植株衰老死亡一系列生长发育过程。小黑麦从种子萌发到新种子形成，即从播种到成熟所经历的天数，被称为生育期。小黑麦因遗传了小麦和黑麦的有关特性，加上小黑麦类型较多，有四倍体、六倍体、八倍体、代换系、易位系等，同时黑麦基因在小黑麦体内所占比例不一，加上阶段发育特性不一样，导致小黑麦生育期在不同生态区种植表现不一致。一般而言，在北方和黄淮平原地区种植，小黑麦生育期与小麦相近，春播 80 ～ 100 d，秋播常为 210 d 左右；在西北地区种植，秋播 260 ～ 280 d，春播多为 90 d 左右。

在生产上，根据小黑麦外部形态特征和器官形成顺序，参照季节变化，将生育进程按顺序划分为出苗、分蘖、拔节、孕穗、抽穗、开花、灌浆、成熟等生育时期。进一步分析可以看出，小黑麦生育期长的品种与小麦相比，其不同生育阶段生长时间相应都延长。

（三）小黑麦器官的生长发育

1. 种子萌发与出苗

小黑麦种子在度过休眠期之后，在适宜的水分、氧气和温度条件下，便可发芽生长。

（1）小黑麦种子的结构。小黑麦籽粒在植物学上被称为颖果，一般被称为种子。籽粒呈椭圆形，粒形较长，粒色较暗，类似黑麦。种子结构包括皮层、胚和胚乳 3 个部分。皮层约占整个种子干重的 5% ～ 8%，包括种皮和果皮两层。这两层结合比较紧密，分开较难。皮层中含有色素，使籽粒表现出不同粒色。胚是小黑麦种子中有生命力的部分，约占种子干重的 2%，包括胚芽、胚轴、胚根、盾片等几个主要部分及胚芽鞘、胚根鞘、外胚叶、侧生胚根等部分。胚乳是小黑麦种子中的养分贮藏部位，约占种子干重的 85% ～ 90%，其主要贮藏的养分是淀粉和蛋白质，其中蛋白质约占种子干重的 11% ～ 22%，淀粉约占种子干重的 60% ～ 70%（表 6-9、表 6-10）。

表6-9　不同麦类作物籽粒组成

种　类	籽粒大小	籽粒形状	腹沟深浅	种子饱满度	籽粒脱粒性
小黑麦	较大	多为长椭圆形	较深	较差，多为 2～3 级	较难
小麦	较小	多为椭圆形	较浅	较好，多为 1 级	较易

表6-12　小黑麦籽粒组成成分分析

单位：%

品　种	粗蛋白	粗脂肪	淀　粉	赖氨酸	面　筋	干物质
中秦 1 号	11.56	1.45	56.93	0.41	8.74	90.80
中秦 2 号	12.35	1.71	60.94	0.36	8.72	90.55

（2）小黑麦种子的萌发与出苗过程。小黑麦种子萌发、出苗的过程大致需要经历 3 个阶段，即吸水阶段、萌动阶段和发芽出苗阶段，这 3 个阶段相互联系，共同完成整个过程。

①吸水阶段。小黑麦种子的主要成分是淀粉、蛋白质和纤维素等亲水性胶体物质，在干燥状态下呈凝胶状态。当外界供应充足的水分时，水分通过种皮渗入到种子内部，逐渐使凝胶状态的亲水性物质转变成溶胶状态。由于种子呼吸作用的增强，种子内部酶类和激素开始活动，将溶胶状态的大分子物质逐步分解成小分子状态物质，淀粉被分解成可溶性糖类，蛋白质被分解成多肽和氨基酸。

②萌动阶段。当种子吸水达到一定量以后，在适宜的温度、湿度条件下，胚乳中的小分子物质通过盾片等器官被运输到胚部，促进胚部各部分化器官的发育，首先是胚根鞘突破种皮露出，该过程被称为萌动。

③发芽出苗阶段。当胚根鞘生长到 1 mm 左右时，主胚根从中穿出，接着芽鞘、侧生胚根伸出。当幼芽长到种子长度的一半、幼根长到种子长度时，即发芽了。随着幼芽继续生长，第一片真叶从中长出，当第一片真叶露出地面 2～3 cm 时，即出苗了。当全田有 50% 的小黑麦达此标准时，该时期被称为出苗期，85% 达此标准时称为齐苗期。

2.叶

叶是作物进行光合作用、蒸腾作用的重要器官。小黑麦的叶原基在茎顶端生长锥伸长后开始分化，至苞原基开始出现时已分化完毕。随着麦苗的生长发育，各叶先后伸长、发育、抽出与展开，不同品种的小黑麦叶在形态、大小、颜色深浅等方面均有所差异。

小黑麦一生的总叶数与大麦相近，比黑麦（总叶片数为 14 叶）略少。不同品种的小黑麦，总叶数不一样，在长江下游地区种植，冬性品种一般 13 ～ 14 叶，春性品种 8 ～ 12 叶；在北方春播，常为 9 叶左右。

小黑麦完全叶的形态和小麦、大麦相似，叶长为 25 ～ 36 cm，叶宽为 1.2 ～ 1.89 cm，但三者的叶片亦有几点不同。

（1）小黑麦叶片生长速度较慢。各叶片从出叶到展开所需的天数，小黑麦为 6.44 d，小麦为 6.0 d，黑麦为 5.88 d。各叶片展开所需天数，3 种作物均以剑叶最少，为 3 ～ 4 d。所需天数最多的叶片，小黑麦为第 1 ～ 5 叶，小麦为第 7 叶，黑麦为第 1 ～ 3 叶（表6-11）。

表6-11 小黑麦、小麦和黑麦的叶片生长动态分析

单位：d

作　物	出现至展开		出现至枯死		相邻叶片出现相隔		叶出现至剑叶枯死
	幅度	平均	幅度	平均	幅度	平均	
小黑麦	4 ～ 9	6.44	34 ～ 48	40.6	4 ～ 8	5.89	97
小麦	4 ～ 9	6.00	30 ～ 47	39.5	3 ～ 6	5.14	84
黑麦	3 ～ 7	5.88	34 ～ 43	39.4	4 ～ 8	5.89	95

（2）小黑麦叶片生长期较长。叶片从出现到枯死的天数，小黑麦平均为 40.6 d，小麦为 39.5 d，黑麦为 39.4 d。

（3）小黑麦出叶周期长。叶片出现的间隔天数，小黑麦与黑麦相同，为 5.89 d，小麦为 5.14 d。

（4）小黑麦叶片具有浓厚的蜡质层，水分蒸腾量小，增强了小黑麦的抗旱、抗寒、抗病能力。据观察，植株蜡质层越厚，抗病能力越强。同时，小黑麦冠层叶片相对较小，特别是剑叶小，光合作用弱，影响小黑麦光合作用。

（5）小黑麦剑叶结构有利于抗旱。据研究，普通小麦武选 1 号剑叶表面较光滑，有蜡质，气孔器呈长椭圆形，较多、较大，有毛细胞，其顶端尖而弯，基部肥大，呈钩毛状，气孔器保卫细胞和副卫细胞明显，气孔周围的附属物为短棒状，排列紧密，气孔裸露。八倍体小黑麦剑叶表面较光滑，气孔器大小与小麦相近，表面及其周围附属物较多，为短棒状、短刺状突起及大小不一的块状物，显得粗糙，气孔器较少，排列较稀，气孔裸露，无毛细胞。

3. 根系

小黑麦的根系与小麦相似，为须根系，由种子根（初生根、胚根）和次生根（节根、不定根）组成。当种子萌发时，一条主胚根从胚轴的基部首先长出，接着长出 1 ～ 2 对幼根，3 叶之后从分蘖节上不断长出次生根。小黑麦次生根的数目因播种期、密度、外界环境条件等不同而有差异。

不同的小黑麦品种的根系性状有一定差异。在贵州种植的小黑麦的成熟期的根干重，部分品种高于小麦，部分品种低于小麦。但相对而言，小黑麦根系比较发达，生长快，入土深，分布广，根量大，能吸收土壤深层的水分和养分。据黑龙江农垦总局九三科学研究所在小黑麦拔节后期测定，单株平均根数比小麦多 1.7 条，根干重比小麦高 58.3%。

小黑麦根系的功能表现在吸收、支持、输导、合成等方面。小黑麦将植株固定在地面上，通过根系从土壤溶液中吸收水分、氮、磷、钾等矿质元素，经过一系列繁杂的生理、生化过程，通过根系共质体系统及非原生质系统的运输，随水分液流和蒸腾拉力输送到地上部分，供应茎、叶、穗和籽粒等器官的生长发育。另有一部分矿质元素留在根内，合成氨基酸等各种有机物质，或留在根部，或转运到地上部分合成蛋白质。

4. 分蘖发生特点

从小黑麦主茎上长出的侧枝及侧枝上的分枝均被称为分蘖，它是由腋芽萌发形成的。通常在成熟种子胚生长过程中，在生长锥顶端下面 2 ～ 3 个叶原基的腋部分化出腋芽，在小黑麦拔节之前，植株可以分化出大量腋芽原基。在适宜条件下，相当数量的腋芽长大成为分蘖。随着分蘖数量的增加，植株的叶片数和次生根数急剧增长，从而大量地增加绿色面积，成倍地增强光合作用、吸收矿物质和水分的能力，使植株和群体积累的干物质增多，形成较高的产量。因此，一个植株或在一个群体内，分蘖的数量、生长和成穗状况对全株的形态建成、生理功能、群体结构、群体环境和产量有很大的影响，在理论上和生产实践中应对小黑麦分蘖生长和成穗、分蘖与群体结构形成等方面的关系给以足够的重视。

小黑麦、小麦和黑麦的分蘖和主茎叶片生长遵循相同的规律，当主茎第4叶（4/0）出现时，一级第1分蘖的第1叶（1/I）随之出现，即4/0与1/I同伸，当主茎第5叶（5/0）出现时，一级第2分蘖的第1叶（1/II）和一级第1分蘖的第2叶（2/I）随之出现，即5/0与1/II和2/I同伸。同样，6/0与此1/III、2/II和3/1同伸，依次类推，至7/0叶时，春播分蘖达到高峰。但三类作物分蘖和主茎各叶位叶片在出现时间或同伸时间上略有差异，6/0以前，黑麦早于小黑麦和小麦，6/0以后，小麦早于黑麦和小黑麦。

在通常条件下小黑麦具有较强的分蘖力和再生性，部分品种（系）生长较快，长2.5叶时就开始分蘖，至6～7叶时分蘖可达7～8个，在较低的温度下（5～10℃）仍能增加分蘖。

小黑麦生长到幼穗分化（春播）或开始拔节（秋播）时期，分蘖之间的关系发生转折，部分产生早、生长占优势的分蘖，获取养分的竞争能力强，能继续生长并成穗，这些分蘖被称为有效分蘖。另一些分蘖因产生迟，生长不占优势，处于植株的中下部，光合生产能力不足，竞争力不强，逐步退化并死亡，这些分蘖被称为无效分蘖。小黑麦个体或群体内分蘖发生数量的多少、成穗的比例，因品种、植株生长状况、群体环境条件不同而产生很大差异，冬性饲草型品种分蘖发生数量多，分蘖成穗率低，粮饲兼用型品种分蘖发生数量中等，分蘖成穗率较高。

5. 茎

小黑麦茎通常是指地上部能够伸长的节和节间，它是在幼株转入生殖之前，伴随最后5～6个叶原基分化而成的，接着伴随着这些叶片的发生而逐渐伸长、定型，最后构成群体的株高与光合层的范围。小黑麦主茎伸长节间数一般为6个，分蘖伸长节间数多为4～5个。

小黑麦株高通常在110 cm以上，最高达180～200 cm。在不同年代选育的品种株高表现不一样，亲本品种的茎秆较高，育成的小黑麦品种的茎秆也较高，大部分小黑麦选系株高在115～140 cm。20世纪90年代育成的第二代小黑麦品种性状有所改进，品种株高为110 cm左右，比第一代下降了30 cm左右。但据分析，中高秆类型小黑麦苗期幼苗直立，生长势强，植株蜡质层厚，穗长 10 ～ 15 cm，穗粒数 50 ～ 80 粒，主穗粒重 2.1 ～ 3.9 g，单株粒重 4.5 ～ 8.3 g，千粒重 45 ～ 52 g，其丰产性、抗逆性及籽粒品质等都明显高于中矮秆品种，而且中高秆小黑麦品种具有生产量大，鲜草重明显高于小麦，更适合作饲料。

相比较而言，目前育成的小黑麦品种植株高主要体现在穗下节间、倒 2 节间和倒 3 节间上，其显著高于大麦，其中小黑麦穗下节间长度平均长 55.5 cm（50.0 ～ 60.0 cm），比黑麦长 5.5 cm，比大麦长 25.2 cm，倒 2 节间长度平均为 34.2 cm（23.8 ～ 39.7 cm），比大麦长 11.4 cm，倒 3 节间比大麦长 5 cm 左右。

小黑麦茎粗且壁厚，茎生长较快，节间长，从拔节至抽穗，生长速度平均达 3.2 cm/d（而大麦、小麦平均生长速度不到 2 cm/d）。在河北承德的试验表明，小黑麦植株生长速度快主要体现在两个阶段：出苗、分蘖和抽穗后，特别是抽穗后的生长速度明显快于其他麦类作物。

小黑麦的茎秆虽高，但茎秆的粗度和充实度相对较好。据研究，小黑麦茎秆较其双亲小麦和黑麦茎粗、茎壁厚，厚壁组织和薄壁组织厚，而且其厚壁组织是由均匀加厚的细胞构成，木质化程度较高，薄壁组织呈六角形蜂巢状，保证细胞最紧密的接触，减少细胞间隙，增加抗倒伏能力。

6. 幼穗和籽粒

小黑麦为复穗状花序，形态更像普通小麦，黑麦型小黑麦外侧小花外稃上有长芒，特别是第 1 个和第 2 个小花上，小麦型小黑麦颖朵较大，穗较长，穗紧或中等，穗长 10 cm 以上。小黑麦穗由穗轴和着生的小穗构成，穗轴由明显的节片构成，节片的顶端着生小穗，小穗由两枚护颖及若干小花组成，一般每穗小穗数 20 ～ 35 个，比小麦多 10 个左右，每小穗有 3 ～ 9 朵小花，但由于光合作用弱，小穗、小花退化显著，平均每穗有 4 ～ 7 个退化小穗，小穗结实率只有 70% ～ 80%。

小黑麦花的结构与小麦相似，有颖壳（内外）、浆片、雌蕊、雄蕊等几部分，护颖为黑麦型，但比黑麦护颖长些、宽些，并带有明显的嵴和长嵴沟。通常，每个小穗有 3 ～ 5 朵正常发育的小花，每穗粒数在 20 ～ 60 粒，不同地区种植的差异比较大。

小黑麦穗分化进程与小麦相似。参照小麦穗分化进程，根据小黑麦穗分化过程中穗部形态变化特征将其穗分化过程分为 8 个时期。小黑麦生长锥在进行穗分化之前呈馒头状，生长点基部长度大于高度，该时期被称为生长锥初生期。当生长锥开始分化穗部器官时，生长锥伸长，高度大于基部长度，该时期被称为生长锥伸长期。之后分为单棱期、二棱期、小花分化期、雌雄蕊分化期、药隔形成期、四分体期。相比较而言，小黑麦穗与小麦穗的分化存在几点差异。

（1）幼穗分化开始时间。幼穗开始分化时间以黑麦最早，小麦最晚，小黑麦介于两者之间，这种状况延续至小穗分化期；从小花分化期开始，小麦各分化阶段提早，小黑麦则逐渐延迟，直至四分体期和抽穗期。即小麦幼穗分化最晚，结束最早；小黑麦开始分化较晚，结束最晚；黑麦开始早，结束居中。

（2）幼穗分化天数。幼穗分化所需天数（从初生期到四分体期），小黑麦和黑麦同为49 d，小麦最短，为36 d。

（3）幼穗分化和叶龄关系。小黑麦和黑麦幼穗分化开始早，初生期都从1.5叶开始，比小麦少0.5叶；伸长期黑麦比小黑麦和小麦多0.5叶，单棱期3种作物都是3.5叶，二棱期后，黑麦与小黑麦和小麦相比多了0.5 ~ 1.0叶，雌雄蕊分化期后，小黑麦比小麦多0.5叶。

黑麦开花受精后，子房开始发育形成籽粒。小黑麦籽粒与小麦相比，籽粒瘦长，大而不饱满，皱缩。小黑麦籽粒形成过程与小麦相似，籽粒体积、鲜重、干重均呈"S"形曲线变化。不同类型小黑麦籽粒体积、鲜重、干重达最大值的时间都不在成熟期。

小黑麦是远缘杂交的产物，因染色体结构和染色体数目的差异，有丝分裂和减数分裂异常及胚乳的畸变和生理、生态方面的原因，小黑麦籽粒常充实不饱满，皱缩较小麦和大麦严重，大多数品种籽粒饱满度为3级，少数品种达到2级，影响其推广应用。研究表明，小黑麦籽粒结实率低和饱满度差的细胞学原因主要有以下几点。

（1）小麦基因型的减数分裂比黑麦基因型快得多，使形成的杂交后代小黑麦的减数分裂具有不同步性，存在很多落后的染色体，会产生严重的畸变，产生的配子缺乏功能，进而造成不育和籽粒不饱满。

（2）属间杂交使小黑麦染色体有丝分裂或减数分裂不正常，其中最主要的是减数分裂时染色体"不分离"或"提早解离"，致使配子染色体数少于或大于 n，后代中有相当一部分籽粒是非整倍体配子。非整倍体配子的出现将导致遗传不平衡现象，进而造成更高的不育，使种子饱满度更差。

（3）属间杂交使染色体结构和数目发生变异，染色体缺失、重复、倒位和易位，使染色体联会时形成环形或在后期第Ⅰ时期双着丝点缺失单价染色体，造成后期挤压而折断。这种缺失染色体的花粉和孢子，一般不育或形成的种子不饱满。

（4）小黑麦胚乳在多核阶段发育并形成多倍性的核，这种不规则的状态引起不育或使籽粒形成不好。

（5）小黑麦胚乳外层分生组织不规则，导致糊粉层发育不正常，使种子充实速度不一，进而造成种子不饱满。

（6）小黑麦籽粒形成过程中生理机能不协调，胞质与胞核的比不是1∶1，影响饱满度。例如，异源八倍体小黑麦胞质和胞核的比为1∶1.33，异源六倍体小黑麦胞质和胞核的比为1∶1.50。外界条件如温度等也会影响小黑麦籽粒的充实程度。

小黑麦颖壳紧，脱粒较困难，种子休眠期长，不容易穗上发芽或落粒。据贵州大学农学院调查，成熟后1个月左右的穗上的发芽及落粒情况，小麦发芽率为24.4%，小黑麦为4.5%，因而对收获适期要求不严。

三、小黑麦抗性表现

小黑麦遗传了黑麦和小麦的一些特性，因此表现出独有的特征，对外界环境的抗性与小麦、大麦不一致，总体抗逆性强。

（一）抗寒性

小黑麦的耐寒性强，在2℃的环境中可正常生长，在一些不宜种植小麦的地区，如陕西商洛高寒山区，可种植小黑麦。在海拔1 200～1 600 m的地区种植小黑麦，产量为2 250～3 250 kg/hm²，比当地小麦增产50%左右，比当地黑麦增产90%以上；在海拔1 000 m左右的中浅山区，产量3 000～3 250 kg/hm²，比当地小麦增产60%以上，解决了当地人民吃细粮的问题。

小黑麦拔节比小麦迟，晚霜冻害较轻。例如，某城市在3月底、4月初出现晚霜，全市小麦普遍遭遇冻害，但小黑麦冻害较小麦轻。在部分地区小麦接近颗粒无收的情况下，小黑麦产量仍能达到1 095 kg/hm²，因此该地区将推广种植小麦，比当地过去种植的燕麦、荞麦等作物产量高1 125 kg/hm²左右。

（二）抗旱性

小黑麦抗旱性强，在旱地或干旱年份都能取得比小麦高的产量。根据内蒙古自治区拉布大林牧场资料，干旱年份小黑麦产量显著高于小麦，增产幅度达 44.60% ～ 109.40%。黑龙江农垦总局九三科学研究所进行了小黑麦抗旱性试验，试验田在小黑麦整个生育期不接受降雨，小黑麦 80D-562 折合产量 1 246.5 kg/hm²，而对照克丰 2 号小麦产量仅 627.75 kg/hm²，小黑麦比小麦增产 99.2%；新疆农四师某团在旱地上种植新小黑麦 1 号，产量达 5 250 kg/hm²，在遭受罕见旱灾条件下，新小黑麦 1 号产量平均达 3 300 kg/hm²，较宁春 16、17 号小麦分别增产 15.6% 和 13.4%。

小黑麦抗旱性强主要因为其形态特征、生理特性与小麦相比存在着明显的差异，具体表现在：

（1）小黑麦苗期叶片长，叶面积较大，幼苗匍匐，中后期叶片短小，叶面具有较厚的蜡质层，能有效地减少水分的蒸发和蒸腾，水分蒸腾量小，有利于保持植株体内的水分。在干旱期，小黑麦和黑麦叶片的黄化速度慢，而小麦黄化速度较快；小黑麦的抗旱性指数较低，黑麦居中，小麦最高；雨后恢复情况则以黑麦为最快，小黑麦次之，小麦最慢。

（2）小黑麦的根系比小麦、黑麦发达，根系分布深，能够有效地利用土壤中深层的水分和养分。据测定，小黑麦苗期单株 13.8 条，根干重为 2.64 g，春小麦只有 12.1 条和 1.98 g，小黑麦根系性能明显好于小麦。1985 年，黑龙江农垦总局九三科学研究所在小黑麦拔节期测定出：小黑麦平均根数比小麦多 1.7 条，根干重比小麦高 58.3%；在小黑麦成熟期测定出小黑麦单株根干重平均为 3.26 g（2.36 ～ 5.30 g），小麦根干重平均为 2.41 g（2.26 ～ 2.64 g）。

（3）小黑麦叶面具有较厚的蜡质层，叶片蒸腾量小，叶细胞质膜透性比小麦低，部分品种经高温处理后叶细胞质膜透性仍比小麦低，表现出较强的抗旱能力。

（三）耐贫瘠性

小黑麦一般表现出耐贫瘠性，因此小黑麦在贫瘠的丘陵、山地和沿海滩涂地区种植，具有一定的产量潜力。小黑麦具有较强的抗旱耐瘠能力，主要是因为小黑麦具有强大发达的根系。在小黑麦拔节期测定其根系得出无论根的入土深度，以及根的分布宽度、单株次生根系，都显著优于黑麦及小麦。

（四）耐重金属特性

小黑麦对不同种类微量元素有一定的需求量，且小黑麦体内的微量元素含量比其他作物高，并对外界重金属元素有一定的忍耐力。据测定，不同倍体小黑麦对铜的忍耐力显著强于小麦、大麦和燕麦，即使在铜用量为 5 mg/L 的条件下，二倍体和六倍体小黑麦相对产量超过 100%，八倍体小黑麦相对产量在 80% 左右。小黑麦对铝离子的忍耐力比大麦、小麦等一般作物都强。澳大利亚一位生理学家在对 15 个小黑麦品种和 1 个小麦品种进行鉴定时发现，对铝离子耐性强的有 6 个小黑麦品种，中抗的有 6 个小黑麦品种，最差的有小麦和 3 个小黑麦品种。有人在 pH=4、铝离子浓度为 0 ~ 4 mg/L 的实验环境下，测定根系生长情况，并结合田间观察，得出完全型小黑麦优于代换系 2D/2R，新的小黑麦品种比老的品种更好。

（五）抗病虫性

小黑麦的抗病虫性主要来自黑麦，如抗锈病、黑穗病、白粉病、叶斑病、根腐病和大麦黄矮病毒以及抗线虫等抗性一般强于小麦。但由于小麦和黑麦染色体组的相互作用也影响了某些特性的表达，如小麦条纹花叶病毒，黑麦是免疫型，小麦呈感染 – 中抗型，而小黑麦则倾向于小麦。对于麦角病，小麦是高抗型，黑麦属感染 – 中抗型，而小黑麦则倾向于黑麦。六倍体小黑麦抗大麦黄矮病毒和雪霉病，而小麦不抗，八倍体小黑麦有抗性和不抗两种类型。

有关各地推广应用的小黑麦品种的抗病性，经多年观察，发现小黑麦对白粉病免疫，对秆锈、叶锈、条锈有一定的抗性，但不同品种间，在抗锈性上存在差异。中国农业科学院植物保护研究所对 32 个小黑麦品种接种鉴定结果表明，全部小黑麦品种对条锈病免疫或具有高抗性，部分品种对秆锈病免疫或具有高抗性，但大部分品种不抗叶锈病。小黑麦对丛矮病表现高抗性，据内蒙古自治区拉布大林农牧场试验，东农 111 小麦（当地唯一的抗病小麦品种）因丛矮病危害产量仅 150 kg/hm²，参试的 8 个小黑麦品系平均 1 972.5 kg/hm²，比小麦增产 13.2 倍。另据对内蒙古自治区呼伦贝尔岭北地区调查，小麦丛矮病发病率最低年份平均产量为 18.7%，高发年份为 39.7%，严重地块发病率为 84.5% ~ 95%，每年都有绝产田块，而小黑麦丛矮病发病率一般不超过 10%，有些品种不超过 1% ~ 2%。同时，小黑麦对黄矮病、病毒病、叶枯病等亦有一定的抗性。

　　小黑麦与小麦一样，不抗赤霉病，在病害流行年份，大多数品种均可发病，但其耐病性显著强于小麦，病害明显比小麦轻，穗腐率虽然较高，但病情指数不成比例上升，或者病情指数升高，而千粒重并不显著下降，损失小。据调查，小麦普遍严重感染赤霉病，但小黑麦感染显著较轻，小黑麦、小麦平均病穗率和病情指数分别为 16.4% 和 8.2%、86% 和 40.5%。同时，在小黑麦种质资源中，存在着不少抗赤霉病的抗源。

第七章

小麦生物防治及其生产研究

第一节 中国北方气候灾害及其防治

一、低温与冻害

（一）低温冷害和霜冻

1. 低温冷害

低温冷害是小麦生育期间的气温远低于生活要求，引起某一阶段生长发育延迟或生理受到危害而减产的气候状态。中国东北地区 6 ～ 7 月出现的低温被称为"东北冷害"或"夏季冷害"。形成冷害的温度虽然在 0℃ 以上，由于远不足小麦生育阶段的生活要求，因此会产生对生理的危害。受到低温冷害的小麦在形态上往往看不出明显的症状，可能不引起人们注意。低温冷害与霜害、冻害的受害机理完全不同，素有"哑巴"之说。

低温冷害的天气类型通常有两种：一种是低温寡照的"湿冷型"天气，另一种是晴朗而有明显降温的"晴冷型"天气。低温冷害的程度与低温强度和持续时间以及品种和生育时期有关。

据研究，温度低于小麦各个生育时期生理活动下限时，会引起小麦体内生理发生变化，导致光合强度减弱，抗寒能力降低，矿质营养吸收、转运和分配受影响，根、茎、叶和分蘖等生长速度减弱。由于生育阶段不同，受低温影响的器官和程度也不同。小麦幼穗分化前期的冷害，使抽穗期、减数分裂期和抽穗开花期延迟，花药不能正常开裂。小麦开化期温度降到 10℃ 以下，雄蕊受害，花粉发育延迟、受阻、影响授粉，穗粒数减少，麦穗出现畸形，影响结实籽粒发育和蛋白质构成，直接影响小麦的产量和品质。灌浆期温度低于 20 ～ 22℃ 时，灌浆速度降低，容易遭受病虫危害和干热风影响。

2. 霜冻

低温有时会导致霜冻出现，造成小麦伤害。霜冻是一种短时间的低温冻害，是在小麦生育期间，地面层温度骤降到 0℃ 以下，并低于小麦在一定发育时期所能忍受的最低温度而产生的冻害。小麦在不同发育时期受霜冻危害的程度不同。小麦拔节后抗寒能力逐渐减弱，尤其在扬花期反应最为敏感。当叶面温度降到 –0.7℃便会受冻，使茎部受伤或叶片变黄、扭转，甚至植株枯萎。在花粉细胞形成时期，小麦受霜冻危害后会产生不结实现象。近年来，甘肃、新疆、陕西、等省（自治区）的一些地方都曾出现过这种现象。低地、盆地的地势闭塞，霜冻较重。青海省有些春麦产区的小麦处于拔节期，温度降到 –2 ～ –3℃以下，会对小麦造成不同程度的损伤。春小麦（品种为阿勒）遭受霜冻后花粉受精能力显著下降，每穗粒数减少47%。中国高寒春麦区，小麦灌浆期霜冻时有发生，影响产量，降低品质。

3. 低温冷害和霜冻防御措施

（1）掌握低温和霜冻的变化规律，调整作物布局。预测霜冻可能发生的时期，尽早发布预报，有利于及早采取防御措施。了解各地低温出现的时间频率和分布特点，合理布局早、中、晚熟小麦品种以及确定适宜的播种时期和方式，以躲开或减轻低温的影响。

（2）利用和改善生态环境条件，增强小麦抵抗低温的能力。营造防护林带调节气候。利用不同地形、不同坡向、不同山峪和不同海拔高度的小气候条件，减轻或防御其危害。

（3）采用适宜的栽培技术。根据当地资源特点，制定合理的作物种植制度，采用合理的栽培措施，培育壮苗。健壮的小麦植株能增强抵抗低温的能力。

（4）根据气象预报采取对策。通过科学的气象预报，预测出低温和霜冻出现的时间、强度，确定品种和栽培措施，如合理灌水调节温度、喷洒化学保温剂减少水分蒸发、降低气温强度等。苗期一旦受霜冻危害应及时灌水和追施氮肥，以促进麦苗恢复生长，减少损失。

（5）加强田间管理。对于受低温或霜冻伤害的麦苗，如分蘖节未冻死，要加强管理，及时灌水或喷水和追施氮肥等。随着温度升高，麦苗很快会长出新叶初分蘖，仍可获得较好收成。

（二）越冬冻害

小麦冻害是麦苗处在 0℃以下低温条件下，超越所能忍耐范围而造成的冻伤或死亡现象。冻害一般发生在小麦越冬期间或早春返青前后。冻害死苗严重影响产量。受冻伤的麦苗，虽能继续生长，但由于长势弱、质量差，产量和品质均会有不同程度的降低。

1. 冻害发生地区

小麦冻害是严重的农业气象灾害。冬麦产区中除华南麦区外，几乎都有不同程度的冻害问题。主要发生冻害的地区如下：

（1）新疆北部。该地区冬季严寒，小麦越冬时间长，雪层不稳定。通常年份小麦越冬受冻死亡面积占全疆播种面积的 6%～8%，严重冻害年份死亡面积占播种面积是 20% 以上。冻害发生频率最高的地区是天山北麓准噶尔盆地南缘靠近沙漠地区。最严重是冻害发生在 1974—1975 年准噶尔盆地南缘的莫索湾、车排子、乌苏、玛纳斯等地，冬麦死亡面积达 95% 以上。这种大面积毁灭性的冻害在国内甚至是世界几乎少见。

（2）黄土高原。包括甘肃东部、六盘山区、陕北、晋中等地。这些地区海拔 1 000～2 000 m，年降雨量普遍为 400～500 mm，为干旱半干旱农区。在秋季，冬前麦苗过旺或抗旱锻炼不够的年份，容易发生冻害。本区中部和北部冻害严重。20 世纪 50 年代至 21 世纪小麦发生大面积冻害死亡 11 次，平均 3 年发生一次，累计死亡面积占该地区播种面积的 20% 左右。其冻害发生与土壤干旱有关。若秋季干旱，温度骤降，冬季冻旱交加，死亡更严重。

（3）华北平原。包括京、津、冀东、冀中、鲁北等地。该地区冬季气温虽不太低，但年际间温度变化较大，而且往往秋、容易冬季干旱少雪，造成冻害死苗。中华人民共和国成立后至 21 世纪，北京地区曾 5 次遭受冻害，每次减产都在 30% 以上。唐山地区发生冻害达 9 次之多。

（4）长城内外。包括晋北、燕山山区和辽宁南部等冬麦种植北界地区。本地区冬季严寒，元月平均气温在 -10℃ 左右。由于新扩种冬麦，20 世纪 70 年代曾多次发生毁灭性冻害。但是长城以北的北京市延庆区，由于采用沟播覆土等措施，春麦改种冬麦后获得了成功。

（5）黄淮平原。包括河南、冀南、苏北、皖北和鲁南等广大地区。这些地区在强寒潮南下时容易发生冻害。青藏高原及长江中下游等地区也有不同程度的冻害发生。例如，西藏高原的纬度低，海拔高，冬季强寒潮虽不易侵入，但因空气稀薄，冬季温度低，日较差大，加之冬季雪少，强烈的反复冻融交替，所以在日喀则、江孜等地也会发生冻害死苗现象。长江中下游为开阔平原，冷冬年强寒潮可长驱直入，早春麦苗拔节时有时会受到冻害。

2. 小麦冻害的指标和类型

各地根据小麦冻害发生的情况和特点，往往对冻害提出一些地区性的指标和类型。小麦冻害主要有下列几种类型：

（1）初冬温度骤降型。小麦刚进入越冬期间，在无雪层覆盖的情况下，日平均气温骤降10℃左右，最低温度在−10℃以下，这时未经抗寒锻炼的麦苗在冷空气的袭击下容易遭受冻害，零下低温虽未超出品种忍耐能力的临界温度，田间弱苗往往也会受冻死亡。

（2）冬季长寒型。冬季温度低，麦苗越冬时间长，麦苗体内营养物质消耗多，抗逆能力降低，若有强寒流侵入，温度骤降，小麦易受冻死亡；若土壤干旱，抗寒能力弱的植株和品种，麦苗更容易大面积死亡。淮北平原地区冬季低温可降至−14 ～ −16℃、华北和黄土高原冬季最低温可降至−20 ～ −25℃，若有大风麦苗死亡更加严重。北疆地区越冬时间长达140 d以上，植株体内营养消耗严重，抗寒能力降低，若遇寒流侵袭冻害更会频繁发生。

（3）融冻型。冻害小麦越冬期间或者冬末、春初，若天气突变，冷暖频繁，麦苗冻融交替，更易引起死亡。尤其是对已冻伤的麦苗，死亡更加严重。冻温愈低，融温愈高，冻融交替次数愈多，持续时间愈长，死亡愈严重。中国北方不少麦区，早春冻融交替造成的死苗，往往比越冬期间死苗更严重。

（4）混合型。冻害小麦越冬期间既受强烈低温的影响，又受冻融交替的影响，加重死亡。

小麦的冻害，从广义上讲，除上述情况外，还包括冰壳害和冰涝害。前者是麦苗在冰壳下越冬，因窒息而死亡的现象。冰壳害是由于土壤封冰后进行灌溉，或降雪后升温，田间雪融积水引起的；后者发生在冬季积雪较多的地区，早春温度升高，融雪过快，土壤尚未解冻，雪水不能及时下渗，加之排水不良淹水结冰造成窒息而死亡。冻害也包括雪害等。近年来的研究表明，小麦冻害不仅表现在形体方面，还包括小麦越冬期间体内受到低温所产生的生理伤害。据山东省农业科学院农业气象室研究，山东省小麦年产量的波动与越冬期间的低温有密切关系，有的年份小麦越冬期间受冻后并未表现死亡，春季继续生长，但内部生理机能减弱，群体质量差，小麦有效穗数减少、产量下降。

3. 小麦产生冻害的生理和形态特征

低温是引发麦苗冻害死亡的主要原因。当分蘖节温度低于小麦能够忍耐范围（−13 ～ −20℃）临界温度时，细胞间隙和原生质结冰，原生质胶体和半透膜透性破裂，植株局部或全部死亡。

小麦越冬期间植株受冻死亡，首先是叶和小分蘖受冻失绿、发黄，然后是叶片中、下部和叶鞘死亡，最后是分蘖节和茎生长锥死亡。只要分蘖节和茎生长锥未被冻死，植株地上部分即使全部死亡，春天环境适宜时，植株仍可继续生长。小麦冻伤或冻死的变化速率和过程，随低温强度、持续时间、冻融情况和植株或品种的抗寒能力而定，其过程可以是间次的，也可以一次造成。冻伤的麦苗虽未死亡，由于低温使其生理机制遭受破坏，产生伤害，生命虽可进行，但返青慢，长势弱，生育时期推迟，群体质量差，分蘖成穗能力低，结实粒数减少，导致减产。所以防御麦苗冻死，首先应保护麦苗，防御冻伤。为便于掌握冻害发生的情况和田间监测方便，王荣栋将受冻害的麦苗分为无冻害、有冻伤、受冻死亡 3 种类型。冻伤又分轻冻伤、重冻伤两种。即麦苗冻害鉴定可分为无冻害、轻冻伤、重冻伤和受冻死亡 4 级，分别用 0、Ⅰ、Ⅱ、Ⅲ表示。由此，可计算出田间麦苗群体的冻害指数。

4. 防御冻害措施

小麦冻害是由于越冬生态条件超出了小麦的抗寒能力而引起的。各地防御冻害的措施有所不同，但总体上是使麦苗生长与生态环境条件相适应。

（1）合理布局冬小麦生产。中国幅员辽阔，各地冬小麦越冬气象条件有很大差异，冻害发生的程度和特点也不相同。小麦生产必须考虑到当地越冬的具体条件，因地制宜采取防御措施。中国北方有些冬麦区是世界上小麦越冬冻害最严重的地区之一。国内多个麦区冬季温度、水分和积雪条件等不同。越冬气象条件的差异，不但影响冻害出现的频率和程度，而且影响到一个地区的小麦生产布局。在环境恶劣、小麦越冬条件残酷、一般措施难以防御的情况下，应调整冬、春麦等作物布局。

冬春麦年际间的比例应与当年长期天气预报相结合。在冬、春麦兼种地区，有冻害之年应多种春麦，无冻害之年多种冬麦，总体决策与年度决策相结合，灵活掌握。为此，应建立健全长期气象预报系统，加强气象科学研究，提高预报准确性。

　　新疆天山北麓准噶尔盆地南缘，过去冬麦冻害死亡严重。20世纪80年代后大面积实行"冬改春"并配合春小麦高产、稳产措施，获得了极大的成功。辽宁的鞍山、锦州、朝阳一线以北，山西省忻县以北，冬季严寒冻害严重，20世纪70年代将冬小麦种植面积大大缩减。长城以北的延庆区实行"春改冬"，并采用沟植、沟播等配套措施，冬麦生长也很好。

　　（2）培育和应用抗寒品种。小麦的抗寒能力取决于品种的基因型和冬前麦苗生长发育状况及锻炼程度。基因型是抗寒能力的基础，品种间差异较大。新疆亥恩、亥德品种，其分蘖节温度在-13～-14℃以下就开始死亡；新冬7号等品种，其分蘖节可忍耐-15～-16℃的低温；新冬18等品种，在经过冬前较好锻炼的情况下，可忍耐-17～-19℃的低温。同样的条件下，由于品种抗寒情况不同，发生冻害的年份所造成的损失差别较大。因此，在冬麦易发生冻害地区，培育和选用抗寒品种十分必要。选育和应用抗寒能力强的品种是解决小麦冻害经济而有效的办法，在一般年份可以防御小麦冻害的发生。小麦抗寒性为数量性状，受微效多基因控制，抗寒性和丰产性有一定矛盾，不应盲目推广高产品种，应根据当地的具体情况和品种特性选用优良品种，制定具体的抗寒指标和确定冬麦种植北界。

　　（3）应用配套栽培措施。造成小麦冻害死亡的原因是多方面的，与冬季低温情况、小麦品种抗寒能力和冬前生育状况以及栽培技术措施关系密切。防御冻害，必须因地制宜，采取综合措施，有冻防冻，无冻则优质、高产。

　　①培育壮苗，增强抗寒能力。培育壮苗能提高麦苗抗寒能力，减少越冬死亡。据试验，壮苗和弱苗相比，能提高抗寒力2～3℃。培育壮苗需要采取综合的农业措施，包括选种、施肥、轮作、整地、适期播种等。

　　②沟植、沟播沟植、沟播具有一定的防冻作用，有利于积雪保苗，尤其在经常发生冻害的地区或坡度较大的戈壁地、砂石地和冬季风大、难以积雪的麦田效果更为明显。20世纪60年代，北疆一些农场将大桂平播改为沟植、沟播，起到了良好的防冻保苗效果。陕北等地区有些山坡地麦田，春季土壤容易干旱，采用环形沟播种有利于积雪保墒，能减轻冻害。

　　③麦田覆土和冬前耙地。临冬前麦田覆土可以增加冬小麦分蘖节入土深度，能保温和减少分蘖节温度变幅的影响。据新疆农业科学院在五一农场试验，在沟植、沟播的基础上进行覆土试验，冬前用耙耙平垄沟，使麦

苗覆土增加 2 cm 左右，当连续 2 d 气温降到 –26℃时，不覆土的分蘖节处（地中 3 cm）最低温度为 –18 ～ –19℃，麦苗有冻死现象；而覆土的分蘖节处（地中 5 cm）最低温度为 –13 ～ –15℃，麦苗没有冻死现象。

在少雪或无雪层覆盖经常发生冻害的麦田，冬前当麦苗停止生长后，采用耙地或撒施肥土增加分蘖节入土深度，均有防冻效果。小麦用"水打滚"方式播种的地或冬前麦田土壤有裂缝现象的，耙地后防冻效果更为显著。

④种黄芽麦（土里捂）。黄芽麦即冬小麦临冬前播种，播种后种子在土壤中萌动，但不出土，因此，也称其为"土里捂"或"包蛋麦"。在越冬容易发生冻害的地区，这是一种辅助性的种植方式。黄芽麦越冬期间植株养分含量高，生长点在土层中较深，抗冻能力强比正常播种成活率高。

种黄芽麦应根据当地气候特点，掌握好播种期，入冬前要求 5 cm 土层中 >0℃积温 30 ～ 50℃，种子发芽不超过 1 cm。播种过晚，种子在土壤未萌动，不能进人春化期，影响翌年拔节、抽穗和产量；播种过早，麦芽长，营养消耗多不抗寒，若出了土，麦苗容易受冻死亡。

⑤充分利用和保护雪层。雪层能有效防止土壤向地上散热和冷空气侵入。在北疆地区，冬季积雪对保持土壤温度、防止麦苗受冻有重大作用，应创造条件使雪层尽早形成和稳定，有条件的地块可以设置雪障，或将玉米秆、葵花秆等搁置田间，以挡风积雪。雪层形成后，要防止人、畜践踏破坏，或在麦田放牧啃青。在无雪层覆盖的年份和地区，如预计有冻害发生，若有条件，可用飞机实行人工降雪。麦田提前覆盖地膜，防冻保苗效果良好。营造农田防护林，改善生态环境，降低风速，调节温度，保护雪层，是防冻保苗的重要措施。

⑥适时、适量冬灌。适时、适量冬灌能防御和减轻小麦冻害，在冬季干旱少雪的年份或土壤较干旱的情况下，冬灌的效果更为显著。冬灌可以增进土壤热容量，减少温度变化幅度，保持土温相对稳定。灌水既能满足小麦生理需水，又能起到生态效应。在雪薄的年份，冬灌过的麦田能较早地积住雪，形成雪层，第二年化雪时间也较迟，不仅有利于小麦越冬，还能减轻春旱、春寒和早春分蘖节温度剧烈变化带来的危害。灌水要提高质量，冬灌时间应以当地气温下降到接近 3℃，麦苗基本停止生长时进行。地面灌水后以"夜冻日消"为宜，使水分在结冻前能渗入到土壤中。灌水

过早，温度高，蒸发失水重，浪费大，还有可能引起麦苗徒长，降低抗寒能力；灌水过晚，灌水后地面结冰往往形成结冰壳，导致麦苗越冬窒息而死亡。

综合上述，造成冬小麦冻害死亡的原因是多方面的，不仅决定于气候条件，还与品种和栽培措施关系很大。合理的措施能减轻和防御冻害，不良的措施会加重冻害。根据调查分析，北疆麦苗容易发生冻害的有下列几种情况：不抗寒的品种苗、播种太早的过旺苗、播种太晚的幼小苗、播种太浅的露籽苗、土壤蓬松的吊根苗、砂石和盐碱地的瘦弱苗、积水洼地的水渍苗、墒情不足的干旱苗、牲畜啃食践踏的破伤苗等。小麦冻害死亡往往是多种原因造成的。防御冻害必须因地制宜，采取综合措施。要防御麦苗冻死，首先要防御冻伤。

⑦做好麦田冻害监测及补救措施。做好小麦田间监测和预报，尤其是当寒流入侵后，应及时取苗进行分析，掌握麦苗受冻情况。

小麦返青后应及时进行田间调查，根据麦苗存活情况，采取相应措施：

——加强受冻麦苗的管理，促进返青生长。在无雪层覆盖。麦田，即使植株地上部分全部冻死，只要分蘖节成活，植株仍可恢复生长，因此应抓紧耙地保墒、中耕松土、及早追肥，促使尽快返青，巩固冬前分蘖，促进早春分蘖，防止受伤麦苗继续死亡。如果土壤不太干旱，应推迟灌水，以便提高土壤温度，以利于返青生长。

——冻害较轻的麦田应及时补种春麦或油菜，加强管理弥补损失。

——冬麦冻害死亡严重的麦田，应及时改种其他春播作物。

二、高温与干热风

高温和干热风是影响中国小麦生产的主要障碍。据统计，在中国北方，小麦生长期间受高温及干热风影响面积占小麦播种面积的 71% 左右，危害频率是 10 年 7 遇。其中高温、低湿和大风三者结合的干热风，对产量和品质影响更加严重。

（一）高温对小麦的危害

在小麦不同生育时期，高温的影响程度不同。无论南方还是北方，当播种至出苗期间遇到持续高温，土壤表层往往缺墒，影响适期播种和小麦发芽出苗，容易造成缺苗断垄。出苗期间若持续高温，则出苗加快，麦苗细弱，根系发育不良，次生根发育滞后，根冠比例失调。冬前如果温度偏高，容易造成麦苗旺长，分蘖过多，群体过大，或提前拔节，抗冻能力下降，越冬期间易受冻死亡。起身拔节期高温，能促使细胞伸长加快，基部节间变长，容易产生倒伏现象。高温会加速幼穗分化进程，缩短分化时间，减少小穗形成数量。温度过高还会使小麦生长过快，细胞浓度降低，抗逆力下降，一旦遇有倒春寒，容易受冻死苗。高温干旱，会加重小麦叶枯病、蚜虫、红蜘蛛等病虫危害。抽穗开花期高温会导致小花退化，花粉活力降低，成活期变短，结实率下降，从而减产。

许多研究表明，在小麦灌浆期间，蛋白质与淀粉之间的比例虽然随温度（15～25℃范围）升高而升高，但接近30℃时，二者合成数量均会下降，只是淀粉比蛋白下降得多，从而导致籽粒中蛋白质相对含量较高。又由于高温使籽粒醇溶蛋白合成数量增加，从而降低了麦谷蛋白与醇溶蛋白含量的比例，使面团强度、面包体积与面包评分等烘烤品质下降。

适宜的温度是冬、春小麦生长发育不可缺少的条件。温度偏高能促进小麦生长发育进程，使生育期变短，相关性状的生长、分化和发育时间相对减少。中国东北地区，气温每升高1℃，全生育期缩短5.3 d；宁夏地区每升高1℃，生育期缩短8 d。小麦生长期间，高温胁迫会使光合作用效率降低，呼吸作用增强，干物质积累减少，进而影响到植株营养生长和生殖器官的建成及籽粒的灌浆。小麦生长后期当温度升高到25℃时，光合作用开始下降，而呼吸强度继续提高。对夏播小麦幼苗的研究发现，34℃时叶片的光合速率与呼吸速率几乎相等。在小麦开花后受高温影响的研究表明，在高温胁迫的影响下，光合功能下降，光合产物输出受阻。供籽粒灌浆物质不足，影响籽粒发育，胚乳细胞减少，粒重下降。

（二）干热风对小麦的危害

中国秦岭以北，长城以南，以及新疆、宁夏、河套和河西走廊等地区，小麦生育期间，特别是后期经常受到干热风的危害。据统计，中国北方受干热风影响面积均占播种面积的70%左右，危害概率约10年7遇。鲁、晋、豫、津以及陕、甘、宁、青、新等广大华北和西北地区，小麦灌浆成熟期间，经常遇到连续几天干热的西南风或偏东风劲吹，燥热异常。这种干热风当地称为火风、旱风、热风等，宁夏地区称热干风。河西走廊的干热风往往刮偏东风，当地称热东风。河西走廊、吐鲁番盆地和塔里木盆地处于内陆，远距海洋，春末、夏初在大陆性气候控制下，是干热风发生的重灾区。干热风多发生在 6 月底至 7 月中旬，均在当地小麦灌浆成熟中、后期，严重影响小麦灌浆成熟，千粒重下降。吐鲁番盆地及塔里木盆地的铁干里克、若羌一带，年干热风日数达 l0 d 上，频率达 20%。托克逊年干热风日数达 37.8 d，其中重干热风日 19 d，年频率为 62%，年过程 8.1 次，10 年 10 遇，若羌每年有 19.8 d 干热风，其中重干热风日 10 d，因干热风伤害，有的小麦千粒重不足 15g。哈密盆地受干热风危害，小麦减产 20% 左右。

河西走廊干热风最早出现在 5 月上旬，最迟在 8 月下旬。干热风发生在海拔 1 400 ～ 1 800 m。民勤县春小麦（品种阿勃）在蜡熟初期遇干热风，日最高温度 36.3℃，下午 2 时最高湿度平均为 19%，使小麦灌浆期缩短 4 ～ 5 d，千粒重降低 3.4 g，减产 5% ～ 10%，重者达 20% 左右，小麦品质及出粉率均显著下降。青海省湟水灌区东部民和地区，小麦开花成熟期间，危害性高温较多，经常造成青干逼熟，连续 2 d 出现 >30℃过程的频率 2 年 1 遇，每次出现 2 ～ 3 d，轻者减产 5% ～ 10%，出现 4 d 以上，重者减产 10% ～ 20%。关于雨前和雨后受高温的影响，刘兴坦等（1996）研究认为，雨后高温低湿的影响更大。小麦雨后青枯在河南中部发生频率较高。据河南省有关资料统计，小麦雨后青枯 10 年 3 遇，其中重度发生的 10 年 2 遇，山东菏泽地区平均 10 年 2 遇。

依据干热风发生及其危害的状况，通常将干热风分为两种类型：

（1）高温低湿型。高温低湿是指天气晴朗，太阳辐射强度大，增温迅速，风力强，水分蒸发大。干热风对小麦的危害：导致蒸腾急剧增加，植株体内水分消耗加快，补充受阻，导致叶面温度增高，光合作用下降，呼吸消耗增加，叶绿素受到破坏。受害植株轻者麦芒和叶尖干枯、颖壳发白，重者叶片、茎秆和麦穗灰白或青干枯死，粒重下降，一般减产 10% 左右，重者达 20% 以上。高温导致籽粒麦谷蛋白比例下降，小麦烘烤品质降低。

（2）雨后青枯型。雨后青枯是指小麦成熟前 7 ～ 10 d，雨热配合所发生的灾害现象。雨后猛晴，出现高温、低湿，蒸腾强度大。雨后最高温度在 29℃左右，空气相对湿度 40% 左右，小麦植株迅速脱水，体内氮代谢紊乱，细胞渗透膜调节能力降低，钾离子大量流出，防御酶功能下降，青枯现象发生。温度上升越快，增温越高，青枯发生越严重。甘肃河西走廊和新疆一些地区，在小麦灌浆的中、后期，麦田在较长时间干旱的情况下，以及水喷地小麦，若土壤板结，突然遇有 10 mm 以上的阵雨，就会导致逐渐衰老的麦根在土壤积水中浸泡，呼吸困难。再遇有 30℃ 左右的高温和 6 m/s 以上的大风，植株蒸腾加剧，根系呼吸受阻，小麦会突然青枯死亡。在干热风临来之前，田间灌水较多，若出现积水现象，也可能出现青枯死亡现象，当地称其为"水药麦子"现象。青海省黄河灌区循化、贵德、尖扎等地，春小麦在乳熟后期（成熟前 10 ~ 15 d），降雨后往往天气猛晴，温度迅速升高，蒸腾加大，容易造成青枯减产，且降雨量越大，减产越严重。

干热风危害的程度决定于三个方面：①出现的时期、强度和持续时间；②小麦品种特性及生长发育状况；③发生地点的地形、下垫面及土壤和田间肥水管理等情况。

关于干热风危害的分级指标，20 世纪 60 年代初，国内普遍采用日最高气温 >30℃、最低相对湿度 <30%、风速 >3 m/s。但因发生的地区和条件不同，危害程度也不一样，有些省、自治区还拟订了当地的干热风危害指标。

（三）高温和干热风防御

高温和干热风危害的程度与小麦品种、栽培管理措施和环境条件有关。为此，应因地制宜地采取相应的综合防御措施。凡是能改善农田小气候和增强小麦抵抗高温和干热风能力的措施，均能缓解和减轻其危害。

1. 选用抗干热风的品种

品种选用是抗干热风措施的基础，是抗干热风最经济有效的办法。中、长秆，长芒和穗下节间长的品种，自身调节能力较强，有利于抵抗和减轻高温和干热风的危害。早、中、晚熟品种应进行合理安排，使灌浆成熟时间提前或延后，躲过干热风危害的时间。

2. 合理灌溉

在灌溉农业区，灌溉是防御高温和干热风的紧急措施。灌溉能增强土壤和大气中的湿度，以此调节农田中的水热状况，有利于小麦生理活动的正常进行。据新疆铁干里克气象站观测，当出现干热风时，灌水的麦田比未灌水的麦田温度降低 2℃ 左右，饱和差低 200 ~ 400 Pa。据和田地区调查，干热风后及时灌水能适当缓解和减轻干热风危害。据昌吉气象台观测，在干热风来临前对麦田进行喷灌，可降低田间温度 2℃ 左右，相对湿度能提高 30% 左右，其降温增湿作用可持续约 30 h。

3. 化学药剂拌种和叶面喷施

利用化学药剂防御小麦干热风危害的方法有很多，大体上可归纳为两类：一类是用化学药剂对小麦种子进行处理，促进小麦壮苗。壮苗能增强抵抗高温和干热风的能力，主要药剂有氯化钙、石油助长剂、复方阿司匹林等；另一类是在小麦生育后期，在干热风来临之前喷洒药剂，调节小麦的生理功能，提高小麦对高温和干热风的抵抗能力，常见的药剂有石油助长剂、磷酸二氢钾、草木灰水、硼等。

4. 调整作物布局

在干热风常发地区，应因地制宜调整作物布局和种植制度等。例如，甘肃省在干热风发生严重地区，将一部分春小麦田改种冬小麦，成熟期提前，使其躲过当地干热风危害。新疆平原干热地区种植春小麦，应采用早熟品种，通过适期早播促进早熟，可以躲开干热风危害期。北疆目前有些地区种植"包蛋麦"（土里捂）防御干热风效果很好。

5. 营造农田防护林

新疆和河北等地在农田周围种植防护林，使形成网络，减少农田风速，增加空气湿度，减轻了干热风的危害。据吐鲁番农业气象站测定，当风速为 $7 \sim 10 \, m/s$ 的干热风出现了 3 d 时，在 5 m 高林带的保护范围内，风速平均降低 28%，蒸发平均降低 11%，小麦穗粒数增加 1.7 个，穗粒重增加 0.06 g，灌浆速度每日千粒重增加 $0.2 \sim 0.4 \, g$。新疆不少地区干热风危害严重的一个重要原因是地面植被覆盖率低。因此大力营造防风林是防御干热风的一项战略性措施。

三、干旱与湿渍

（一）小麦干旱及其防御

1. 小麦干旱及其危害

小麦干旱是中国常发性灾害，是在其生长期间由于长期少雨或无雨，导致空气干燥和土壤水分亏缺，不能满足其正常生长发育而影响产量和品质。干旱多发生在北方麦区，包括华北平原和黄土高原大部分地区、内蒙古、宁夏、甘肃、新疆及青海一些大陆性气候地区。西北内陆和青藏高原大部分地区降水稀少，麦田普遍靠灌溉维持生长，如春寒、夏凉、融雪少、河川流量少、灌水不足，容易造成麦田受旱。不良的耕作栽培措施会加重旱情。黄淮冬麦区水分条件优于北方麦区，但若灌溉设施不配套或渠系不通畅，小麦生产遇到干旱的可能性很大。春季和初夏季节，如果气温猛升，也会造成大气干旱，甚至出现干旱风，影响小麦灌浆。

在北方麦区，冬、春小麦从播种到成熟，旱情均有可能发生。秋旱或春旱会影响冬、春小麦适期播种。播种时如果墒情不足，田间持水量<60%会影响出苗，造成缺苗断垄或者小麦出苗后生长纤弱、分蘖少，甚至苗枯死亡，冬麦返青时能形成生理干旱。拔节至孕穗期缺水受旱会影响花粉母细胞分裂，造成小花退化，穗粒数减少。由于当时气温升高，太阳辐射增强，小麦光合作用降低，呼吸强度增加，光合物质积累减少，有机物质转运慢，合成与分配比例破坏，原生质脱水，小麦衰老提前，灌浆时间缩短，不仅会造成减产，还会影响籽粒品质。

小麦籽粒品质既受遗传因素控制，也受环境条件（包括栽培技术措施）控制。品质生态差异往往大于品种差异。中国各地降水量和土壤含水量在地域间和年际间变化差异较大，是导致品种、品质间产生差异的重要原因之一，尤其是小麦灌浆成熟期间，干旱对小麦品质影响更加严重。干旱会明显提高籽粒蛋白质和醇溶蛋白的含量以及籽粒干、湿面筋含量、沉淀值和降落值的含量。孕穗期受旱，蛋白质含量提高，蛋白质组成发生变化，提高了谷蛋白/醇溶蛋白质比值，也提高了面粉干/湿面筋的比例。小麦灌浆期适当干旱，强筋小麦品质能得到提高，而弱筋小麦品质则有所降低。

2. 干旱防御措施

防御小麦干旱应因地制宜，采用综合措施。在当前人工降水难以大面积影响天气的情况下，应搞好中、长期天气预报，营造农田防护林，改变田间小气候，加强农田水利建设，开辟水源，渠系配套、畅通。掌握旱情发生规律，合理安排作物种植结构以及确定耕作和种植制度，推广少耕法和免耕法。科学利用水资源，计划用水，节约用水。认真整地作畦，提高节水灌溉技术。推广沟灌、细流灌、浸润灌、塑管灌、喷灌和膜下滴灌等，杜绝大水漫灌。通过深耕蓄水，改土增肥，合理施肥，肥水结合，增加作物抗旱能力。选用抗旱品种。种子处理推广抗旱剂等药物拌种，以及覆膜保墒播种和全程覆盖等。

（二）湿渍及其防御

1.湿渍及其危害

小麦湿害又称渍害或沥涝，是指土壤水分达到饱和后，对小麦正常生长发育所产生的危害。

湿害是世界许多国家的重大灾害。中国湿害主要发生在南方多雨地区。据统计，长江中、下游南部麦区，发生频率在90%以上，华南北部地区湿害发生频率也在85%左右。东北平原麦区有些年份春季或夏季阴雨时间过长和洪水或涝灾之后，农田排水不良，土壤水分长期处于饱和状态，导致小麦根系缺氧，呼吸困难，发生伤害。新疆及河西走廊等地有些灌区，在小麦生长期间有时由于灌水量过大，土地不平，低洼处和地下水位较高的麦田，也会产生湿害。

土壤耕作层滞水是造成湿害的直接原因。土壤水分过饱和产生嫌气环境，不利根系生长，会导致生理机能被破坏，代谢受阻，扎根浅、根细、根毛发育不良，地上部软弱，易产生倒伏现象。当土壤空隙中空气全部排出后，根系周围就会缺氧，从而导致土壤溃水严重，抑制小麦对 N、P、K、Zn、Cu 的吸收，水肥供应能力下降，但植株上部和下部不断消耗养分，从而产生饥饿现象，生长势减弱，出现叶片发黄、萎蔫、枯黄、脱落等现象。土壤产生嫌气后，微生物活动加强，CO_2 积累增多，细胞生长受到毒害。许多研究认为，土壤溃水抑制了小麦光合作用的进行，减少了光合物质的积累，改变了光合物质在地上部与根系间的分配比例，使其多种性状下降，导致籽粒减产，品质改变。

小麦从播种到灌浆成熟，湿害均可发生。播种时间由于土壤水分太多，造成不能适期播种。种子萌动时，由于土壤水分过多，种子霉烂，出苗率降低。出苗后由于麦苗瘦弱，分蘖迟、质量差、根系不发达，吸肥能力下降。拔节到抽穗期受害，分蘖提前死亡，成穗率减少。植株的生育中、后期受害后，上部 3 片功能叶与对照相比分别短 20%、30%、36%，成穗数减少 40%，小麦灌浆时间缩短，成熟期提前，甚至产生青枯死亡现象。

许多研究认为，小麦中期湿害危害大于前期，而影响最重的是孕穗期。溃水过多会导致小孢子正常发育受阻，从而引起小花、小穗退化，结实下降，不仅"库"少，也影响"源"的增长及籽粒灌浆，千粒重下降。溃水造成减产的原因是穗数、粒数和粒重下降。据试验，拔节和灌浆期渍水 15 d，分别减产 25.4% 和 22.2%。品种耐湿性不同，产量下降多少有差异。

小麦湿害不仅影响产量，也影响品质。土壤渍水明显会降低花前 C 藏 N 素再转运和花后同化 N 素输入籽粒，使蛋白质含量下降，蛋白质组分发生变化。开花后的渍水和干旱均会降低旗叶谷氨酰胺合成酶（CS）和谷丙转氨酶（GPT）的活性，渍水使 GPT 降低。渍水条件下增施 N 肥能降低蔗糖酶（SS）活性。渍水会降低直链淀粉积累速度和蛋白质含量，增施 N 肥也不能增加蛋白质积累。青海省等海拔较高的地区以及新疆等丘陵山区的麦田，小麦在灌浆成熟期，若土壤湿度较大，再伴有阴雨天气，籽粒会产生穗上发芽现象，面筋强度下降，品质降低。

2. 湿害防御措施

湿害产生的根本原因是土壤水分太多。应健全气象部门的渍涝预测和警报体系，通过中长期预报，使生产部门早做准备。搞好农田水利基本建设，遇较大的降雨应及时排除地面水和降低地下水位；减少土壤水分是防御湿害的基本途径。挖好排水渠系，降低地下水位。加深土壤耕作层、破坏犁底层，增施有机肥料；改良土壤结构，增强土壤透性，等等，都是行之有效措施。认真做好麦田土地平整，采用垄作、深墒（沟）、条播、麦田进行中耕、松土、耙地，促使水分蒸发。麦田要精细灌溉，防止大水漫灌和田间低洼处积水现象。小麦成熟时要及时收获，避开雨涝，防止穗上发芽等变质现象。

小麦湿害发生后，若形成僵苗，应及早施速效肥，重施穗肥，促使生长和有利灌浆，增加粒重。叶面喷施 N、P、K 肥，能更快地缓解损失，提高吸收速度。

四、雪害

中国北方冬小麦越冬期间气候寒冷，条件严酷，雪层覆盖有利于麦苗越冬，"瑞雪兆丰年"已众所周知。但其北部冬麦分布的临界区附近，有个别地方气候多变，反复无常。有些年份冬季降雪过早或过晚或降雪量过大，雪层过厚，积雪时间过长，或春季温度骤升，融雪强度大，雪冻交加，植株受雪胁迫，长势减弱，群体质量下降或发病、死亡、减产。

（一）雪害的影响

1. 积雪过早影响麦苗抗寒锻炼

冬小麦冬前抗寒锻炼充分，越冬保苗能力强。冬前锻炼除温度条件外，光照、水分等对抗寒能力影响也很大。11月份入冬前，麦苗锻炼天数的多少与小麦冻害死亡有关。在一定的光照条件下，5～0℃的日数越多，抗寒能力越强。冬小麦在秋季温度逐渐降低后，细胞分裂活动及核仁的生理活性降低，植株生长和生长锥发育速度受到抑制，分生组织细胞的胞液浓度变小，产生稠密的网状结构，抗寒能力增强。

新疆伊犁、塔城等地区个别年份，入冬后气温较高，有时西伯利亚冷空气直接侵入，寒潮暴发，突降大雪，雪层厚度达15～20 cm。这时土壤尚未封冰，土层3 cm温度在5℃以上，麦苗刚刚进入抗寒锻炼阶段便被大雪覆盖。随着温度下降，雪层逐次累加。雪层是热的不良导体，具有隔寒保温作用，在雪层下的麦苗冬季锻炼终止。麦苗不但不能进行光合作用，相反呼吸作用反而加强，体内营养物质消耗较多，抗寒力减弱。据调查，北疆乌拉乌苏地区突降一场大雪，雪前麦苗细胞浓度为17.0%，雪后2 d测定细胞浓度明显下降。11月11～28日，3 cm土层温度一直维持在0℃左右，直到12月9日，日平均温度逐渐降到-10℃以下，经测定，小麦抗寒能力由-14.6℃下降为-12.1℃，减弱2.5℃，冬季最低气温来临时，其抗寒能力比正常积雪的前一年减弱5℃以上。

在雪层下，冬前缺乏低温锻炼的麦苗，冬季只要有强低温出现，或者早春遇有不良气候，很容易造成冻害死亡。这种现象对冬前生长的旺苗、弱苗和晚播的麦苗，尤其是处于3叶1心期的麦苗（种子内营养物质基本耗尽）影响更大。受影响的麦苗生长势减弱，开春后若遇土壤干旱、盐碱和气温多变的不良环境，其死亡率更为加重。

2. 积雪厚，融雪晚，麦苗产生饥饿现象

小麦在积雪早、雪层厚、融雪晚情况下，越冬期过长，体内营养物质被呼吸大量消耗，麦苗产生这种雪下饥饿现象，春季更容易死亡。

新疆伊犁、塔城、阿勒泰等地有些地区，尤其有些山坡高地，经常自11月中旬至翌年4月中旬，积雪期长达140～150 d。麦苗在沉积30～40 cm的雪层下越冬，光合作用停止，呼吸作用继续进行，体内营养物质大量消耗而生活力下降。据北京市农林科学院测定，冬后麦苗干重仅为冬前干重的一半，冬前为2片叶的晚、弱麦苗，在返青时，单株干重仅为籽粒干重的40%。植株糖分消耗后，冬麦并不马上死亡，这时植株开始把一部分淀粉转化为糖，当转化不能完全满足其需要时，植株处于饥饿状态，生长势减弱。植株饥饿时间越长，死亡概率越高，早春若遇干旱、盐碱和不良的气候环境条件时，死亡现象加重。一部分麦苗有时虽可恢复生机，但长势减弱，分蘖成穗能力差，小麦生产能力低、品质差。

麦田积雪厚，覆盖时间长，融雪时消耗热量多，田间温度下降，会造成小麦返青推迟，麦苗饥饿时间拉长，使饥饿死亡加重。也有些年份，早春温度上升快，融雪早，小麦抗寒能力下降，若遇强冷空气影响，容易产生融冻型冻害。

3. 降雪和积雪不稳定，干扰小麦生产布局

例如，天山北麓准噶尔盆地南缘广大地区，冬季天气寒冷，西伯利亚寒流经常侵入，最低气温往往在 –30 ～ –36℃，超越冬麦能够忍耐的范围。冬麦之所以能够种植，主要依靠雪层保护。但由于积雪早晚有年度间差异，10 ～ 15 cm 雪层不稳定，冻害时有发生，麦苗死亡严重。该地区冬季在有雪层保护的情况下，冬麦比春麦产量高20%左右，且产量稳定；而在冬麦受冻死亡或毁种的情况下，其收成远不如春麦。当前大气候难以人为控制，长期天气预报难以准确，因此，冬、春麦生产又经常遭受影响。

4. 雪水形成冰壳，造成麦苗窒息死亡

临冬前麦田若冬灌较晚或降水过多土地不平，水分不能及时渗入土壤，地面容易结成冰壳。若继而又下雪覆盖，将加重危害。麦苗在冰壳下越冬，经过 15 ～ 20 d 后，就会由于氧气供应不足而窒息死亡。这种死亡现象在麦田低洼处、黏土地和地下水位较高的情况下更容易发生。受害麦苗往往是全株腐烂。

5. 雪水造成掀茸死苗

早春土壤融冻后，土壤表层雪水较多，若遇强寒流袭击，气温下降，表层 2 ～ 3 cm 的土壤重新结冰，水结冰后，体积膨胀，土壤隆起，麦苗随着表土隆起，拔断根系，植株受损，容易死亡。土壤结构不良或黏土地和土壤板结，掀茸现象更容易发生。

6. 雪水冰涝和溃苗

新疆伊犁、塔城、阿勒泰等一些地区，冬季积雪多为 30 ～ 40 cm。有

些年份春季土壤尚未解冻，气温骤然升高，融雪强度大，雪水不能及时下渗，或排水不良，有积水淹苗现象。麦苗淹水 3 ~ 5 d，影响根系活力，生长发育不良。若淹水 6 ~ 7 d，往往造成麦苗窒息死亡。温度高，淹水死苗加快；低温阴天，死亡时间推迟。还有些年份，早春温度低，融雪时间长，土壤渍水，小麦产生僵苗现象，根系发育不良，呼吸功能减退，分蘖少，基部叶片黄化快，返青慢，长势弱，产量下降。

7. 雪多而引发雪腐病和学雪霉病

小麦的雪层覆盖时间长，开春晚，气温低，容易引发麦苗雪腐病和雪霉病等。雪腐病和雪霉病均是真菌病害。麦苗在氧气供应不足、水分过大的情况下容易受感染。感病后轻者生长势减弱，重者死亡。新疆博乐、塔城、伊犁有些地区和天山北麓乌伊公路沿线沙湾县、呼图壁县、152 团、105 团的黏土地上，尤其是冬前麦苗生长过旺的麦田，早春如果积雪厚，融化晚，土壤湿度大，3 月中、下旬再遇有低温多雨天气或有春雪的现象，雪腐病、雪霉病很容易发生，会造成小麦大面积死亡。在新疆有"春雪闹冬麦"的农谚。

（二）雪害的防御

"雪兆丰年"是好事，但要趋利避害。雪害产生的原因和情况不同，防御措施也应因地制宜，综合防御。

雪害发生严重的地区应调整小麦生产布局，将种冬麦改为种春麦。北疆天山北麓准噶尔盆地南缘广大地区，冬季雪层不稳定，过去冬小麦冻害死苗经常发生。将种冬麦改为种春麦并推广高产、稳产配套措施，已获得极大成功。雪害不严重地区应选用高产、优质和抗逆能力强的冬麦品种，冬前培育壮苗，提高抗寒能力。麦田应严格平整，防止融雪积水淹苗和溃苗现象。春季雪量过大的年份和地区应用人工和机械划破雪层，促进融雪。早春应加强麦田管理，合理运筹肥水，减少土壤干旱和盐碱等对小麦的危害。早春麦田一旦有雪腐病、雪霉病发生，应及时追返青肥和进行耙地松土，促使土壤跑墒，提高地温，以利于减轻病害，有利于小麦恢复生长，减少损失。若田间死苗较多，应酌情补种部分春小麦或改种其他作物。

第二节　小麦病虫草害症状产生及其防治方法

作物病、虫、草害是严重威胁农业生产的自然灾害。灾害会造成农作物减产和品质变劣。据统计，中国每年因病、虫、草害造成粮食损失 4 000万吨，占中国粮食总产量的 8.8%。全世界因病、虫、草害造成的粮食损失占粮食总产量的 1/3。小麦的病、虫、草害种类繁多，发生极为普遍。了解其发生规律和防治措施，在小麦乃至整个农业优质高产栽培与育种中，有着十分重要的意义。

一、小麦胞囊线虫病的防治方法

小麦胞囊线虫病对小麦危害很大，一般可使小麦减产 20% ～ 30%，发病严重的地块减产可达 70%，甚至绝收。建议农民朋友高度重视该病，发现病情后及时展开防治。

该病苗期的主要症状是地上部分植株矮化，叶片发黄，长势较弱，分蘖明显减少或不分蘖，类似缺肥状；地下部分根系有多而短的分叉，严重时丝结成团。麦苗受害后中下部叶片先发黄，而后由下向上发展，叶片逐渐干枯，最后整株死亡。

对当前发病较轻的田块，可每亩用 5% 神农丹 2 千克或 10% 灭线磷颗粒剂 3 千克拌细土 20 ～ 30 千克，顺垄沟撒施，施后及时浇水；也可用 50% 辛硫磷 1000 倍液灌根；还可用生根粉"恩益碧"喷施或灌根。对发病特别严重的田块，可及早改种春红薯、春玉米、春花生等。

二、小麦地下害虫的防治方法

近年来冬季气温偏高，小麦播种后快速出苗，为地下害虫提供了丰富的食料，对部分地区的小麦造成了不同程度的危害。防治小麦地下害虫应立足播种前药剂拌种和处理土壤，部分发生严重虫害的田块可以在春季采取毒饵法补治。

据了解，小麦地下害虫在各地每年都有发生，但危害不太严重。重发地区集中在徐州、宿迁、连云港、盐城北部等淮北麦区，尤其是旱茬麦田发生普遍而严重。淮北地区小麦地下害虫发生严重的原因，主要是前茬多为玉米、花生、甘薯等旱作物，食料丰富，有利于地下害虫发生和繁殖。

对小麦田产生危害的地下害虫主要是蝼蛄和蛴螬。多以幼虫和成虫咬食小麦种子造成不出苗，或咬食小麦幼苗造成植株死亡，严重的造成缺苗断垄。蝼蛄与蛴螬危害麦苗的症状有区别：蝼蛄常将麦苗嫩茎咬成乱麻状，断口不整齐；蛴螬常在麦苗根茎处将麦苗咬断，断口整齐。生产上可以根据小麦被害症状判断是受哪种地下害虫危害。

在播种前用药拌麦种和处理土壤是防治小麦地下害虫最有效的措施。拌种处理，可以用20%丁硫克百威乳油100～150毫升加水3～4千克拌麦种50千克，堆闷12～24小时后播种；或者用50%辛硫磷乳油100毫升加水2～3千克拌麦种50千克，堆闷2～3小时后播种；也可以用48%毒死蜱乳油10毫升加水1千克拌麦种10千克，堆闷3～5小时后播种。处理土壤，可以每亩用3%辛硫磷颗粒剂4千克或5%辛硫磷颗粒剂2千克拌毒土随播种沟撒施。

随着气温的降低，地下害虫逐渐进入越冬状态，危害逐渐减轻，地表气温降至5℃以下时就不再取食危害，因此冬季气温低时可以不用药防治。较低的气温也不利于药效发挥，用药反而增加种植成本。秋季小麦地下害虫发生严重的田块，可以到春季气温回升后，每亩用50%辛硫磷乳油20～50克加适量水稀释，拌入30～75千克碾碎炒香的米糠或麸皮中制成毒饵撒施防治。如果小麦苗期地下害虫危害严重，可以对重发田块用50%辛硫磷乳油或40%毒死蜱乳油1000～1500倍液喷粗雾防治，每亩喷药液40千克。

三、小麦霜霉病的发生与防治方法

（一）症状和苗期染病

霜霉病又称黄化萎缩病，我国小麦的一般发病率在10%～20%，严重的高达50%。通常在田间低洼处或水渠旁零星发生。该病在不同生育期出现的症状不同。

苗期染病时病苗萎缩，叶片淡绿或有轻微条纹状花叶。

（二）返青拔节后染病

叶色变浅，并出现黄白条形花纹，叶片变厚，皱缩扭曲，病株矮化，不能正常抽穗或穗从旗叶叶鞘旁拱出，弯曲成畸形龙头穗，染病较重的各级病株千粒重平均下降 75.2%。

（三）传播途径和发病条件

病菌以卵孢子在土壤内的病残体上越冬或越夏。卵孢子在水中经 5 年仍具发芽能力。一般休眠 5～6 个月后发芽，产生游动孢子，在有水或温度高时，萌芽后从幼芽侵入，成为系统性侵染。卵孢子发芽适温 19～20℃，孢子囊萌发适温 16～23℃，游动孢子发芽侵入适宜水温为 18～23℃。小麦播后出芽前麦田被水淹超过 24 小时，翌年 3 月又遇有春寒，气温偏低利于该病发生。地势低洼、稻麦轮作田也易发病。

（四）防治方法

（1）实行轮作。发病重的地区或田块，应与非禾谷类作物进行 1 年以上轮作。

（2）健全排灌系统区。严禁大水漫灌，雨后及时排水，防止湿气滞留，发现病株及时拔除。

（3）药剂拌种。播前每 50 千克小麦种子用 25% 甲霜灵可湿性粉剂 100～50 克（有效成分为 25～37.5 克）加水 3 千克拌种，晾干后播种。必要时在播种后喷洒 0.1% 硫酸铜溶液或 58% 甲霜灵；锰锌可湿性粉剂 800～1000 倍液、72% 克露（霜脲锰锌）可湿性粉剂 600～700 倍液、69% 安克；锰锌可湿性粉剂 900～1000 倍液、72.2% 霜霉威（普力克）水剂 800 倍液。

四、小麦吸浆虫的防治技术

小麦吸浆虫是一种毁灭性的害虫，对小麦的产量和质量影响非常大，它可使小麦常年减产 10%～20%，吸浆虫发生的年份可减产 40%～50%，严重者达 80%～90%。

小麦吸浆虫有麦红吸浆虫和麦黄吸浆虫两种，在我国基本上 1 年发生 1 代，成长的幼虫在土中结茧越夏越冬，来年春天由土壤深层向地面移动，然后化蛹羽化为红色或黄色的成虫，体形像蚊子，再飞到麦穗上产卵。害虫的发生大多数与小麦生长阶段相当，当小麦抽穗时，成虫羽化飞出，当小麦抽齐穗时，大部分的虫子都飞出来到麦穗上产卵，经过 4～5 天，卵化出小幼虫，幼虫钻到麦穗的麦粒上，用嘴刺破麦皮，吸食流出的浆液，造成麦子秕粒，导致减产。幼虫经过 15～20 天，便离开麦穗钻入土壤，一般在离地面 10 厘米左右的表土最多，随湿度的降低而钻入地下 20 厘米左右处过冬。

防治吸浆虫应采取以下措施：

选种优良品种抗虫。近年各地种植的威农 151、徐川 2111 等，都对吸浆虫具有较高的抗虫性。

采用农业生物措施防治。在吸浆虫发生严重的地区，由于害虫发生的密度较大，可通过调整作物布局，实行轮作倒茬，使吸浆虫失去寄主。也可实行土地连片深翻，把潜藏在土里的吸浆虫暴露在外，促其死亡，同时加强肥水管理，春灌是促进吸浆虫破茧上升的重要条件，要合理减少春灌，尽量不灌，实行水地旱灌。施足基肥，春季少施化肥，促使小麦生长发育整齐健壮，减少吸浆虫侵害的机会。

利用化学药剂防治。防治小麦吸浆虫以有机磷杀剂为主要防治手段，特别是在蛹盛期施药防治效果最好，可以直接杀死一部分蛹和上升的土表幼虫，同时抑制成虫。防治方法是以粉剂或乳剂制成毒土（或毒沙）撒施，即每亩用 3% 甲基—六零五粉剂 2 千克，均匀混合 20 千克细土配制成毒土，随配随用，均匀撒入麦田；也可每亩用 40% 甲基异柳磷乳剂 100～200 毫升，对水 2 千克，均匀喷在 20 千克干细土上，撒施麦田。

五、小麦黄叶枯死的原因与防治方法

（一）小麦出现黄化的原因

1. 小麦品种对缺钾敏感

虽然出现黄化的小麦品种比较多，但是仅有少数品种最先出现黄化和黄化面积扩大，可能是这些品种对缺钾比较敏感。

2. 早播徒长

一般在寒露前后，比往年提前 15 天左右播种的麦田，会出现黄化枯死的现象。因小麦的播期偏早，再加上雨水充足，就会出现徒长现象，然后就会黄化枯死。但是在同一块地补种的小麦，既没有出现徒长现象，也很少出现黄化现象。

3. 土壤缺钾严重

麦田里长时间不施农家肥和钾肥或施钾肥很少，如果连年来夏秋两季持续高产，会大大消耗地力，特别是土壤中的钾元素已经极度缺乏，急需补充，但是又没有及时地施补。

4. 冬播偏施氮肥

对氮肥的偏施会造成氮钾比例严重失调。因为钾肥比较昂贵，再加上其他因素的共同作用，所以从秋作物施肥开始，农民便有意无意地大幅度减少了钾肥的施用量。很多农民在氮肥已经施用充足后，又盲目地继续增加氮肥，用来弥补没有施用钾肥的不足，最终导致氮肥用量过剩而钾肥缺乏，造成氮钾比例严重失调，这样就使小麦大面积黄化枯死。调查发现，如果不偏施氮肥，只施用名优钾肥或者名优复合肥的小麦，无论播期早晚，不管哪个品种，都很少出现黄化症状。

（二）防治方法

（1）叶面喷肥。在黄化小麦和已出现黄化苗头的小麦的叶面上（除已经枯死的小麦外）喷施 0.3% 的磷酸二氢钾溶液，每隔 5～7 天喷 1 次，连喷 2～3 次。

（2）追施钾肥。在足墒的情况下，每亩麦田追优质钾肥 8～10 千克。需要特别注意的是，很多农民到现在都以为小麦黄化是因为缺氮，于是打算降雪后追施尿素，其实这样只会加重小麦黄化的程度。

（3）施钾补种。对于那些已经无法挽救的麦田，如果墒情允许，在每亩施优质钾肥 8～10 千克后，可以选择强春性品种重新播种，每亩播量 15～20 千克。在冬至前后播种，来年 1 月中下旬就能出苗，只要管理方法得当，来年的产量仍然比较乐观。

六、小麦条锈病的发生与防治方法

小麦锈病主要分为三种：条锈病、叶锈病和秆锈病。条锈病会对小麦产量造成严重的影响。因为小麦条锈病病菌不耐高温，所以不能在大部分地区越夏。条锈病病菌会在小麦收割时随夏季风被吹到高原寒凉地区越夏，当秋季小麦播种出土后，越夏的病菌又随气流传播回来，使早播的麦苗受到侵染，成为初侵染源。到 12 月上旬，平均气温降到 2℃时，条锈病病菌又在当地麦苗上越冬，来年 2 月下旬至 3 月上旬，越冬病菌就开始恢复生长。

　　因地制宜地种植抗病品种是防治小麦条锈病的基本措施。为了减轻小麦条锈病的发病程度，可以在小麦收获后及时翻耕灭茬，将自生麦苗消灭掉，这样就会减少越夏菌源。一般情况下，拌种后播种的小麦田发病程度较轻，如用立克秀或粉锈宁拌种后，小麦就很少发病。对于已经发生病的麦田，防治方法就是进行大田喷雾。如果早期发现有发病中心，一定要及时地集中进行防治，阻止蔓延趋势。当大田内病叶率达到 0.5% 时就应该立即进行防治，每亩麦田可用 12.5% 禾果利可湿性粉剂 30 ～ 35 克或 20% 粉锈宁乳油 45 ～ 60 毫升或选用其他三唑酮、烯唑醇类农药按照所要求的剂量进行喷雾防治，而且要及时地经常查漏补喷。对于那些重病的田块应该进行二次防治。

七、小麦黏虫害症状及防治方法

　　黏虫的幼虫在孵化后 3 龄前多集中在叶片上取食，可将小麦、玉米等的幼苗叶片吃光，最后只剩下叶脉。

（一）小麦黏虫形态特征

1. 成虫

　　黏虫的成虫一般为淡黄色或淡灰褐色，身体长 17 ～ 20 毫米，翅展 35 ～ 45 毫米，有 2 个淡黄色圆斑在前翅中央近前缘，外侧的圆斑比较大，在其下方有 1 个小白点，白点两侧各有 1 个小黑点。由翅尖向斜后方有 1 条暗色条纹。雄蛾的体型较小，体色较深，如果将其尾端挤压，可伸出 1 对鳃盖形的抱握器，抱握器顶端具 1 根长刺，这是黏虫区别于其他近似种的一个显著特征。雌蛾的腹部末端有一个尖形的产卵器。

2. 卵

　　黏虫的卵很小，初产时呈乳白色，表面有网状脊纹。黏虫在孵化前呈黄褐色至黑褐色。卵粒是单层排列成行的，但是排列得并不整齐，一般情况下夹在叶鞘缝内或枯叶卷内，如果是在水稻或谷子的叶片上产卵，就会在叶片的尖端卷成卵棒。

3. 幼虫

　　黏虫的幼虫体长可达 38 毫米，但是体色多变，如果发生量少，体色就较浅，发生量大，体色就浓黑。其头部中间沿蜕裂线有一个"八"字形黑褐色纹。

幼虫的体表有很多竖条纹，背中线为白色，边缘有细黑线，背中线两侧有 2 条红褐色竖条纹，近背面较宽，两竖线间均有灰白色竖行细纹。腹部为污黄色，腹足外侧有黑褐色斑。

4. 蛹

黏虫的蛹呈红褐色，体长 19 ～ 23 毫米，腹部第 5、第 6、第 7 节背面近前缘处有横列的马蹄形刻点，中间的刻点比较大而且密集，两侧的刻点比较稀疏，尾端有 1 根粗大的刺，在刺的两旁各生有 2 对短而弯的细刺，雌蛹生殖孔在腹部第 8 节，雄蛹生殖孔在腹部第 9 节。

（二）生活习性

黏虫的成虫一般会昼伏夜出，白天隐藏在枯叶丛、灌木林、草垛等地方。在夜间，黏虫有两次明显的活动高峰，第一次在 20：00 ～ 21：00 点，第二次则在黎明前。黏虫的成虫羽化后需要以花蜜来补充营养，在适宜的温度和湿度条件下才能正常发育产卵。花蜜的主要来源是桃、李、杏、苹果、油菜、刺槐、大葱、苜蓿等植物。成虫的飞翔能力强，有迁飞的习性，而且对黑光灯和糖、醋、酒有很强的趋性。

成虫趋向于在黄枯叶片上产卵，产卵时分泌的黏液将叶片卷成条状，然后将卵黏包住，这样不易被发现。每个卵块有 20 ～ 40 粒，呈条状或重叠状，多者高达 200 ～ 300 粒。

（三）发生规律

黏虫每年发生的世代在全国各地都不一样，如东北、内蒙古地区每年发生 2 ～ 3 代，华北中南部 3 ～ 4 代，江苏淮河流域 4 ～ 5 代，长江流域 5 ～ 6 代，华南 6 ～ 8 代。在海拔 1000 米左右的高原上 1 年发生 3 代，海拔 2000 米左右的高原上则发生 2 代，由于各省（区）地势不同，所以世代数也会有变化。越冬及虫源黏虫属于迁飞性害虫，其越冬的分界线限制在北纬 33°一带，如果再往北，任何虫态都不能越冬。在江西、浙江一带，黏虫的幼虫和蛹在绿肥田、田埂杂草、麦田表土下等处越冬。而在广东、福建南部，黏虫终年繁殖，没有越冬现象。所以，北方春季出现的大量黏虫的成虫都是由南方迁飞来的。黏虫的发生量和发生期受气候因素的影响很大，其中最主要的是温度和湿度的影响。当春夏黏虫向北迁飞扩散时，受气流冷暖交锋的影响，其为害程度也有所不同。总体来讲，黏虫在 0℃以下和 35℃以上都无法适应，各虫态最适应 10 ～ 25℃之间的温度，适宜的相对湿度在

85% 以上。所以说，黏虫怕高温和干旱，而喜好潮湿，高温低湿的环境是不利于成虫产卵、发育的。但是如果雨水多，湿度过大，也能控制黏虫的发生。

黏虫发生量最多的地方大多是多雨、密植、灌溉条件好、生长茂盛的水稻、小麦、谷子或荒草多的、玉米和高粱地。如果将小麦和玉米套种，会有利于黏虫转移为害，最后导致黏虫的发生量较重。

（四）防治方法

1. 农业防治

第一，在冬季和早春时结合积肥，将田埂、田边、沟边、塘边、地边的杂草彻底铲除，这样就可以消灭一部分在杂草中越冬的黏虫，以减少虫源。

第二，合理布局，实行同品种、同生产期的小麦连片栽种，不要用不同的品种进行"插花式"的栽培。

第三，在施肥方面，要做到合理用肥，基肥要施足，并且要及时追肥，避免对氮肥的偏施，防止小麦贪青迟熟。

第四，灌水要科学，做到浅水勤灌，不要深水漫灌，如若长期积水，可适时晒田，起到抑制黏虫为害、增加产量的作用。

2. 生物防治

黏虫的幼虫具有惊落假死性，可以在麦田中饲养鸭子，这样就可以有效地控制黏虫。

3. 物理防治

第一，采用黑光灯或频振式杀虫灯来诱杀成虫。

第二，由于成虫喜欢在枯黄老叶上产卵，可以在田间每 2 公顷设置 150 把草把，草把可以大一点，比作物稍稍高一点，隔 5 天左右将草把换 1 次，并将其集中起来烧毁，这样就可以灭杀虫卵。

第三，黏虫的成虫喜食花蜜、糖类及甜酸气味的发酵水浆，可以采用毒液来诱杀成虫，其药液配制的比例为糖：酒：醋：水 =1：1：3：10，再加上总量约 10% 的杀虫丹，可以喷在草把上或放在盆中诱杀成虫。

4. 药剂防治

用 20% 速毙 50 毫升或 600 ～ 1000 倍液，也可以是 24% 百虫光40 ～ 60 毫升，对 40 ～ 60 千克水，搅拌后进行均匀喷雾，最后 1 次用药在收割小麦前 10 天进行。

也可用以下药剂：40% 九条虫 1500～2000 倍液，25% 本能 1500 倍液，25% 杀虫双 200～250 倍液，20% 凯杀 1200～1600 倍液，90% 晶体美曲膦酯（敌百虫）1000 倍液，20% 氰戊菊酯 1000～1500 倍液，33% 水灭氯乳油 1200 倍液，48% 毒死蜱乳油 500 倍液，25% 快杀灵乳油 800 倍液，40% 灭虫清乳油 2000 倍液，20% 除虫脲 1200 倍液，50% 辛硫磷乳油 1000 倍液，0.3% 苦参碱水剂 100 倍液，20% 抑食肼可湿性粉剂 1000 倍液，25% 杀虫双 500 倍液，2.5% 溴氰菊酯乳油 4000 倍液，2.5% 氯氟氰菊酯乳油 1000 倍液均匀喷雾，在收割小麦前 15 天停药。

八、麦秆蝇虫害症状及防治方法

（一）麦秆蝇的为害症状

麦秆蝇的幼虫为害麦茎的基部，使小麦的心叶青枯，最后导致黄枯死亡，麦田里就会出现缺苗断垄的现象或造成毁种。

（二）形态特征

1. 成虫

麦秆蝇的雄成虫体长是 5～6 毫米，体色呈暗灰色，头呈银灰色，额头较窄，额头呈黑色。复眼为暗褐色，单眼三角区的前方间距窄，几乎相接，触角为黑色，胸部为灰色，腹部上下有些扁平，细瘦狭长，比胸部的颜色要深。麦秆蝇的翅膀为浅黄色，上有细的黄褐色脉纹，平衡棒为黄色，足为黑色。麦秆蝇的雌虫体长 5～6.5 毫米，体色为灰黄色，额头宽度与眼宽间距相等或较宽，复眼的间距较宽，大约是头的 1/3，胸部和腹部为灰色，没有雄虫的腹部粗大。

2. 卵

麦秆蝇产的卵为长椭圆形，长 1～1.2 毫米，腹面有点凹，背面凸起，一端较平，另一端则有点尖削，初为乳白色，后变成浅黄白色，有细小的竖纹。

3. 幼虫

麦秆蝇的幼虫体长为 6～6.5 毫米，有点像蛆，乳白色，成熟时稍微带点黄色，头很小，口钩为黑色，尾部像被截了断一样，有 7 对肉质突起，第 1 对在第 2 对的稍上方，第 6 对分叉。

4. 蛹

麦秆蝇的蛹呈纺锤形，长 5～6 毫米，宽 1.5～2 毫米。初为淡黄色，后变成黄褐色，两端稍微带点黑色，羽化前为黑褐色，稍微有点扁平，后端的圆形有突起。

（三）生活习性

麦秆蝇的成虫有趋光性、趋化性。

（四）发生规律

1. 发生世代

内蒙古等地方的春麦区麦秆蝇虫害每年发生 2 代，而冬麦区每年发生 3～4 代。

2. 越冬及虫源

幼虫成熟后在为害处、主根茎部、土缝中或杂草上越冬。

3. 发生因素

麦秆蝇产卵和幼虫孵化时需要在较高的湿度条件下进行。若小麦的茎秆柔软、叶片较宽或毛少，麦秆蝇的产卵率就高，危害重。

（五）防治方法

冬麦区在 3 月中下旬开始查虫，而春麦区在 5 月中旬，每隔 2～3 天在上午 10 点前后在麦苗顶端扫网 200 次，如果 200 网有虫 2～3 头，大约再过 15 天就是越冬的代成虫羽化旺盛期，这个时期是第 1 次药剂的防治期。如果冬麦区平均百网有虫 25 头，即需防治。

1. 农业防治

第一，选择小麦品种时，要因地制宜地选用适合当地的耐虫或早熟的品种。

第二，加强对栽培的管理，做到适期早播、合理密植。加强对水肥的管理，促使小麦能够整齐地生长。控制麦秆蝇的根本措施就是加快小麦前期的生长发育。

2. 药剂防治

第一，用 1.5 千克的 50% 辛硫磷乳油，兑上 2.5 千克的水，搅拌均匀后喷洒在 20 千克的干土上，制成毒土，撒施。

第二，成虫的发生期也可喷洒 36% 克螨蝴乳油 1000～1500 倍液或 50% 敌敌畏乳油 1000 倍液，喷兑好的药液 1125 升／公顷。

九、小麦白粉病

小麦白粉病是一种世界性病害。在中国，该病是最主要的小麦病害之一。1981 和 1989 年大范围流行，被害麦田一般减产 10%，严重地块减产 50% 以上。2003 年全国发生面积超过 660 万 hm²。

（一）病原

病原菌为禾本科布氏白粉菌，属担子菌亚门布氏白粉菌属。无性世代为串珠状粉孢菌。该菌是专性寄生菌小麦专化型，能形成不同的生理小种，毒性变异很快。

（二）发病规律

白粉病菌的分生孢子很容易萌发，对温、湿度敏感，在南方不易直接越夏，北方也难直接越冬。越冬方式有两种，一是以分生孢子形态越冬，二是以菌丝体潜伏在寄主组织内越冬。冬麦区春季发病菌源主要来自当地。春麦区菌源除来自当地外，还来自邻近发病早的地区。病菌靠分生孢子或子囊孢子借助气流传播到感病小麦叶片上进行侵染和再侵染。病菌在发育后期进行有性繁殖，在菌丛上形成闭囊壳。该病菌分生孢子阶段可以在夏季气温较低地区的自生麦苗上侵染繁殖，自生麦苗上产生的分生孢子侵染秋季麦苗，也可通过病残体上的闭囊壳在干燥和低温条件下越夏，秋季条件适宜时，闭囊壳放射出子囊孢子侵染秋苗。

该病发生的适温是 15～20℃，最低为 12℃。日光对孢子有一定的抑制作用。相对湿度 >70% 有可能造成病害流行。施氮过多，造成植株贪青、发病重；管理不当、水肥不足、土地干旱、植株生长衰弱、抗病力低、也易发生该病；密度大发病重；多雨地区，如雨日、雨量过多，会冲刷掉表面分生孢子，病害反而减缓。

（三）症状

该病在山东沿海、四川、贵州、云南发生普遍，为害也重。近年来，东北、华北、西北等地亦有日趋严重之势。该病可侵害小麦植株地上部各器官，但以叶片和叶鞘为主，发病重时颖壳和芒也可受害。发病时，叶面出现 1～2 mm 的白色霉点，后逐渐扩大为近圆形至椭圆形白色霉斑，霉斑表面有一层白粉。后期病部霉层变为灰白色至浅褐色，病斑上散生有针头大小的小黑点，即病原菌的闭囊壳。

（四）防治

种植抗病品种，并根据品种特性和地力合理密植。施用酵素菌沤制的堆肥或腐熟有机肥，采用配方施肥技术，适当增施 P、K 肥。南方要在雨后及时排水，防止湿气滞留。北方应适时浇水，使寄主增强抗病力。自生麦苗越夏地区，冬小麦秋播前要及时清除掉自生麦。

药剂防治可用三唑酮（粉锈宁）可湿性粉剂拌种，或喷施 20% 三唑酮乳油 1 000 倍液，也可喷施 40% 福星乳油 8 000 倍液。

根据田间情况采用杀虫杀菌剂混配，可达到关键期 1 次用药的效果。小麦生长中、后期，条锈病、白粉病、麦蚜混发时，每 667 m² 用粉锈宁有效成分 7g+ 抗蚜威有效成分 3g+ 磷酸二氢钾 150g；条锈病、白粉病、吸浆虫、黏虫混发区或田块，每 667 m² 用粉锈宁有效成分 78+40% 氧化乐果 2 000 倍液 + 磷酸二氢钾 150；赤霉病、白粉病、穗蚜混发区，每 667 m² 用多菌灵有效成分 40 g+ 粉锈宁有效成分 7 g+ 抗蚜威有效成分 3 g+ 磷酸二氢钾 150 g。

十、小麦赤霉病

小麦赤霉病又称麦穗枯、烂麦头、红麦头。从幼苗到抽穗都可受害。小麦赤霉病在国内为害普遍，但以淮河以南及长江中下游较为严重。小麦遭受赤霉病为害后，不仅使小麦产量下降，而且由于赤霉病菌所分泌的毒害，还可能造成人、畜中毒。

（一）病原

小麦赤霉病由多种镰刀菌引起。中国主要是玉蜀黍赤霉菌，为子囊菌亚门赤霉菌属。其无性世代为禾谷镰刀菌。此外，燕麦镰刀菌、黄色镰刀菌、串珠镰刀菌、锐顶镰刀菌等也能引起麦类赤霉病。

（二）发病规律

中国中、南部稻麦两作区，病菌除在病残体上越夏外，还在水稻、玉米、棉花等多种作物病残体中腐生生活越冬。翌年在这些病残体上形成的子囊壳成为主要侵染源。子囊孢子成熟时，正值小麦扬花期，借气流、风雨传播，溅落在花器凋萎的花药上萌发，然后侵染小穗，几天后产生大量粉红色霉层（病菌分生孢子）。在开花至盛花期侵染率最高。穗腐形成的分生孢子对本田再侵染作用不大，但对邻近晚麦侵染作用较大。该菌还能以菌丝体在病种子内越夏和越冬。在中国北部、东北部麦区，病菌能在麦株残体、带病种子和其他植物（如稗草、玉米、大豆、红蓼等）残体上以菌丝体或子囊壳越冬。在北部冬麦区则以菌丝体在小麦、玉米穗轴上越夏、越冬，次年条件适宜时产生子囊壳，放射出子囊孢子进行侵染。赤霉病主要通过风雨传播。在降雨或空气潮湿的情况下，子囊孢子成熟并散落在花药上，经花丝侵染小穗发病。迟熟、颖壳较厚、不耐肥品种发病较重；田间病残体菌量大发病重；地势低洼，排水不良，黏重土壤，偏施氮肥，田间郁闭发病重。

（三）症状

小麦赤霉病主要引起苗枯、穗腐、茎基腐、秆腐和穗腐，其中影响最严重的是穗腐。

（1）苗腐是由种子带菌或土壤中病残体侵染所致。先是芽变褐，然后根冠腐烂，轻者病苗黄瘦，重者死亡。湿度大时枯死苗产生粉红色霉状物。

（2）穗腐从小麦抽穗至扬花开始发病，一般以乳熟期发病最盛。发病初期，先在小穗和颖片上产生水渍状浅褐色斑，渐扩大至整个小穗，小穗枯黄。湿度大时，病斑处产生粉红色胶状霉层。后期产生密集的蓝黑色小颗粒。用手触摸，有突起感觉，不能抹去，籽粒干瘪并伴有白色至粉红色霉。小穗发病后扩展至穗轴，病部枯竭，使被害部以上小穗形成枯白穗。

（3）茎基腐自幼苗出土至成熟均可发生。麦株基部组织受害后变褐腐烂，直至全部枯死。

（4）秆腐多发生在穗下1、2节。初在叶鞘上出现水渍状褪绿斑，后扩展为淡褐色至红褐色不规则形斑或向茎内扩展。病情严重时，造成病部以上枯黄，有时不能抽穗或抽出枯黄穗。气候潮湿时病部可见粉红色霉层。

（四）防治

选用抗（耐）病品种。合理排、灌，湿地要开沟排水。收获后要深耕灭茬，减少菌源。适时播种，避开扬花期降雨。提倡施用酵素菌沤制的堆肥，采用配方施肥技术，合时施肥，忌偏施氮肥，提高植株抗病力。播种前进行石灰水浸种。

药剂防治时可用增产菌拌种，也可用药剂喷雾，防治重点是在小麦扬花期预防穗腐发生。在始花期喷洒多菌灵可湿性粉剂、防霉宝可湿性粉剂、505甲基硫菌灵可湿性粉剂、605甲霉灵可湿性粉剂，隔5～7 d防治1次。

十一、小麦全蚀病

小麦全蚀病是一种根部病害，又称小麦立枯病、黑脚病，是一种毁灭性病害，可造成严重的产量损失。

（一）病原

病原菌为禾顶囊壳菌，属子囊菌亚门顶囊壳属，存在不同的变种。在小麦上的变种称为小麦全蚀病。自然条件下仅产生有性态。

（二）发病规律

小麦全蚀病菌是一种土壤寄居菌。该菌主要以菌丝遗留在土壤中的病残体或混有病残体未腐熟的粪肥及混有病残体的种子上越冬、越夏，成为后茬小麦的主要侵染源。引种混有病残体的种子是无病区发病的主要原因。冬麦区种子萌发不久，越夏病菌菌丝体就可侵害种根，并在变黑的种根内越冬。翌春小麦返青，菌丝体也随温度升高而加快生长，向上扩展至分蘖节和茎基部，拔节至抽穗期，可侵染至第 1～2 节，由于茎基受害，病株陆续死亡。在春小麦区，种子萌发后在病残体上越冬菌丝侵染幼根，渐向上扩展侵染分蘖节和茎基部，最后引起植株死亡。小麦全蚀病菌发育温度 3～35℃，适宜温度 19～24℃，10 min 内的 52～54℃（温热）为致死温度。土壤性状和耕作管理条件对全蚀病影响较大。一般土质疏松、肥力低、碱性土壤发病较重。土壤潮湿有利于病害发生和扩展，水浇地、较旱地发病重。与非寄主作物轮作或水旱轮作，发病较轻。根系发达品种抗病较强，增施腐熟有机肥可减轻发病。冬小麦播种过早发病重。

（三）症状

不同生育时期有不同表现：

（1）苗期病株矮小，下部黄叶多，拔病株可见种子根和地中茎变成灰黑色，严重时造成麦苗连片枯死。

（2）拔节期冬麦病苗返青迟缓、分蘖少。病株根部大部分变黑，在茎基部及叶鞘内侧出现较明显灰黑色菌丝层。

（3）抽穗后田间病株成簇或点片状发生早枯白穗，病根变黑，易于拔起。在茎基部表面及叶鞘内布满紧密交织的黑褐色菌丝层，呈"黑脚"状，后颜色加深呈黑膏药状，上密布黑褐色颗粒状子囊壳。

该病与小麦其他根腐型病害区别在于种子根和次生根变黑腐败，茎基部生有黑膏药状的菌丝体。

（四）防治

禁止从病区引种，防止病害蔓延。对疑似带病的种子用 51 ～ 54℃温水浸 10 min 或用托布津药液浸种。实行稻麦轮作或与其他经济作物轮作，种植耐病品种，增施腐熟有机肥，提倡施用酵素菌沤制的堆肥。

药剂防治，用立克秀或三唑醇拌种。小麦播种后 20 ～ 30 d，用三唑酮（粉锈宁）可湿性粉剂顺垄喷洒，翌年返青期再喷 1 次，可有效控制全蚀病为害，并可兼治白粉病和锈病。在小麦全蚀病、根腐病、纹枯病、黑穗病与地下害虫混合发生的地区或田块，可选用 40% 甲基异柳磷乳油 50 mL 或 50% 辛硫磷乳油 100 mL+20% 三唑酮（粉锈宁）乳油 50 mL 后，对水 2 ～ 3 kg，拌麦种 50 kg，拌后堆闷 2 ～ 3 h，然后播种。小麦白粉病、根腐病、地下害虫及田鼠混合发生的地区或田块，用 75% 的 3911 乳油 150 mL+20% 三唑酮（粉锈宁）乳油 20 mL，对水 2 ～ 3 kg，拌麦种 50 kg。

十二、小麦病毒病

小麦病毒病有黄矮病、丛矮病、土传花叶病、黄花叶病、梭条花叶病和条文花叶病。以下以小麦丛矮病为例。

小麦丛矮病是西北和华北一种常发性病害。产量损失程度与发病的早晚有关，感病越早损失越大。

（一）病原

病原物为北方禾谷花叶病毒，属弹状病毒组。传毒媒介是灰飞虱。丛矮病潜育期因温度不同而异，一般 6 ～ 20d。

（二）发病规律

灰飞虱 1 ～ 2 龄若虫易得毒，而成虫传毒能力最强。一旦获毒可终生带毒，但不经卵传毒。病毒随带毒若虫体内越冬。冬麦区秋季，灰飞虱从带病毒的越夏寄主上大量迁飞至麦田为害，造成早播秋苗发病。带毒若虫在杂草根际或土缝中越冬，是翌年毒源。小麦成熟后，灰飞虱迁飞至自生麦苗、水稻等禾本科植物上越夏。小麦、大麦等是病毒的主要越冬寄主。套作麦田有利于灰飞虱迁飞繁殖，发病重；冬麦早播病重；邻近草坡、杂草丛生麦田病重；夏、秋多雨和冬暖春寒年份发病重。

（三）症状

染病植株上部叶片有黄绿相间条纹，分蘖增多，植株矮缩，呈丛矮状。冬小麦播后 20 d 即可显症。最初症状是心叶有黄白色相间断续的虚线条，后发展为不均匀黄绿条纹，分蘖明显增多。冬前染病株大部分不能越冬而死亡。轻病株返青后分蘖继续增多，生长细弱，叶部仍有黄绿相间条纹，病株矮化，一般不能拔节和抽穗。冬前未显症和早春感病的植株在返青期和拔节期陆续显症，心叶有条纹，与冬前显症病株比，叶色较浓绿，茎秆稍粗壮，拔节后染病植株只有上部叶片显条纹，能抽穗的籽粒秕瘦。

（四）防治

清除杂草、消灭毒源。合理安排套作，避免与禾本科植物套作。精耕细作、消灭灰飞虱生存环境，以压低毒源和虫源。麦田灌冬水保苗，减少灰飞虱越冬。小麦返青期早施肥水，提高成穗率，可减轻病害或减少损失。

在治虫防上应采取秋防为主、春防为辅的策略。药剂防治可用甲拌磷拌种，也可喷药保护，压低虫源。出苗后及返青盛期，可选用乐果乳油、扑虱灵可湿性粉剂进行全田及田边喷洒。

十三、小麦黄矮病

（一）病原

黄矮病毒属大麦黄矮病毒，分为 DAV、GAV、GDV、RMV 等株系。经麦二叉蚜、禾谷缢管蚜、麦长管蚜、麦无网长管蚜及玉米缢管蚜等进行持久性传毒，不能由种子、土壤、汁液传播。

（二）发病规律

16 ～ 20℃，病毒潜育期为 15 ～ 20 d。温度低，潜育期长，25℃以上隐症，30℃以上不显症。冬麦区冬前感病小麦是翌年发病中心。返青拔节期出现 1 次高峰，发病中心的病毒随麦蚜扩散而蔓延，到抽穗期出现第二次发病高峰。收获后，有翅蚜迁飞至糜子、谷子、高粱及禾本科杂草等植物越夏。秋播出苗后迁回麦田传毒并以有翅成蚜、无翅若蚜在麦苗基部越冬，有些地区也产卵越冬。冬、春麦混种区 5 月上旬在冬麦上的有翅蚜向春麦迁飞。晚熟麦、糜子和自生麦苗是麦蚜及病毒越夏场所，冬麦出苗后飞回传毒。

春麦区的虫源、毒源有可能来自部分冬麦区，成为春麦区初侵染源。

（三）症状

主要表现叶片黄化、植株矮化。叶片典型症状是新叶从叶尖渐向叶基扩展变黄，黄化部分占全叶的 1/3～1/2，叶基仍为绿色，且保持较长时间，有时出现与叶脉平行但不受叶脉限制的黄、绿相间条纹。病叶较光滑。发病早植株矮化严重，但因品种而异。冬麦发病不显症，越冬期间不耐低温易冻死，能存活的翌春分蘖减少，病株严重矮化，不抽穗或抽穗很小。拔节孕穗期发病植株稍矮，根系发育不良。抽穗期发病仅旗叶发黄，植株矮化不明显，能抽穗，但粒重降低。20 世纪 70 年代，河北省廊坊市大面积流行，受害面积达 7.5 万 hm²，占麦田面积的 10%。

（四）防治

选用抗、耐病品种。治蚜防病，可用灭蚜松或乐果乳剂拌种；也可用乐果乳油、灭蚜松乳油、功夫菊酯或敌杀死、氯氰菊酯乳油喷施；还可用乐果乳剂拌细土撒在麦苗基叶上。加强栽培管理，及时消灭田间及附近杂草。地膜覆盖的冬小麦，防病效果明显。

十四、小麦黑穗病

包括散黑穗、腥黑穗、矮腥黑穗病 3 种。

（一）病原

小麦黑穗病均属担子菌亚门真菌。散黑穗病原物为散黑粉菌，黑粉菌属。腥黑穗病原菌有 2 种，一种是小麦网腥黑粉菌，另一种是小麦光腥黑粉菌。

（二）发病规律

散黑穗病是花器侵染病害，一年只侵染 1 次。带菌种子是病害传播的唯一途径。病菌以菌丝潜伏在种子胚内，外表不显症。当带菌种子萌发时，潜伏的菌丝也开始萌发，随小麦生长发育经生长点向上发展，侵入穗原基，孕穗时，菌丝体迅速发展，使麦穗变为黑粉。厚垣孢子随风落在扬花期的健穗上，落在湿润的柱头上萌发，在珠被未硬化前进入胚珠，潜伏其中，种子成熟时，菌丝胞膜略加厚，在其中休眠，当年不表现症状，次年发病，并侵入第二年的种子潜伏，完成侵染循环。小麦扬花期空气湿度大，常阴雨天利于孢子萌发侵入，形成病种子多，翌年发病重。

腥黑穗病菌以厚垣孢子附在种子外表或混入粪肥、土壤中越冬或越夏。

当种子发芽时，厚垣孢子也随即萌发，从芽鞘侵入麦苗并到达生长点，后以菌丝体随小麦而发育，到孕穗期，侵入子房，破坏花器，抽穗时在麦粒内形成菌瘿即病原菌的厚垣孢子。一般播种较深，不利于麦苗出土，增加病菌侵染机会，病害加重发生。

矮腥黑穗病属幼苗侵染土传病害，种子虽可带菌但不是主要来源。冬孢子在土壤中存活时间较长，对不同类型土壤和气候条件有广适性，一旦传入很难根治。冬孢子须在低温和有光条件下才能萌发，低温是促萌发的必要条件。

（三）症状

散黑穗病主要在穗部发病，病穗比健穗较早抽出。最初病小穗外面包一层灰色薄膜，成熟后破裂，散出黑粉（病菌的厚垣孢子），通过风传至健株花器侵染发病，黑粉吹散后，只残留裸露的穗轴。病穗上的小穗全部被毁或部分被毁。散黑穗病菌偶尔也侵害叶片和茎秆，在其上长出条状黑色孢子堆。腥黑穗病主要表现在穗部，一般病株较矮，分蘖较多，病穗稍短直，颜色较深，初为灰绿，后为灰黄。颖壳麦芒外张，露出部分病粒（菌瘿），内有黑色粉末（冬孢子），菌瘿中含有鱼腥气味的三甲胺，故称腥黑穗病。矮腥黑穗病与普通腥黑穗病比较，特点是病株矮、分蘖多、穗形紧。

（四）防治

综合措施如下：

（1）选用抗病品种，建立无病种子田。

（2）提倡施用酵素菌沤制的堆肥或施用腐熟的有机肥。

（3）散黑穗种子处理分为温水浸种和石灰水浸种。

①变温浸种。先将麦种用冷水预浸 4～6 h，捞出后用 52℃～55℃温水浸 1～2 min，再捞出放入 56℃温水中，使水温降至 55℃浸 5 min，随即迅速捞出经冷水冷却后晾干播种。

②恒温浸种。把麦种置于 50℃～55℃热水中，立刻搅拌，使水温迅速稳定至 45℃，浸 3h 后捞出，移入冷水中冷却，晾干后播种。

③石灰水浸种。用优质生石灰 0.5 kg，溶在 50 kg 水中，滤去渣滓后静浸选好的麦种 30 kg，要求水面高出种子 10～15 cm，种子厚度不超过 66 cm，气温 20℃时浸 3～5 d，气温 25℃时浸 2～3 d，30℃时浸 1 d。浸种以后不再用清水洗，摊晾干后即可播种。

（4）药剂拌种。萎锈灵可湿性粉剂、三唑酮乳油、拌种双可湿性粉剂、多菌灵可湿性粉剂拌种。

（5）腥黑穗农业防治。春麦不宜播种过早，冬麦不宜播太迟。播种不宜过深。

第三节　小麦机械化生产管理研究

一、机械化耕作

大规模机械化土壤耕作是运用大型农机具对土壤进行耕翻、松土、碎土及平地等作业，创造适合小麦生长的良好土壤环境。其核心是调节不同土层的容量，借以调控土壤中水、肥、气、热的变化，影响微生物区系的活动，形成有利于小麦生长发育的耕层。机械化耕作制度的形成和发展是农业技术的改进和农机具发展共同作用的结果，它们相互制约和相互促进，并与轮作制度、施肥制度、植物保护制度及栽培技术等密切相关。

（一）主要垦区的机械化耕作

1. 黑龙江垦区机械化耕作

（1）耕翻耕作。中华人民共和国成立前主要采用人畜力作业的耕作法。成立机械化农场后，相继引入农机具。当时以种植小麦为主，无一定的轮作制度，逐渐发展为小麦→大豆或小麦→杂粮→大豆为主的轮作方式。前作收获后，用铧式犁进行秋翻或翌年春翻；耕翻深度一般为 18～25 cm，再经双列耙或灭茬耙整地；耢平后用24行或48行播种机窄行平播小麦，形成以小麦为主，连年耕翻，耙耢整地，平播密植的轮作、排作、栽培技术。铧式犁排翻是全耕层的翻转。可以疏松整个耕层土壤，促进开垦荒地的熟化，加速养分的分解释放，切断多年生深根性杂草根系，翻压表层土壤的草籽和残茬，对小麦生产起了重要作用，现在仍是一种重要的耕作方法。但是长期使用铧式犁进行连年同一深度的耕翻，会使土壤的团粒结构遭到破坏，耕性变劣，形成犁底层：土壤有机质含量减少，肥力下降。据黑龙江省九三农垦局调查，开荒4年后，有机质略有下降，为荒地土壤的97.3%，全氮及水解氮均有所增加，分别为荒地含量的115.6%和115.4%；开垦10年以后，土壤肥力下降较快，分别为荒地含量的82.6%、91.1%和83.6%；开垦20年的土地，由于连年耕翻，有机质每年下降0.163%～0.194%。由于耕翻土地导致地表裸露和土层疏松，加剧了风蚀和冲刷，每年损失表层土达1 cm；如果耙耢不及时，土壤水分迅速逸失，就会使春季旱情明显加重。长期连年耕翻，由于犁床及犁铲的磨压，在耕层下形成5～15cm厚的坚硬犁底层，土壤板结密实，容重可达1.4～1.6 g/cm，逐渐使耕层厚度减少，造成库容量减少，并且严重阻碍了水、气的上下交换，表层土壤水分过多时下渗极慢，犁底层的下渗速率仅为耕层的0.1%，甚至形成潜水层。干旱时犁底下层水分不能上升供给小麦需要，成为易旱易涝的土壤。根系穿透犁底层困难，分布范围缩小，根系活力减弱，致使植株生长发育不良，产量降低。

（2）耙茬耕作。前作收获后，不经耕翻，用双列耙或灭茬耙直接整地播种。20世纪50年代中期，在黑龙江垦区西部首先观察到此种耕法使8～10 cm的表层土壤疏松，下层较为紧实，有利蓄墒，减轻风蚀。耕翻的土壤容重为0.8～0.9 g/cm^2，而耙茬的土壤容重为1.1～1.2 g/cm^{2}是小麦生长发育比较适合的范围。由于不进行耕翻，前茬土壤中的水分不致大量散失，表层疏松，又能覆盖，减少了蒸发。耙茬地土粒密集面含水量较高，导热性能较强，热容量较大，30～40 cm土层的温度比耕翻地高0.2～1.6 cm；0～20 cm土层内耙茬地的微生物增多，呼吸强度成倍增长，表明转化为有效养分较快，表层土壤养分富集和水分较多，利于小麦生长发育。耙茬地小麦出苗、拔节早1～2天，抽穗提前1～3天，早熟2～5天。经3年调查，耙茬地小麦平均保苗率比耕翻地高8.8%，成穗率高20.3%。黑龙江省九三农场管理局科研所经过12年试验，前作大豆耙茬后播小麦比耕翻后播小麦增产10.5%，千粒重增加0.66g；在玉米茬上耙茬播小麦比耕翻地增产9.6%～11.9%。耙茬能提高作业效率，减少油料消耗，降低成本。但在小麦生长发育后期易脱肥，需要增加肥料用量；表土草籽未翻入土中深层，使杂草较多，要加强化学除莠。这种耕作法在黑龙江景区东部推广，有相同的效果，但低洼地不宜应用。

（3）深松耕作。耙茬能克服连年耕翻带来的一些缺点，但不能解决犁底层的问题。为了打破犁底层和加深耕层，人们创造了多种类型的深松耕方法。

①浅翻深松。在铧式犁架上固定深松凿形杆齿，犁铧翻地与杆齿深松同时进行。由于阻力增大，必须减少铧数，卸去大铧，装深松铲深松，保留小铧进行浅翻，实行浅翻深松。

②用深松机深松。在铧式犁架或耕作机架上装深松杆齿全面深松，深松前后要耙地碎土。

③用深松耕耙机联合作业。

④中耕作物的垄沟深松或垄底深松。

上述这些耕法的目的都是穿透犁底层或白浆土的白浆层等障碍土层，加深和活化耕层土壤。克山农场测定，一次降雨 20.5 mm，麦茬深松比平翻每亩多蓄雨水 476 kg，在冬季结冻期间，随着冻层逐渐加深，深层水分向上移动，30 cm 土壤的含水量比平翻地增加 10% 左右。春季土壤含水率四年平均，深松比平翻高 2%，增加幅度为 1% ～ 4%。

（4）少翻深松耙茬耕作。深松解决了犁底层及白浆层的弊端，若连年深松又存在土壤过松、有机质矿化过快、风蚀冲刷较重、早年水分丢失较多的缺点。随着农业技术的不断提高，适应农艺措施的农机具不断创新与引进，通过总结我国东北传统垄作经验和吸取国外免耕法的优点，逐渐形成一套适应轮作制度，用地养地相结合，深浅交替、虚实并存的少翻、深松、耙茬耕作。在具体运用这种耕作制度时，根据自然条件和生产条件的差异有所不同。

随着轮作、耕作制的改革，特别是由连年耕翻改为少翻、深松、耙茬，小麦等作物产量不断提高。

少翻深松耙茬耕法综合了耕翻、深松和耙茬的优点，克服了各自的缺点。由于深浅交替耕作，全耕层土壤达到比较合适的容重，有利于蓄水保墒，秋雨春用，春旱早防；有利于提高地温，促进早熟，诱草萌发，便于消灭；有利于减轻风蚀水刷，打破犁底层，加厚耕层，改善水、肥、气、热条件，扩大根系吸收范围，增强根系活力，明显提高产量，还有利于减少能源消耗，提高工效，降低直接成本。

2. 新疆垦区的机械化耕作

新疆垦区仍采用铧式犁耕翻为主。因每年连续多次灌溉后，土壤紧密板实，土壤容重常在 1.3 ~ 1.4 g/cm² 以上，渗透性差，只有耕翻整地后才能有效地调整土壤、水、肥、气、热的状况，确保灌深灌透；新疆盐碱地普遍，必须采取深翻曝晒，提高灌溉洗盐的效果。北疆地区有部分轮休地，要靠深翻来熟化土壤，恢复地力。少翻深松耕法仍在实验阶段。新疆雨量稀少，蒸发量大，必须耕灌结合，严格实行深翻、耙地、灌溉、整地、平地、播种、镇压密切衔接。冬小麦区采取一耕一耙，耕翻后灌水，灌后只进行耙地作业，不再耕翻，防止跑墒和耕层不实。在盐碱严重的哈密市红星二场则采取两耕两灌，即伏秋耕晒碱，灌水洗盐，为了防止灌后地面板结返盐，须合墒再耕一次，进行冬灌，整地蓄墒，等待春播。新疆种植小麦必须灌溉，故特别强调平地，一般用刨式平地机或重型平土机对角平地两遍。

（二）翻、耕、整地的技术要求

1. 根据实际情况确定翻、耕深度

一般浅翻 16 ~ 20 cm，深翻 25 ~ 28 cm，深松 28 ~ 36 cm。

2. 整地

耙地或旋耕深度达 10 ~ 20 cm，无明暗坷垃，土壤细碎，松紧适度，无地裂及地表板结。耕翻的地整地后，地表无作物及杂草的残茬茎叶。

3. 平地

自流灌溉地块内高低差不超过 5 ~ 8 cm，旱地及喷灌地微地形高度差不超过 10cm，无拖堆、刮坑现象，地块平坦整齐。

4. 保墒

根据不同土质，掌握适宜的土壤含水率进行耕作整地，不湿耕湿整，不干耕干整，掌握翻、耕、整、平地的方法。时间及间隔应以播种时表层干土不超过 2 cm，0 ~ 20 cm 耕层土壤含水率为 18% ~ 30% 为宜。

二、机械化播种

机械化栽培小麦大多采用窄行密植播种，相对来说，田间管理作业比中耕作物和水稻等要少，故播种更显重要。小麦插种质量的好坏与苗全、苗齐、苗匀、苗壮有密切关系，对产量影响很大。

（一）种子准备

1.对种子质量的要求

用于播种的小麦种子必须是通过审定推广的小麦品种，或经当地大面积试种表现优良的品种的种子、无检疫性病虫害及杂草种子，如带有非检疫性的恶性杂草的种子，不允许在未感染区播种；发芽势强，发芽率高，85%以下发芽率的种子不应采用；纯度达98%以上；净度达97%以上。凡有机、无机杂质超过3%以上的种子应重新清选；均匀度好，保证田间出苗和幼苗整齐。

2.种子精选

根据种子与混杂物的形状、大小、密度、表面结构、临界速度等物理特性不同，采用多种不同选种方法进行联合作业。用具有不同筛孔形状与孔径的筛板进行筛选；用不同直径的窝眼进行分选；用不同风量和吹向、正负压气流进行风选和吸尘；利用气流使种子浮动和筛面有规律的振动形成的比重选。过去对种子只是用清选机进行一次选种，现在对自花传粉作物的小麦也要求逐步按"四化一供"要求经精选后有计划地统一供种。黑龙江和新疆垦区已建立一批种子加工厂对种子进行精细加工，从种子田收获的种子直接或在播种前运到种子加工厂进行精选。按种子大小分级、拌药杀菌防虫、定量装袋一次完成，是促进统一供种的重要保证。种子加工厂精选的种子质量好，有的还有加热干燥设备，可解决或减少麦收季节多雨高湿的影响。在尚未建成种子加工厂的单位，将不同选种方式的选种机联合组成种子加工的流水作业线，或将不同选种方法的部件组成复式精选种子的专用车辆，流动到生产队选种，这是近期进行高质量种子精选切实可行和有效的方法。

种子精选有明显的生产效果和经济效益。八五三农场进行不同选种方法精选种子，包括用种子加工厂精选的复式选种机与重力选种机组成的加工流水线选的、单机分别清选的和清粮机选的种子，与用扬场机出风的种子原样对比，经种子加工厂精选的种子可提高千粒重3～5 g，净度提高5%～7%，发芽率提高4%～5%，产量提高4%～14%。

3.种子处理

种子处理指在播种前用药剂、肥料、生长调节剂、生物制剂或化学物质附着于种子表面或吸入种子内部，或用日光、温度等物理因素直接作用于种子。种子处理一般能提高发芽率和产量，但也因使用药剂、肥料的种类不同而各有特点，有的可防治病虫害，如用多菌灵、福美双、辛硫磷等防治根腐病、散黑穗病、腥黑穗病及蝼蛄、金针虫等；有的可减轻灾害，如用氯化钙闷种可减轻后期干热风的危害，矮壮素拌种可防止倒伏；有的能补充缺素，如种子拌硼可减少缺硼土壤导致的小麦不孕；有的种子处理可兼有几种作用。这是一项用药少、肥量少、作业集中、方法简便、费用低廉、效果明显的增产措施。由于单位面积用种量少，能附着或吸入种子的药量不多。超量又会产生药害，故不可能通过种子处理，拌过多种类的药、肥，企图达到全部目的，应根据主要目标，选择少数药、肥单独或混合处理。大规模生产中用种量大，有的种子处理措施，如温汤浸种很难实行。

种子处理的农业技术要求是，使用农药、肥料种类正确，用量合理，混拌均匀，方法对路，应根据生产上存在的问题有的放矢地选用药品、肥料，如防黑穗病要用内吸剂，防根腐病要用表面杀菌剂，防多种病害可用广谱杀菌剂，也可使用两种药剂或药、肥混拌。一般情况下，拌种的药、肥用量为种子重量的 0.3%，两种以上药、肥混拌时合计用量为 0.4%，但有些药品影响发芽率，应按要求减少用量。药剂要均匀附着在种子表面，特别要注意腹沟及顶端刷毛处要有药；闷种要使每粒种子均匀吸附药液。种子处理方法有干拌、湿拌、闷种、浸种等，根据使用目的和药、肥种类而定，有的还有特殊注意事项，如"辛硫磷"拌种要防止光解，使用根际固氮菌要避免阳光直射。

4. 做好发芽试验

一个播种 15 万亩小麦的中型农场，每年需用小麦种子 300 万千克左右。如果发芽率误差 1%，播种量就将差 3 万千克，必将影响田间出苗率、发芽率和发芽势的高低，还将影响出苗的快慢与壮弱，因此，发芽试验结果必须准确无误。中小型农场最好集中进行种子发芽试验，可避免因条件的差异影响准确性，有利于提高技术和节约能源、设备。发芽试验的种子必须是经过精选准备播种用的种子。种子取样要有代表性，这是保证发芽试验准确的前提。要从每个储藏麦种的库房、囤茓、麻袋的不同部位取样混合，一个囤茓或库房的同类种子为一个发芽试验单位。冬季由于室外或种子库贮藏温度低，取样后必须先放在室内预温。发芽试验的项目包括清洁率、千粒重、发芽势、发芽率，同时应检查有无病虫害和杂草种子。由于种子有后熟作用和休眠期，决定播种量的发芽试验要在收获后至少两个月才开始进行。先后做 3 次试验，以最后一次为准，但应参考前两次实验的结果。每次试验每个样本必须有 4 次重复，重复间发芽率相差超过 3% 以上时必须重做。样品要保存到本批试验做完核对无误才能处理，最后一次试验样品应保存到田间出苗后。进行试验时，要控制温度、水分条件一致。发芽试验所用的拌种药物，应与实际播种时的药物种类及用量一致。发芽种床可用沙、土、纱布、脱脂棉、滤纸等。对进行试验的室内、发芽器皿及苗床，都要消毒，防止霉菌感染。

（二）田间播种

1. 播种的农业技术要求及质量标准

（1）播行笔直。用 50 m 测绳与播种行重合比较，同一行的最大偏差不超过 15 cm。

（2）行距相等。除田间技术设计留有链条轨道便于后期作业外，行间误差不得超过 0.5 cm；每台播种机的间隔误差不得超过 2 cm。

（3）不重不漏往复衔接的行距误差不超过 2.5 cm。

（4）地头整齐，地块两头要有明显的双线起落线。三台播种机联结作业时，地头转弯带宽度至少有两个往复播幅宽。最后要播满全地块。

（5）播量准确。做到排种口、排肥口的单口流量及整机播量试验，误差不超过 1%。在田间要做好实播测定，实际播种量与计划播种量误差不超过 1%。

（6）播种均匀。每米实际落粒数的多少误差不超过 2 粒。

（7）深浅一致。镇压后，小麦种子覆土深度为 3～4 cm，深浅误差不超过 0.5cm。

（8）覆土严密地面不露籽。

（9）及时镇压。墒情合适时，播种机后应带镇压器，随播随压，或播后即压。春播化冻较深时，表层土壤过松，要在播前镇压或播后压两次，还可增加苗后镇压。

2. 播种的田间作业

一切田间的农业技术措施和质量标准都是通过田间作业来实现的，必须认真执行作业要求，达到作业标准。

（1）播行笔直。在播种以前，按地号长短插 3 根以上标杆，作为播种时第一趟行车标志，标杆要成一直线。正确联结播种机，中间一台的中心要与拖拉机中心在同一直线上。随时检查各开沟器的距离，与规定行距误差不得超过 0.5 cm。

（2）调准划印器。划印器长度是指播种机最边上一个开沟器中心到划印器印迹的距离。划印器长度的计算，采用梭形播种。

播幅是播种机组左右最两边两个开沟器之间的距离。左右划印器长度之和为一常数，等于机组两侧最边二个开沟器之间的距离加上一个行距。

（3）调准播种量。先调好单口流量，各口间误差不超过 1%，再调整机播量，播种机为外槽轮排种时，先初步固定排种槽轮长度，然后加种子，使排种口内充满种子，并在每个口下放置接种容器，用播种速度转动地轮一定圈数，各容器内种子的总量应与同等播种面积内的播种量相等，误差不超过 1%。

（4）田间实核。在种子箱内加入一定数量的压箱种子，刮平后在播种箱内壁划一标记，再加入行走一定长度单台播种机的播种面积所需的种子量，试播以上长度后，将剩余种子再刮平，与原标记一致，则播量准确，不一致则需重新调整。还可调查每米间落粒核查播量。

（5）定点定量分配种子。3 台播种机联结播种时，将地块长度往复或单程的播种种子分装到能被 3 整除的袋子内，以便在播种时分别装入三联播种机的每个种子箱内，每袋不宜超过 40 kg，种子与肥料口袋要明显区分开。播种时往复核对，班次复核，地号播种完毕要结算用种，用肥总量及每亩用量。

（6）种子、肥料必须保持无杂物，并防止肥料结块。播种时拖拉机要恒速作业，尽量避免中途停车，万一停车，要往前补播种、肥。在开沟器上装播深控制器。不应在播种机上加带种子、肥料。班次间清洗排肥装置。更换品种时，要彻底清扫播种机。

三、机械化田间管理

（一）机械化施肥技术

1.有机物质的施用技术及机具

（1）秸秆还田。有机质含量是土壤肥力的重要标志，秸秆还田是大面积增加土壤有机质的重要途径。生产实践证明，每亩产 200 ～ 300 kg 的小麦，就有 300 ～ 400 kg 的风干秸秆残茬；前茬玉米每亩产籽粒 400 ～ 500 kg，即有秸秆 600 ～ 100 kg；前茬大豆每亩产籽粒 150 ～ 200 kg，即有秸秆残叶 250 ～ 350 kg。在轮作周期中，将作物秸秆全部和部分还田，对保持和提高土壤有机质有明显作用。据黑龙江省红兴隆科学研究所调查，在小麦、玉米、大豆三区轮作中，当只施化肥的地区 0 ～ 20 cm 土层有机质等含量为 100% 时，三年三茬秸秆全部还田的有机质含量为 105.8%，将小麦、玉米两茬还田的为 104.7%；全氮含量相应为 103.7% 和 100.5%；全磷含量相应为 105.0% 和 102.5%。连续用秸秆还田能改善土壤结构，增加土壤水稳性团粒，降低土壤容重，施用化肥地区 >2 mm 的团粒结构占土壤的 3.94%，连续 3 年用不同作物秸秆还田的平均为 6.70%，土壤容重相应为 1.34 g/cm² 和 1.18 g/cm²。土壤中的生物活力也大大提高。在白浆土盆栽中加入玉米秸秆，一个月以后土壤呼吸强度比未施玉米秆的提高 19%，2 个月以后提高 71%；纤维分解率提高 61.7%。由于土壤理化性质的改善，作物产量、品质也明显提高。不同作物秸秆改土，3 年平均产量增加 14.0% ～ 20.8%。中国科学院林业土壤研究所用 15N 标记施肥试验，盆栽施化肥的小麦籽粒中蛋白质含量为 13.97%，施用化肥加麦秸的为 15.38%，施用化肥加豆秸的为 17.75%。

　　秸秆还田的机具主要是在自走式联合收获机尾部装有切碎滚筒、定刀架、抛撒器等组成的切碎装置；玉米秸秆还田也可用玉米摘穗、茎秆切碎收获机。牵引式切碎抛撒机原理与构造和联合收获机的装置基本相同，只是由拖拉机牵引并输出动力，锤刀片旋转速度为 1000 转 / 分，可将地面茎秆切碎撒开。还田秸秆的抛撒宽度最好与收获割幅同宽，并使茎秆分布均匀，秸秆切碎长度 10 cm 以下，最长不要超过 25 cm，铺撒厚度不要超过 10 cm，过厚要先耙入土中，防止翻压时拖堆，翻压方向最好与收获横向或斜向作业。麦茬后搅垄要严防垄体内"夹馅"。翻压时间在收获后尽快进行，有利秸秆在土中分解。秸秆的 C/N 比为 60 ～ 95，而微生物分解的最适 C/N 比为 25，故应增施氮肥，促进秸秆腐解，防止与作物争氮，影响产量。每年秸秆还田要尽量避免连作，必须注意病虫害的发生与防治。

　　秸秆是农村的燃料、工业原料和饲料，要扩大茎秆还田面积，必须在政策上给予支持，并解决实际问题。黑龙江和新疆垦区实行土地培肥基金制度，严格实施秸秆还田规定，并解决以煤代草作为燃料等实际问题，因而秸秆还田措施得以顺利推行。

（2）种植绿肥。绿肥不仅具有有机肥的作用，还能改良盐碱地，降低土壤中总含盐量。豆科绿肥可增加土壤中的氮素，非豆科绿肥多能活化土壤中的磷素。种植一亩绿肥，能翻压绿色体 150 ～ 500 kg，相当于施入土壤中尿素 0.7 ～ 1.3kg，能增加后作产量 10% ～ 20%，后效可维持 2 ～ 3 年。新疆垦区 148 团长期坚持翻压绿肥，复种绿肥面积为小麦播种面积的 95%，全场土壤有机质从原有的 0.5% ～ 0.9% 提高了 0.1% ～ 0.54%，有机质含量超过 1% 的面积达到 57.2%，耕层中速效磷、速效氮分别提高了 3 ～ 10 ppm 和 5 ～ 15 ppm。

各地可作为绿肥种植的作物种类较多。在黑龙江和新疆常用的有二年生草本植物、苜蓿、油菜、毛叶苕子、粆食豆、油用向日葵等。绿肥的种植方式有与小麦间种、混种、套种或麦收后复种，在有些贫瘠的地块或畜牧业为主的地区，可清种苜蓿 2 ～ 3 年。许多绿肥作物是小粒种子，如草木樨、苜蓿、油菜等，为了达到全苗，播种的田块必须有充足的墒情，控制合适的播种深度，一般以 2-3 cm 为宜，严防出苗前土壤板结。小麦间种、混种草木樨，必须选用合适的早熟小麦品种，既能提前收获小麦，又有利于绿肥后期生长，但是小麦植株不能过矮，以防小麦收获时绿肥生长超高，影响小麦的产量与收获效率。

绿肥的翻压时间要掌握在达到最大的绿色体产量，并在后作播种前有较充足的分解时间。新疆垦区有的农场在急需改土的盐碱瘠薄板地种植优良早熟油用向日葵品种，在 7 月底至 8 月上旬油籽成熟、茎秆及叶盘还绿时，用联合收获机收割，每亩可收向日葵籽 100 ～ 150 kg，同时把茎秆、叶盘粉碎，每亩有 500 ～ 600 kg 鲜绿色体还田。

翻压机具主要是铧式犁，装圆切刀，有时可卸去小铧。绿肥生长过高时，可用镇压器顺耕翻方向压倒，或犁前装圆木、角铁将绿肥植株压倒后耕翻。

（3）有机粪肥及饼肥。新疆垦区用粉碎的精细厩肥每亩 25 ～ 40kg 或腐熟油渣 150 kg，放在播种机的施肥箱内，在小麦播种时施入。在畜牧业较发达的农场，每亩施用有机肥 1 000 ～ 1 200 kg，施撒方法主要依靠人、畜力。扩大有机粪肥施用面积和研制施肥机具是值得注意和解决的问题。

2. 化学肥料的施用技术及机具

（1）施用氮磷钾化肥。运用机械施化肥，在施肥技术上应尽量适应机械操作需要。施用氮磷钾等大量元素肥料的机具，主要在播种机上装有施肥箱，采用槽轮式或星轮式排肥，较先进的播种机是采用防腐蚀的尼龙排肥轮，表面光滑，便于清扫，施肥部件的升降采用液压控制，施肥量调整简便，如 JD9350 播种机的播肥量控制是由齿轮及链条有级变速来实现的，可变 42 个速度，播肥量范围在每亩 1.7 ～ 21.3 kg 之间。但原机设计均未解决将肥料播于种子以下部位的问题。目前，深施肥主要采用先施肥后播种的方式，分别进行，先用 24 行播种机，增加开沟器压缩弹簧、播种机配重等，强制将播深加至 8 ～ 10 cm 以上；另外通过对现有播种机的改装，有的将 48 行播种机，用单圆盘开沟，将开沟器两圆盘间距由 7.5 cm 改为 15 cm，用两个吊杆压缩一个开沟器，机体配重，使入土深度增至 10 ～ 12 cm。无合适机具时，秋深施肥可施于地表，用耙耙入土中深 10 ～ 12 cm 处。

施用液氨需有专门设备，主要有运输液氨的专用罐车、临时贮藏罐和液氨施肥机。施肥机由机架支托液氨钢瓶和分配管道，通过装在深松杆齿或靴式开沟器内的喷氨管，将氨气喷入土壤中。将流量分配器固定在钢瓶支架上，计量装置、氨压表、调节阀、启闭阀等计量、监视装置固定在驾驶台。播前施氨。

（2）微量元素和生物制剂。随着小麦产量的提高和氮磷肥料施量的增加，土壤对微量元素的吸收量也逐渐增加。不同土壤中微量元素含量、种类均有差异，并有欠缺现象。根据土壤缺素情况，有针对性地施用微量元素，增产效果显著。黑龙江八五三农场用 0.3% 硫酸锌拌种，增产小麦 20%；新疆在开花时每公顷喷硫酸锌 225 g 三次，千粒重增加 2 g，穗粒数增加 2.6 粒。在低湿的草甸沼泽土和草甸白浆土中，有效硼含量低，出现大面积不孕现象，八五三农场在低洼地调查，未施硼肥的结实率为 21% ～ 63%，而每公顷施用硼肥 300 g 的结实率为 75% ～ 100%。新疆垦区用 0.4% ～ 0.6% 氯化钙闷种，可提高小麦细胞质的黏度、弹性和渗透压，植株吸水、保水性增强，抗旱和抗干热风能力增强，据红星二场三年试验比对照增产 13.5%。

（二）麦田喷药、喷肥的地面机械作业及航空作业

当前用药剂防治病虫草害，大都采用喷雾作业，可减轻污染、提高效果。生育期叶面施肥也采用喷雾法。喷药与喷肥有时可单独进行，有时可混合喷用。大面积喷雾可采用地面机械作业或飞机航空作业。

1. 地面与航空喷药、喷肥的农业技术要求

（1）正确选择药剂、肥料种类及用量。根据防治对象、防治方法、防治时期及施用目的，正确选用药剂、肥料的种类和剂型，确定合适的施用量及浓度。两种以上的药剂或药肥混用，必须确认能够混合，不降低效果，无拮抗或毒害作用，才能使用。

（2）采用合适的施用方法。根据喷施目的、药肥种类、气象条件和设备情况，确定采用飞机作业或地面作业，是采用土壤处理、播后苗前处理、苗后处理或成株期喷用。要确定土壤处理的药剂是否随即混土覆盖。航空作业要确定是针对性喷法还是飘移累积喷法。

（3）喷洒均匀，合理重叠，不得漏喷或滴漏。喷头在安装前经喷头测试台检验，喷头型号一致，误差在 5% 以内为一组，同批使用；喷头安装距离、角度、高度要一致；拖拉机在确定车速、确定泵压条件下实测单口流量。喷雾机必须与拖拉机相匹配，连接紧固，各部分不得有滴漏和后滴现象。

（4）雾滴大小合适，密度均匀，附着性能好。大型喷雾器的雾滴直径一般在 $100 \sim 350\ \mu m$ 之间，低容量及超低容量雾滴在 $75 \sim 100\ \mu m$ 之间，航空作业雾滴在 $350 \sim 650\ \mu m$ 之间。用液量大则雾滴大，液量小则雾滴也要小。苗前喷雾，雾滴宜大；苗后喷雾，雾滴要小。低容量每公顷喷施 $10 \sim 50\ L$，每平方厘米 20 个以上雾滴；常用量每公顷喷 $50\ L$ 以上，每平方厘米需 70 个以上雾滴。

（5）掌握最佳时机。选择防治对象对药剂最敏感时期和小麦抗性最强时期喷施。喷肥要选小麦最需所喷肥料以前 $3 \sim 7$ 天。肥药混施，喷施时间要服从药剂施用时间。

（6）注意安全。要十分注意安全，防止人畜中毒，避免作物及附近动植物遭受药害。严格遵守操作规程，携带必要防护用品。

2. 麦田的航空作业

我国生产的运 5 及运 11 型能完成农用飞行作业。航空作业的优点是速度快，效率高，不压实和破坏土壤，不损伤农作物，不受作物生育期、植株高度和行距影响，特别是在大面积集中发生病虫的情况下，更能显现其优越性。缺点是面积较小而分散的地块上，有些作业不能进行，受天气条

件影响较大。在小麦生产中，航空作业可以进行。叶面施肥、预防倒伏和干热风、驱云防雹、人工降雨、探查病虫为害情况、催熟促干，以及预测产量等多种项目，应用最广泛的是前三项，有些作业项目可结合进行。

（1）航空作业的特殊要求。

①飞机场址选择及建设。机场与安全、效率及经济效益关系甚大，应尽量在作业区域的中心附近修筑。必须选择地势平坦、地下水位低、排水和土质情况良好、净空条件优越的地点。运 5 型飞机要求净空长度 7 000 m，宽 5 000 m，如受地形限制无法实现，也要一侧良好，另一侧不少于 1 000 m。要远离高大建筑物、高压电线、山丘和林带。机场的水源、电源、交通、通信必须方便。跑道避免与太阳升落的东西方向一致，尽量与机场使用季节的恒风方向相同。机场的大型设备应在跑道的同一侧，并有一定的距离。停机坪最好在跑道的中部侧面或者两端的侧面，要有稳固的地貌。要修筑符合要求的水泥或沥青跑道，虽然坚实的土跑道也可供农用飞机起落，但雨后待干影响作业日数造成的损失大于建设正规跑道的费用。

②作业区划。合理区划是提高飞行效益的关键，在保证喷施质量的前提下，要方便飞行作业，最大限度地缩短空飞时间。在制订轮作计划时，应安排同一作物相连种植，便于集中管理和航空作业。作业区划是以航空作业面积、地块分布、地块大小、病虫草害发生情况，以及每架次飞行作业面积为依据，选择经济合理的飞行路线和作业方法。作业区范围因飞机型号而异，运 5 型飞机在平原地区每架次作业时间以不超过 20 min 为宜。运 11 型和"空中农夫"飞机作业半径以 8 ～ 10 km 较好。距离远的地区要另建立前进机场。根据地形、地物、病虫害发生情况和灌溉渠道、林带等，将作业区划分若干小区，标出需作业的地块种植作物种类、长度、宽度、面积，附近对药剂敏感的作物、植物及动物、昆虫养殖点，最好绘制 1 ：20000 或 1 ：50000 作业图，把上述情况标于图上，以利于飞机安全顺利作业。根据小区实际情况，确定合理飞行方式和路线，一般有梭形、串联或套状飞行。按每架次的飞行长度为地块长度的整倍数进行区划，多余的长度及不整齐部分藏去，最后横飞补喷，这样可减少重喷、漏喷，减少飞机转弯次数和半径，延长有效时间，提高喷洒质量。

③组织好地空联系。信号是在田间引导飞行的依据。组织一支熟悉业务的信号队，最好配备无线电联络工具，以保证顺利飞行和高质量地完成

作业任务。要有便于识别的明显信号标志。信号队员要掌握信号排列、队形移位、地面侧风修正的方法，并能检查作业质量。每个信号队最少 3 人，信号员之间的距离为 500～700 m，两端信号员先按喷幅宽度标记好移位点，中间信号员迅速取直。侧风飞行时，要从下风头开始，逐渐往上风头作业，避免飞机与信号员在喷洒过的药液中穿行，防止中毒。

（2）飞机喷洒主要部件及其调整。飞机用的液泵通常采用离心泵，安装在起落架之间，液箱的下部。为了使一部分液体回到液箱中进行液力搅拌，液泵需要有足够的流放。飞机上的喷头有液力喷头与雾化器两种。液力喷头以扇形喷头较好。"空中农夫"按喷嘴参数确定安装喷头数量。例如，每公顷喷 20L 液，采用小雾滴的 8008 型喷头，应装 54 个喷头；采用大雾滴的 8015 喷头，应装 29 个喷头。喷幅为 25 m，飞行速度为 168 km/h，泵压为 2.1 kg/cm³。液力喷头的雾滴大小可通过更换喷嘴型号和改变喷头在喷杆上的角度调整，喷嘴与飞机前进方向成 180°～135° 角为大雾滴，90° 角为中雾滴，45° 角为小雾滴，喷液量通过调整可变节流器来改变，不同喷液对准不同的孔眼。雾化器雾滴大小主要通过改变风动叶片角度来调整，角度小，转速快，雾潮小，数量多；角度大则转速慢，雾滴大，数量少，风速影响喷洒雾滴的飘移距离和沉降速度，使喷幅产生移位。为了正确进行信号引导应在准确确定喷幅位置，作业前按公式修正风对喷幅位移的影响，避免重喷。

（3）航空作业注意事项。

①飞行高度。作业时要求稳定高度，根据飞机性能、地形地物、作业性质来确定。运 5 型飞机一般要求距作物、树木 5～7 m。"空中农夫"低空性能较好，可飞高 2～5 m。地形平坦，无明显起伏，最高 5～7 m；有森林、建筑物，可飞 10～12 m；在复杂地形区，有丘陵，可飞 15～20 m。飞行高度与防治效果有关，过高喷幅增宽，雾滴飘移，药液收回率低，降低效果；飞行过低，药液分布不匀，产生带状药害，喷幅狭窄。减少喷洒面积。一般空气相对湿度为 60% 时，可在 3～7 m 的高度飞行。

②喷幅。运 5 飞机喷液的一般喷幅为 50 m；"空中农夫"在飞行高度为 2 m 时喷幅为 16 m，飞行高度为 3 m 时喷幅为 20 m；M-18A 飞行高度 3～4 m，喷幅为 30～40 m。

③气象因素。无风时，小雾洒降落缓慢，飘移甚至达数公里，易造成

飘移为害；易变阵风，可能出现潮喷或飘移药害；强风风向不易变化，最适宜风速为每秒 3m。空气相对湿度低于 60%、大气温度超过 35℃、上午 9 时至下午 3 时上升气流大，均应停止喷洒作业。太阳升落时，飞机不应正对太阳方向喷药和起落。

④翼尖涡流。喷洒低容量时，喷杆长度为翼展的 70% ～ 80%，喷头离翼尖 1 ～ 1.5 m，避免产生涡流。在小麦生产中，应用先进的农业科学技术。实现高度机械化，采取适度的规模经营，逐步进入全面现代化生产，是我国小麦生产发展的必由之路。但我国国土辽阔，各个地区自然、经济、社会条件千差万别，小麦生产方式也不同，因此，不能采取统一的固定模式，必须因地、因时制宜，根据本地区生产发展水平、经济力量和生产特点，积极妥善地推进我国小麦生产的现代化。

参考文献

[1] 牛伶锐，郭俊珍，侯钡鹏 . 优质专用小麦品种与栽培 [M]. 太原：山西科学技术出版社，2007.

[2] 许为钢，曹广才，魏湜 . 中国专用小麦育种与栽培 [M]. 北京：中国农业出版社，2006.

[3] 于松溪，徐军 . 优质专用小麦丰产栽培技术 [M]. 南京：东南大学出版社，2009.

[4] 于振文 . 优质专用小麦品种及栽培 [M]. 北京：中国农业出版社，2001.

[5] 农业部农民科技教育培训中心，中央农业广播电视学校 . 优质弱筋专用小麦保优节本栽培技术 [M]. 北京：中国农业出版社，2006.

[6] 季书勤 . 专用优质小麦与栽培技术 [M]. 北京：气象出版社，2000.

[7] 孙宝启 . 中国北方专用小麦 [M]. 北京：气象出版社，2004.

[8] 赵广才 . 优质专用小麦生产关键技术百问百答 [M]. 北京：中国农业出版，2013.

[9] 刘发魁，赵淑章 . 优质专用小麦栽培技术 [M]. 郑州：中原农民出版社，2006.

[10] 张美英，吴美荣 . 优质专用小麦良种的选用及丰产栽培技术 [M]. 昆明：云南人民出版社，2008.

[11] 赵广才，王崇义 . 小麦 [M]. 武汉：湖北科学技术出版社，2003.

[12] 杨立国 . 小麦种植技术 [M]. 石家庄：河北科学技术出版社，2016.

[13] 杨英茹，车艳芳 . 现代小麦种植与病虫害防治技术 [M]. 石家庄：河北科学技术出版社，2014.

[14] 吴剑南，胡久义 . 小麦、玉米优质高产栽培新技术 [M]. 郑州：中原农民出版社，2014.

[15] 陈孝，马志强 . 小麦良种引种指导 [M]. 北京：金盾出版社，2004.

[16] 张庆富 . 小麦增效栽培 [M]. 合肥：安徽科学技术出版社，2005.

[17] 余松烈 . 中国小麦栽培理论与实践 [M]. 上海：上海科学技术出版社，2006.

[18] 王朝伦，王汴生，张晓玲 . 小麦生产实用技术 [M]. 郑州：中原农民出版社，2014.

[19] 曹承富 . 小麦科学栽培 [M]. 合肥：安徽科学技术出版社，2010.

[20] 农业部小麦专家指导组 . 现代小麦生产技术 [M]. 北京：中国农业出版社，2007.

[21] 葛自强，戴廷波，朱新开 . 无公害小麦标准化生产 [M]. 北京：中国农业出版社，2006.

[22] 赵会杰 . 小麦品质形成机理与调优技术 [M]. 北京：中国农业科学技术出版社，2003.

[23] 赵广才 . 小麦优质高效栽培答疑 [M]. 北京：中国农业出版社，2006.

[24] 张清海，刘万代 . 优质小麦品种及栽培关键技术：彩插版 [M]. 北京：中国三峡出版社，2006.

[25] 高新楼，邢庭茂 . 小麦品质与面制品加工技术 [M]. 郑州：中原农民出版社，2009.

[26] 林作楫 . 食品加工与小麦品质改良 [M]. 北京：中国农业出版社，1994.

[27] 祁适雨，肖志敏，李仁杰 . 中国东北强筋春小麦 [M]. 北京：中国农业出版社，2007.

[28] 李永昌，芦明，量娟兰 . 小麦优质高效高产技术 100 问 [M]. 太原：山西科学技术出版社，2007.

[29] 石玉飞，郭蕾 . 不含偶氮甲酰胺的面包粉复合添加剂的研究 [J]. 现代面粉工业，2020，34（06）：13–17.

[30] 晁岳恩 . 河南省弱筋小麦产业化发展存在的问题及建议 [J]. 现代面粉工业，2020，34（06）：51.

[31] 李希信 . 扛牢农业大省责任 提升粮食综合生产能力 [J]. 农村工作通讯，2020（24）：30–32.

[32] 张承毅，吕建华，毛瑞喜，等 . 山东省优质小麦产业发展现状调研报告 [J]. 种子科技，2020，38（22）：3–11.

[33] 于成功，张善磊，赖上坤，等 . 长江中下游地区酿造用小麦标准化生产技术 [J]. 农业科技通讯，2020（11）：211–213.

[34] 蒋赟，王秀东 . 我国小麦产业发展现状问题及对策浅析 [J]. 南方农业，2020，14（31）：31–34+46.

[35] 王克龙，王书文，李军 . 关于促进凤阳县粮食生产提质增效的调查与思考 [J]. 粮油与饲料科技，2020（05）：5–7.

[36] 李利芳.河南省小麦产业化发展方向探究 [J].经济研究导刊，2020（30）：19-20.

[37] 李蕴雅，贾雨晗，高升，等.宁夏农垦区春小麦生产现状及发展对策 [J].农技服务，2020，37（10）：114-116.

[38] 马倩影.大豆营养面包工艺优化 [J].农产品加工，2020（19）：35-37+43.

[39] 冉午玲，黄麒，张文玲，等.2020—2021年度河南省小麦品种布局利用意见 [J].种业导刊，2020（05）：3-5.

[40] 赵元凤，孔祥英，秦吉洋，等.2018—2019年度仪征市优质专用小麦品种对比试验 [J].上海农业科技，2020（05）：60-62+75.

[41] 胡子全，卜晓静，郭文华，等.6种药剂对专用品牌小麦赤霉病的田间防治效果 [J].生物灾害科学，2020，43（03）：261-264.

[42] 李明.信阳市平桥区2019—2020年优质专用小麦生产基地建设项目实施综述 [J].粮食科技与经济，2020，45（09）：147-148.

[43] 王相权，陈兴虎，黄辉跃，等.小麦品种高分子量谷蛋白亚基组成及品质分析 [J].湖北农业科学，2020，59（18）：139-142.

[44] 胡子全，王凤娟.几种除草剂防除专用品牌小麦田间杂草药效试验 [J].安徽农学通报，2020，26（16）：142-143.

[45] 单松松.河南省滑县小麦种植问题研究 [D].郑州：河南财经政法大学，2020.

[46] 李鹏龙.延津县小麦产业链优化研究 [D].郑州：河南工业大学，2020.

[47] 彭宏扬.农业供给侧结构性改革背景下河南优质专用小麦发展策略研究 [D].郑州：河南农业大学，2019.

[48] 李浩.河北省优质专用小麦种植户销售渠道选择研究 [D].保定：河北农业大学，2019.

[49] 李玉乐.河南省优质专用小麦生产经营问题研究 [D].郑州：河南财经政法大学，2019.

[50] 陈青雨.种肥混播用小麦专用拌种肥效应分析 [D].郑州：郑州大学，2019.

[51] 房正武.粮食技术扩散中经营主体采纳意愿研究 [D].郑州：河南农业大学，2018.

[52] 陈晨.四川小麦加工品质参数分析 [D].成都：四川农业大学，2018.

[53] 高佳佳 . 我国小麦生产技术进步路径与规律 [D]. 北京：中国农业科学院，2018.

[54] 邓航 . 鲜湿面专用小麦粉配制及其制品冻藏中物性变化的研究 [D]. 长沙：中南林业科技大学，2018.

[55] 张震 . 蒸煮马铃薯面包的开发与品质改良 [D]. 长春：吉林农业大学，2017.

[56] 贺国亚 . 青麦仁面包制备及品质研究 [D]. 郑州：河南工业大学，2017.

[57] 孙娟 . 小麦不同氮素水平下叶面肥喷施效应研究 [D]. 扬州：扬州大学，2016.